解放聪明的"笨"小孩

200 幅图例讲解，感统失调怎么办

全新修订版

吴端文 编著

华夏出版社
HUAXIA PUBLISHING HOUSE

《感覺統合（二版）》（繁體版）© 吳端文

本书经由华都文化事业有限公司授权华夏出版社在中国大陆地区出版其中文简体版本。本出版权受法律保护，未经书面许可，任何机构与个人不得以任何形式进行复制或转载。

北京市版权局著作登记号：图字01-2024-2432号

图书在版编目（CIP）数据

解放聪明的"笨小孩"：全新修订版 / 吴端文编著. --北京：华夏出版社有限公司，2024.6
ISBN 978-7-5222-0648-6

①解… Ⅱ.①吴… Ⅲ.①儿童–感觉统合失调–研究 Ⅳ.①B844.12

中国国家版本馆CIP数据核字（2024）第025679号

解放聪明的"笨小孩"：全新修订版

作　　者	吴端文
责任编辑	陈学英
责任印制	周　然

出版发行	华夏出版社有限公司
经　　销	新华书店
印　　装	三河市少明印务有限公司
版　　次	2024年6月北京第1版
	2024年6月北京第1次印刷
开　　本	710mm×1000mm　1/16
印　　张	22.25
字　　数	313千字
定　　价	68.00元

华夏出版社有限公司　地址：北京市东直门外香河园北里4号
邮编：100028　　网址：www.hxph.com.cn
电话：（010）64663331（转）

若发现本版图书有印装质量问题，请与我社营销中心联系调换。

增补序

我看到一位忧愁的妈妈写给我的信:

"我有一个11岁的儿子,他被医师诊断为ADHD,吃盐酸哌甲酯片(利他林、专注达)都无效,他的发呆、出神影响到学业、社交和课后社团活动,连他最爱的棒球活动都受到影响。我发现他的症状和您所列出的注意力不足型的认知脱离症候群(Cognitive Disengagement Syndrome)完全符合,现在,我又察觉到他开始有抑郁症的症状了,我实在不知道要如何帮助我儿子。"

认知脱离症候群是注意缺陷的一个类型,在ADHD中25%~45%有此症状,包括过度地做白日梦、发呆、恍神、慢吞吞等,这些情况严重影响到患者的日常生活,包括学业、家庭作业、睡眠、社交等,甚至出现抑郁症、焦虑症的状况。

作业治疗师发现这些症状和感觉注册不良的行为表征十分相似,使用促进感觉注册功能的活动,可有效地缓解认知脱离症注意力不足的症状。作业治疗内容包含生活形态重设计(Lifestyle Redesign)中的每日适当运动,以提升精力及反应速度。另外,健康的睡眠、建立时间知觉的时间表等作业提升方案,可协助摆脱这些困扰。

这次增补的资料中,包含了上述的认知脱离症候群的介绍和处置,以及对感觉注册功能缺失的介绍和影响日常生活与社会心理发展的问题,包括生活中的参与度、反应速度、持续性注意力和学习成效,亦增加了促进感觉注册功能的活动。

新增的"由下而上的注意力自我调节策略",依据的是注意缺陷多动障碍学者拉塞尔·巴克利(Russell Barkley)提出的注意缺陷多动障碍理论。自我调节功能缺失包含警醒度、动机、情绪的自我调节缺失。为此，增补了提升警醒度和加快处理速度及促进工作记忆的感觉统合策略，以及促进情绪自我调节的感觉统合策略。

  对于本次增补资料，我要衷心感谢启端伙伴廖声蕙作业治疗师协助整理数据，以及同事王慧珠、林忆洁的文字处理，亦要感谢协助增补版的出版社同仁，好让这些新增资料呈现在各位关心儿童发展的读者面前。

吴端文 谨志

2024 年 1 月

参考资料：

[1] Dunn, W. (1997). Neuroscience constructs that support the routines of daily life. Neuroscience & Occupation: Links to practice. American Occupational Therapy Association, Inc.

[2] Dunn, W. (1999). Sensory profile. Psychological Corporation.

二版序

常听到父母亲的心声：

"小宝对感觉刺激过度敏感的状况，大大影响了我们一家人的生活。他在人多的地方都待不住。阿公阿婆庆祝生日，大家热热闹闹，他就捂耳朵，要回家或开始哭不停。大家看着我们，好像指责我们不会管小孩。去餐馆吃饭也是一大难题，常常当菜一端上来，他一闻到就作呕或吐，真是令人难堪。他时常情绪起伏大，晚上睡不好，要隔音、隔光线。我们一家人的生活都受限制，哪儿都不能去。去问小儿科医师，医师也说不出哪儿有问题。我们就一天一天、一年一年小心翼翼地过辛苦日子，真累人！"

这就是为什么露西·米勒（Lucy Miller）博士下十多年功夫致力于把感觉统合障碍／感觉处理障碍放入美国精神医学学会出版的《精神疾病诊断与统计》（DSM-5®）中的原因。其目的是让医师都会诊断感觉统合障碍，转介作业治疗，让孩子和父母快快得到帮助，以提升全家人的生活质量。

所以当 DSM-5® 于 2013 年出版时，我们看到"感觉处理障碍"已正式出现在孤独症类群障碍症的诊断标准中，真是十分欣喜！

这次本书改版时收录了 DSM-5® 孤独症类群障碍症及注意缺陷多动障碍（ADHD）的新诊断资料，以及最新的治疗研究，其中包括：

❖ 新增文献说明游戏治疗是儿童作业治疗中具影响力及疗效的方式。

❖ 各国孤独症类群障碍症盛行率研究。

❖ 各国孤独症类群障碍症儿童的感觉处理障碍发生率。

❖ 引入新的感觉统合治疗对孤独症类群障碍症的疗效。

❖ 更新注意缺陷多动障碍（ADHD）的诊断标准。

❖ 新增雷诺兹（Reynolds）教授针对ADHD孩童同时有焦虑症、过度担忧、情绪不稳、思考欠弹性及感觉防御等症状的研究。

❖ 新增研究论文发现约七成ADHD孩童有触觉防御的问题。

❖ 警醒度与注意力的关系。

❖ 注意缺陷多动障碍与感觉调节障碍的症状分析及比较。

❖ 注意缺陷多动障碍和感觉防御之间的关系。

❖ 新增施奈德（Schneider）教授及卡斯特利亚诺（Castellanos）教授之发现：ADHD孩童的大脑纹状体路径对前额叶调节的异常。这对支持作业治疗师治疗ADHD的感觉调节障碍很有帮助。

❖ 新增治疗感觉调节功能的"感觉故事（sensory stories）"方案。

本书完成改版，我要衷心感谢老友严宏洋教授协助撷取参考文献；好姐妹王淑真老师再一次给予建议和指导，令本次改版的内容更为清晰、流畅。此外，亦要感谢我的同事——邵潇玉作业治疗师仔细地阅读了整本书，使本版内容更适合初次了解感觉统合的朋友。谢谢李韦霖先生为我们重新设计了封面，使本书有让人耳目一新的感觉。亦谢谢杨承玲老师认真地将资料汇整编排及拍摄新照。最后，要谢谢一些默默地协助我们完成改版的同仁，你们使本次改版能更顺利圆满完成。

吴端文　谨志

2018年7月

一版序

感觉统合障碍引起的困扰常让幼儿园老师困惑，让幼儿的父母头痛。看起来聪明、健康的孩子，怎么会有这么奇怪的偏好，怎么会行为举止异常、情绪不稳、注意力不佳，怎么会和同伴相处不来呢？这一类的问题常常是幼儿园老师提出的。在儿童心智科、复健科治疗的等候名单上，感觉统合障碍占有相当大的比例。

美国著名的感觉统合研究学者Lucy Miller（2006）指出，感觉统合障碍的发生率为5%~15%。有资深临床经验的作业治疗师也看到许多儿童受感觉统合障碍之苦。在中国台湾地狭人稠的环境中，不利于感觉统合的发展环境更是让人担忧。而超过Lucy Miller所提出的5%~15%发生率的儿童都在等候正确的复健治疗。

感觉统合障碍不像脑性麻痹、唐氏综合征那样明显、易被察觉，是一种隐藏的障碍，所以感觉统合障碍儿童经常被忽视，从而错失早期治疗的时机。每天在门诊中和幼儿父母作深度面谈评估时，每位有感觉统合障碍幼儿的父母，都可以娓娓道出他们和孩子每天的辛苦——感觉统合障碍的孩子日常生活不顺利、情绪不稳、与同伴互动不良等；而老师们在校园中也常有这种处理不完的棘手状况。

面对幼儿感觉统合发展不良的问题，专研感觉统合治疗的作业治疗师，除了在复健治疗室积极协助幼儿促进大脑中枢神经感觉统合发展之外，更需邀请父母、老师同心协力来帮助幼儿，也就是感觉统合治疗需延伸至家庭、学校、社区，让所有关心幼儿的人一同合作，对幼儿施行密集的治疗，这样必定会尽快改善幼儿的感觉统合问题。

施以感觉统合治疗的治疗师需接受进阶课程训练。作业治疗师在大学教育后，有机会接受更多进阶感觉统合训练及证照考试，以便能针对个别幼儿作出精确的治疗，达到最大的进步。作业治疗师的专业成长包括进阶训练和专业督导（Walting et al., 2011）。儿童作业治疗师从"始祖"艾尔斯（Ayres）博士开始，便一直为感觉统合障碍的幼儿提供专业服务。

我每次受邀至幼儿园或保姆职训的场合演讲，台下许许多多希望寻求正确方法帮助幼儿的老师、父母都会猛抄笔记、画图（治疗的游戏）、拍照，并提出他们的需求："吴老师，你讲的这些感觉统合策略，可以在哪一本书中找得到？"面对这些热忱、愿意为幼儿尽心尽力的老师、父母，我衷心希望将所学及临床累积的经验，写出一本实用易懂、能"举一反十"的中文版感觉统合参考书。

本书的完成要感谢许多恩师、益友以及伙伴治疗师。我的感觉统合启蒙老师是葳尔巴格（Wilbarger），是她开启了我的临床大门——面对一个不肯用手拿食物、玩具的婴儿，即问题出在触觉防御，被诊断为"Failure to Thrive"（不肯吃食物以致太瘦弱）的婴儿，Patricia独到的临床推理及治疗手法，让这个婴儿3天就有大幅进步。

之后，经由好友范姜善平［曾在艾尔斯诊所（Ayres' Clinic）任职临床督导］的推介，我进入南加利福尼亚大学（简称南加大）作业治疗研究所开始修习感觉统合理论及实务课程，拿到感觉统合证书及SIPT（感觉统合及运用测验）证书。南加大感觉统合临床实习是在爱尔丝诊所进行的，在感觉统合创始者Ayres博士的嫡传弟子门下，我亲身体会到"以儿童为中心"的理念，以及尊重团队（包含家长、老师）的合作态度。我要感谢Zoe Mailoux、Erna Blanche、Susan Roley Smith等老师的教导，她们的专业与热忱深深感动着我，使我日后热心为儿童服务。

对在孤独症儿童的感觉统合治疗上的突破，我要感谢 Bonnie Hanschu。当我去参访凤凰城的孤独症特殊学校时，她正担任校长。当时 Bonnie 诚挚地建议我留下来见习数日，并亲自安排治疗师指导教学。而后，参加 Bonnie 专精于孤独症及发展迟缓儿童的感觉统合评量研习课程及感觉统合治疗进阶课程，让我进一步深入了解感觉统合治疗的神经生物学基础，以及"学习前的准备方案（Ready Approach）"之实际运用。Bonnie 的热情分享及对专业实务的精益求精态度深深影响着我的临床工作。

感谢 Lucy Miller、Mary Schneider、Sharon Cermak、Jane Koomer、Mary Sue Williams、Sherry Shellenberger、Stacy Szkult、Patricia Oetter、Shiela Frick 等大师的教导；我也受惠于感觉统合年会（R2K）——每年由南加大的 Susan Roley Smith 及 Zoe Mailoux 主办的"感觉统合从研究到临床"研讨会上发表的最新的感觉统合研究及临床上的应用。

在 20 多年来研习感觉统合理论及临床验证的过程中，我要感谢所有和我一起帮助孩子进步的老师和家长，我们一起见证了感觉统合治疗对促进儿童感觉统合发展所产生的积极效果。这鼓励我更积极、更努力地推广我取得的经验，以造福更多有这方面困扰的幼儿与家庭。

本书的编写，十分感谢全人儿童发展中心的伙伴作业治疗师温孟璇、林昱伶、陈音竹及社工师唐隆萱协助整理资料，尤其感谢王淑真老师的建议，感谢治疗师王晴珑、王淑萍、陈韵如等在忙碌的临床工作和教学中仍尽心尽力协助校稿、增补资料，感谢邱莞晶助理认真地协助编写，由衷地感谢团队的所有伙伴。更要感谢咏慈蒙台梭利幼儿园陈宥语园长、林慧昭、林宛贞、李亭老师的协助拍摄，以及可爱的小朋友陆芊睿、李朗迪、郑宇崴、张睿恒、吕定泽、陈宇婕、谢振华、周恩羽、林禹靓配合拍摄示范照片。

最后要感谢华杏出版机构的邀约，编辑李佩璟小姐的耐心合作，使我终于完成一本许多人期待已久的实用参考书。祝福每一位使用本书的家长与老师。

吴端文　谨志

2012 年 7 月

目 录

CHAPTER 1
感觉统合发展的重要性

婴幼儿感觉统合的健全发展，建立在足够的感觉刺激输入和丰富的动作经验上，老师、父母必须为孩子提供充分的活动机会，包括活动空间、游戏器材等，也必须抱持着支持与鼓励的态度，让孩子开开心心地运用自己的肢体，探索各类有趣、有意义的感觉刺激。

一　感觉统合发展是幼儿发展的重要基础 / 004

二　感觉统合发展是智能发展的基础 / 005

三　感觉统合发展影响的发展项目 / 008

四　感觉统合障碍在婴幼儿期的表现 / 012

五　感觉统合发展影响学习的表现 / 013

六　感觉统合发展的过程 / 015

七　感觉统合发展的神经历程 / 018

八　感觉统合发展的神经基础 / 021

九　感觉统合治疗的原则及规范 / 027

十　感觉统合治疗的成效 / 029

CHAPTER 2
前庭神经系统

前庭觉是感觉系统之一，它主要的接收器位于内耳，左右各一，负责掌管身体的平衡感。当外在刺激进来时，前庭觉的神经系统可获得信息使身体作出反应。在所有感觉系统中，前庭觉在触觉之后发展成熟。

一　前庭神经系统的发展及结构 / 032

二　前庭神经系统的功能 / 034

三　前庭神经系统的重要性 / 035

四　前庭神经系统功能失调的行为症状 / 038

五　促进前庭神经系统发展的游戏及活动 / 042

CHAPTER 3
触　觉

触觉具有保护和辨别两大功能，其输入、注册和理解的过程不是在皮肤表层而是位于皮肤里层。当外界刺激进来时，皮肤内的触觉神经接收器会把信息传递至中枢神经，由大脑皮质解释信息，并且指示身体对刺激产生反应。

一　婴幼儿触觉的发展 / 059

二　婴幼儿触觉发展的重要性 / 061

三　婴幼儿触觉发展的功能 / 062

四　触觉功能失调的行为症状 / 066

五　促进触觉发展的游戏 / 067

CHAPTER 4
本体觉

本体觉不良者必须比一般人花更多时间做一般人轻而易举做到的事。他无法轻松自在地活动，无法口齿清晰地表达自己的需求。他担心自己会成为他人的负担，于是会放弃许多外出或游玩的机会。刺激本体觉的发展可借由感觉统合的治疗或游戏来实现。

一　何谓本体觉 / 088

二　本体觉的发展 / 088

三　本体觉的功能 / 089

四　本体觉的重要性 / 091

五　本体觉功能失调的行为症状 / 094

六　促进本体觉发展的游戏与活动 / 095

CHAPTER 5
婴幼儿感觉统合发展需求

自出生至幼儿阶段是人类感觉统合功能发展最迅速的时期。感觉统合发展正常的幼儿，情绪会较为稳定而且正向发展，也会拥有良好的学习力与注意力，并且可与同伴相处融洽。

一　各年龄段感觉统合发展及居家活动建议 / 114

二　在家及在校可进行的幼儿体能活动与游戏 / 122

CHAPTER 6
感觉统合障碍类别

当幼儿感觉统合神经功能发展顺利时，我们会看到他们快乐地探索环境，自己想办法和同伴一起玩耍，在游戏中玩得开心，即使不能顺心如意，也能很快调适心情；喜欢自己动手，生活可以自理。

一　感觉调节功能障碍 / 133

二　感觉区辨功能障碍 / 140

三　运用肢体障碍 / 140

四　低肌肉张力、姿势控制障碍 / 141

五　身体两侧整合动作顺序障碍 / 142

CHAPTER 7
感觉调节功能障碍及治疗策略

感觉调节功能指神经的调整能力，把外界刺激的大小、强弱、难易、新旧、长短等都调适到个体能接受的状态，所以个体不会过度惊吓，也不会极力追求刺激或对刺激没有反应。良好的感觉统合功能有助于高层次的精细动作及粗大动作的发展，有助于正向情绪及行为控制力的发展。

一　感觉调节功能障碍的分类 / 146

二　感觉调节功能障碍的治疗原则 / 148

三　感觉调节功能障碍的治疗策略 / 150

四　感觉防御及感觉迟钝的幼儿在教室的一般处置 / 157

五　感觉套餐：感觉调节障碍在家及在校的治疗方案 / 158

CHAPTER 8
感觉区辨功能障碍及治疗策略

大脑所具备的感觉区辨功能，让我们能够知觉所接触物品的形状、长短、大小、轻重、质地、冷热和方向等，并有适当的行为反应。我们能对环境中的感觉需求做出适当的反应，大脑中的感觉区辨能力实在功不可没。

一 感觉区辨能力的重要性 / 170

二 感觉区辨功能 / 172

三 感觉区辨障碍对幼儿学习和发展的影响 / 173

四 感觉区辨障碍的治疗策略 / 176

CHAPTER 9
运用肢体障碍及治疗策略

幼儿无法顺利行走，学不会骑脚踏车，也无法轻松地跑步、玩球类运动等，这都属于感觉统合障碍中的运用肢体障碍。只有认识运用肢体障碍，以及这类障碍会如何影响幼儿的生活，家长、老师才知道如何提供适当教导并帮助幼儿快乐生活。

一 认识运用肢体障碍 / 187

二 运用肢体障碍对日常生活和游戏能力的影响 / 187

三 运用肢体障碍对学习表现、语言能力的影响 / 190

四 运用肢体障碍对感觉统合发展的影响 / 191

五 促进运用肢体能力的活动 / 192

六 促进运用肢体功能的治疗活动 / 194

CHAPTER 10
婴幼儿感觉处理障碍及睡眠与饮食障碍治疗策略

不愿意吃饭或吃饭很慢,难以入睡或一会儿就醒,这些都是感觉统合的自我调节功能失调所造成的饮食障碍与睡眠障碍。本章内容将对这些问题提出解决方案。

一　婴幼儿感觉处理障碍 / 200

二　自我调节障碍的分类 / 202

三　睡眠与饮食障碍的治疗 / 204

CHAPTER 11
孤独症幼儿的感觉统合障碍及治疗策略

孤独症幼儿的神经发展中感觉统合的缺失对他们的影响非常大;感觉调节障碍会影响其情绪、注意力、生活自理能力;运用肢体障碍会影响他们的社会性模仿及人际互动,容易出现固着、重复的行为。老师、父母只有更深入地了解他们的问题根源,才能找出改善的好方法,助其在行为与认知发展上更顺利。

一　孤独症的诊断标准 / 222

二　孤独症幼儿的感觉统合障碍 / 226

三　感觉统合治疗对孤独症类群障碍者的疗效 / 229

四　孤独症类群障碍症患者父母的愿望和感觉统合功能相关 / 230

五　孤独症幼儿的感觉统合治疗策略 / 231

六　孤独症幼儿的自我刺激行为及相关治疗方案 / 238

七　孤独症幼儿的情绪障碍及感觉统合治疗 / 241

八　安定及舒缓的治疗方案 / 248

CHAPTER 12
在学校如何实施感觉统合教学

当幼儿对知觉动作课程中的活动有学习困难时，学校的作业治疗师可为老师提供咨询服务，通过对孩子感觉统合发展的评估与分析，为老师提供课程设计与实施的建议。

一　感觉统合帮助大脑处于"准备学习"的状态 / 255

二　对过度警醒或过度敏感的处理 / 258

三　教室内可以促进神经系统"安静"或"警醒"的设备 / 259

四　感觉统合失调的行为及感觉统合治疗的益处 / 260

五　自伤及自我刺激行为与感觉统合活动的关系 / 262

六　多动及过度敏感幼儿在教室内的一般处置 / 264

七　使用感觉刺激后的注意事项 / 264

八　老师如何在一天的课程中安排幼儿的感觉需求 / 265

九　影响学习的感觉和动作因素 / 266

CHAPTER 13
感觉统合融入幼教课程活动设计及个案成效

本章选用2~6岁幼儿案例，描述孩子在感觉发展、语言发展、认知发展、情绪发展及社会适应能力等层面与同伴有哪些不同。作为父母和老师，应选择适合孩子的感觉刺激活动开展教学或游戏，以促进孩子的感觉统合和脑部功能发展。

一　个案分析 / 273

二　幼儿在家或在校可进行的感觉统合活动 / 288

CHAPTER 14
提升注意力及改善多动障碍的感觉统合策略

不专心、动作缓慢、忘东忘西……大人们不明白这些行为背后的神经生理原因，常常误以为孩子生性懒惰或个性松散、习惯拖拖拉拉，因此容易在教养时失去耐心而大声斥责。其实这些都是注意力缺失症的重要表现。明白了其中的缘由，才能使教养变得更容易。

一　注意缺陷多动障碍的诊断 / 298

二　注意缺陷多动障碍的问题解析 / 299

三　如何观察孩童的注意力及警醒度 / 301

四　调整注意力的时间表和感觉计划表 / 313

五　如何帮助婴幼儿调整注意力及促进自我控制功能 / 316

六　自我控制功能对ADHD的影响 / 317

七　在家或在校促进注意力的策略 / 318

八　在教室可用的感觉统合策略 / 319

参考文献 / 321

CHAPTER 1
感觉统合发展的重要性

1. 认识感觉统合发展对幼儿发展的重要性
2. 认识感觉统合发展对智能发展的重要性
3. 认识感觉统合发展影响的发展项目
4. 认识感觉统合障碍在婴幼儿期表现的问题
5. 认识感觉统合发展与学习表现的相关性
6. 认识感觉统合发展的过程
7. 认识感觉统合发展的神经历程
8. 认识感觉统合发展的神经基础

感觉统合（Sensory Integration，SI）是由美国加利福尼亚大学（简称美国加州大学）Ayres博士于1972年提出的概念。Ayres将感觉分成七种，分别为视觉、听觉、嗅觉、味觉、触觉、前庭觉及本体觉。视觉、听觉、嗅觉、味觉、触觉比较容易理解；所谓前庭觉是指身体移动时，内耳的三个半规管和耳石器官会侦测身体位置是否保持平衡的感觉；本体觉则是了解自己身体位置的感觉。

大脑各个阶层的神经系统，将来自身体内在、外在的感觉刺激，进行分析处理，并对被大脑注册的感觉刺激信息加以解释和理解，据此使身体作出合适的反应，这样的过程即"感觉统合"；换言之，感觉统合是大脑组织整合感觉信息以及按环境需求作出合适反应的过程。

感觉统合能力，对个体适应环境的能力非常重要。例如：当我们遭遇危险时，感觉系统会帮助我们采取适当的应变策略，借此保护身体，减少或是避开可能的风险；前庭觉、本体觉帮助我们辨别方向、避免迷路、走失的风险；触觉帮助我们认识生活中的物品、食物，知道形状、粗细、大小、冷热的概念等。

婴幼儿感觉统合的健全发展，建立在足够的感觉刺激输入和丰富的动作经验上。老师、父母必须为孩子提供充分的活动机会，包括活动空间、游戏器材等，也必须抱持着支持与鼓励的态度，让孩子开开心心地运用自己的肢体，探索各类有趣、有意义的感觉刺激，借此探索各类感觉活动，发展灵活的肢体、稳定的情绪，形成条理分明的思路，培养组织、计划工作的能力。

有句话叫"头脑简单，四肢发达"，这用来形容幼儿是非常不恰当的。因为"玩"就是幼儿的生活，他们在玩耍的过程中学习，逐渐让大脑有能力整合外在环境提供的感觉信息，据此作出适当的行为反应，并记录、记忆有意义的信息，建构成熟的个人行为模式与生活特质。神经科学专家通过动物实验证实，动物和环境互动的结果能够影响大脑的结构和功能发展。美国加州大学伯克利分校的研究者将两组老鼠放在不同的环境中，比较环境差异对其脑部发展的影响：一组老鼠生活在有梯子、跑步器等各式玩具的环境中并且常被人放在手中抚触；另一组老鼠则在无玩具的空荡环境中生活且没有人抚触它们。研究结果显示，住在玩具丰富的环境中的老鼠大脑皮质较重，神经联系和神经传导化学物质也较多；而住在无玩具的空荡环境中的老鼠大脑皮质相对较轻，缺少神经联系和神经传导化学物质。伊利诺伊大学的神经学家所做的实验更具体地指出了环境差异对神经传导特性的影响。他们从高倍数电子显微镜下看到，住在"儿童乐园"中的老鼠比对照组老鼠的个别脑神经细胞多出约2 000个神经接点。这代表什么意义？通过神经学家所做的实验可知，若是环境中提供较多样的感觉刺激，将能活化个体的大脑细胞连接，增强个体对环境的适应能力及反应能力。

环境对人类婴幼儿发展是否亦具有举足轻重的影响？研究人员在观察罗马尼亚孤儿院中的儿童时发现，他们住在贫乏的环境中，缺少活动和被拥抱的机会，许多儿童产生严重感觉统合失调的现象，并且影响到他们日后人际关系的发展。目前我们的社会存在高比例的双薪家庭，因此父母对孩子从小托育的成长环境更当审慎考量。例如：有些保姆因为个人因素，不喜欢带孩子去公园活动，或因怕脏、怕吵而限制孩子游戏的机会。这样的环境是否能促进孩子身心健康发展？这是值得父母深思的问题。

一　感觉统合发展是幼儿发展的重要基础

感觉统合发展是每个幼儿必经的发展历程之一。幼儿对感觉刺激的接受、调节、组合、运用的过程，呈现在动作能力、情绪调节和日常行为表现上。感觉统合发展会影响大脑成熟度及外在行为与活动，我们可借由幼儿行为与活动表现来观察幼儿在感觉统合发展上是否合宜。感觉统合发展会影响幼儿三方面的成长。

（一）幼儿的日常行为表现

感觉统合是幼儿各种发展的基础。幼儿对各类感觉刺激的接受、处理、组合、运用的结果，将影响孩子的姿势动作能力、认知学习能力、沟通表达与情绪调节能力、注意力与冲动行为的控制能力。因此若幼儿出现不合宜的行为，例如坐不住、容易哭闹、过度偏食或挑食，可能是幼儿感觉统合能力发展不良所导致的结果。

（二）幼儿的身心健康

如果大脑中的感觉统合能力有障碍，例如对动作过于敏感（不爱动、懒洋洋）、对声音过度反应（听觉敏感、语言沟通有困难）、对衣服的材质挑剔（偏爱很柔软的衣服、情绪变化大），或是很难入睡（在床上翻滚很久或摸着妈妈才能入睡），那么幼儿的成长和发育会受到影响，幼儿容易健康状况不佳、发展迟缓、注意力不佳、情绪低落。

（三）幼儿的情绪

幼儿通过游戏或运动，例如在公园骑脚踏车（动作计划）、玩飞盘（动作计划）、溜滑梯（前庭觉）、摇摇马（前庭觉）、吊单杠（本体觉）、攀爬高低杆（本体觉）等，感受到极大的乐趣，这是因为这些感觉刺激边缘系统（"情绪脑"）释放血清素、多巴胺等愉快、正向的情绪物质，引发兴趣，令幼儿从活动中获得快乐情绪的体验。故此我们可以知道，促进感觉统合发展良好能够令幼儿快乐成长。

二 感觉统合发展是智能发展的基础

皮亚杰（Piaget，1896—1980）的认知发展理论（Cognitive Developmental Theory）认为：个体自出生后即在适应环境的过程中，吸收知识的认知方式及解决问题的思维能力会随着年龄增长而改变（张春兴，2001）。皮亚杰指出人类智能发展有四个阶段。

（一）感知运动阶段（Sensory-Motor Period，0~2岁）

在这个阶段中，幼儿认知能力的发展是以感觉动作为基础。幼儿周岁前虽然还不能行走自如，4个月大的时候虽然大部分时间仍是以趴姿为主，但是配合声音、光线等声光刺激的玩具，大脑中的前庭觉、本体觉神经迅速发展，促使颈部、背部肌肉用力收缩，抬头挺胸，使幼儿的视野更宽广。而后4~5个月大时的翻身能力、8~10个月大时的爬行移位能力、10~12个月大时的扶墙行走能力，让婴幼儿能逐步探索环境，借此认识自己的身体与外界的空间关系。因此，动作控制能力的发展由"本能、反射动作"发展出"有目的性的、主动控制的动作控制"能力。

婴幼儿跟爸妈玩捉迷藏，刚开始因为看不到爸妈，以为爸妈不见了而感到焦虑，但渐渐地他们知道即使看不见爸妈，爸妈仍旧是存在的。因此感知运动阶段的发展是高级抽象思考能力的基础。这个阶段的婴幼儿会通过多重感觉功能来学习，也就是利用视觉、听觉、嗅觉、味觉、触觉，特别是前庭觉与本体觉（应用这两种感觉系统，婴幼儿的视野由平面而立体，身体逐渐脱离地心引力的牵引，而能主动控制自己的移动、调整姿势）来学习，直到2岁左右发展出基本的口语表达沟通能力。个体以感觉动作表现出其图式（Schema，Scheme）的功能。正因为有图式，个体方才运用与生俱来的基本行为模式，奠定未来高级认知能力的基础。

（二）前运算阶段（Preoperational Period，2~7岁）

这个阶段幼儿的语言与情绪快速地发展，认知、思考的特征是以自我为中心，还无法发展出看见事物全面性的抽象认知能力。2岁之后，孩子喜欢自己转圈圈、爬上爬下、溜滑梯、荡秋千、骑木马、骑脚踏车、玩过家家、搭积木、操弄遥控器等，显示出对感觉动作（前庭觉、本体觉、触觉）的强烈需求。

借由丰富的肢体活动、多种感觉信息的输入，中脑的边缘系统分泌调节情绪的多巴胺，调节警醒度、注意力的血清素等神经传导物质，促进大脑神经细胞间的紧密连接（包括负责动作协调的小脑，处理冲动控制、判断思考的前额叶区，辨识听觉的颞叶区，与辨别颜色、形状的枕叶区）。因此幼儿感觉统合发展不良时，可能出现感觉防御症状，或是无法辨别语言和身体上的信号。例如对他人的面部表情及安全警醒度，幼儿会呈现较无反应的行为表现。有听觉障碍的幼儿会影响其听觉发展和听觉范围，进而影响其理解语句和发音。幼儿对声音没有反应，表示未将声音信息注册进大脑。例如，爸妈叫孩子的名字时，若孩子没有反应，爸妈往往会因为这类情况而感到生气。

（三）具体运算阶段（Concrete Operation Period，7~11岁）

孩子在具体运算阶段具备更高级的认知功能，例如发展出解决问题、计划动作顺序及自我调节能力。这个阶段的孩子主要面临的问题是课业学习与适应团体环境。例如：一堂课上维持30分钟的注意力，专心地写完作业；上课时不会随便离开座位、不会随便插话、依序排队、学习轮流等待的冲动控制；碰到与同学起争执或受到惊吓或逃避等状况时，他能想到保护自己免于环境的侵袭和危害。感觉统合的成熟发展（特别是本体觉、前庭觉、触觉、视觉、听觉）让幼儿可以根据具体经验来思考及解决问题，并能借着操作具体事物来协助思考，理解事物的可逆性与守恒原则。而感觉统合不良的孩子在这个阶段，对于玩游戏缺乏耐心，常常在与同伴一起玩游戏时，不愿等待到轮到他玩的时候，或在进行活动时不听从老师的指令。这是因为孩子的脑干发展不成熟，使孩子在当下情境表现出不当的反应。

（四）形式运算阶段（Formal Operation Period，11岁至成人）

这个阶段的孩子进入青春期并迈入成人阶段，对事物能进行抽象思考，具备逻辑思维且能按科学法则解决问题；能完全融入同伴的友谊关系中，对自己及他人保有独立的看法。纽约大学神经生理学家罗道夫·里纳斯说："所谓的思考，其实是活动力逐渐内化的结果。"随着感觉经验的累积，思考的模式与技巧由具体进入抽象，所以孩子开始可以预测、排序、估算、计划、演练、自我观察、判断、纠正错误、改变策略，通过感觉活动记忆之前的经验与学习的结果，建构完整的身心连接，成就个人特有的智慧。若感觉调节障碍未经过治疗，重复的行为模式将成为幼儿个性的一部分，幼儿会借由更多代偿行为、后天努力来克服感觉调节障碍。特别是在成年期，感觉统合不良会限制一个人选择职业或发展良好友伴关系。例如：有某个成人征求其老板同意，并向老板解释何以他无法在有人交谈和走动的大办公室工作，而必须在非常安静的办公室工作。这会限制及影响他的人际关系。

总之，皮亚杰所谓的智能发展四个阶段虽有先后顺序，但不是互不相连、静止的各阶段，而是以感觉动作为基础，再连续发展、相互重叠的各阶段。0~2岁孩子对感觉动作的需求最强，他们会运用感觉系统及动作行为来解决问题；会走之前借着翻身、爬等动作来探索环境，体验环境（寻求大量触摸，手拿玩具在口中吸吮、啃咬、拉扯各种抓到的东西）和自己身体的各种感觉。2岁以后的孩子喜欢爬上爬下、荡秋千、骑木马等，仍处于对感觉动作需求的阶段，直到第三阶段即具体运算阶段的后1/2时间中，感觉动作的需求才逐渐减弱。因此，感觉统合的发展是奠定高级动作向智能发展的基础，基础能力好才能往上发展概念性、抽象性的能力。由此可知，一个行动困难的孩子缺乏爬、走动的经验，将难以建立上、下、前、后、左、右的方向概念。

最后，我们用孩子从饭厅运用爬行方式，到客厅取用小馒头点心的过程，说明感觉统合的发展与皮亚杰认知发展间的关联。11个月大的孩子看到客厅茶几上的小馒头点心时［此时大脑优先需要处理视觉注意力所启动的认知记忆，包括关于甜（味觉）、圆形（视觉）、可食用的记忆概念］，完成简单的视觉注册后，大脑必须同时启动爬行的双侧协调能力，让身体离开本来位置（此时认知能力对行进方向的了解，指挥着前庭觉、本体觉往客厅的方向爬行），往小馒头的方向爬行。到了目的地，孩子将坐姿（前庭觉）调整妥当后，伸手抓握小馒头却不至于捏碎小馒头（本体觉），将小馒头放进嘴巴（手眼协调）完成自己进食的活动。

　　活动完成时，大脑的边缘系统会记录此次活动的流程，并产生自我报偿机制，建立成功的"自我进食"的身体图式。运用每次启动的感觉统合经验，建立并修正身体图式的学习模式，这是0~2岁孩子感知运动阶段的发展特征。借由每天重复上演、屡见不鲜的感觉动作认知学习模式，孩子的认知能力由感知运动阶段、前运算阶段、具体运算阶段发展到形式运算阶段。因此我们知道，在幼儿认知发展过程中，需要多向度的感觉系统共同作用，将感觉刺激传入大脑进行整合，并进而形成对事物的抽象认知概念。

三　感觉统合发展影响的发展项目

　　感觉统合发展良好者，表示其感觉系统能对外在刺激作出合适的反应。感觉系统包括感官上的感觉体验，例如视觉、听觉、味觉、嗅觉、触觉等，还有保持身体平衡感和方向概念的前庭觉，以及身体本身认识肢体位移与空间变化的本体觉等。本书各章将会对各种感觉系统进行详细说明。若是您的孩子呈现下列一种以上的症状，代表他可能需要进行感觉统合治疗。

（一）关于情绪调控能力的向度

　　1. 对触觉、前庭觉、视觉、声音过度敏感（怕被碰触、不喜欢旋转、怕光、怕吵等）。

　　2. 对触觉、前庭觉、视觉、声音反应不足（注意力不足、多动、坐不住、容易分心、对声音／光线的反应较慢）。

（二）关于粗大动作、精细动作能力的向度

1. 动作笨拙或明显地漫不经心。

2. 不喜欢做作业或完成作业有困难。

（三）关于语言沟通能力的向度

1. 语言（发音欠佳、语言沟通能力发展较慢）或动作发展迟缓。

2. 自我概念差（自信心低落、害怕尝试新事物）。

（四）关于课业学习的向度

1. 学业成就（说、读、算、写）落后。

2. 不喜欢上学。

3. 出现人际互动和情绪问题，例如不专心、易怒、常碰撞到同学、常与同伴起冲突。

4. 活动量不寻常的大或小。

5. 转换环境或情境有困难（怕生、焦虑或害怕）。

6. 无法让自己安静下来。

感觉统合失调的症状

感觉统合失调影响的范围广泛，若孩子出现下列一种以上的症状，父母和老师应加以留意，提高警觉。

1. 多动及容易分心，在团体学习时与同龄孩子相比差异很大。随时动个不停，无法安静地坐下来和专心做一件事。

2. 注意力及警醒度差。例如：明显心不在焉；丢三落四；做事没有计划，无法有效率地完成工作；做事时一副没兴趣的样子；不主动参与活动，总是旁观或游荡。

3. 对触觉、味觉、视觉、听觉过度敏感。例如：不敢荡秋千或爬高，对衣服或食物的质地特别挑剔，不喜欢别人碰他或摸他，非常害怕突如其来的巨响。

4. 对梳洗、刷牙、穿衣、吃饭等日常生活动作非常挑剔，感到麻烦和困难。

5. 对感觉刺激反应不足。有些孩子会寻求强烈的感觉经验，例如持续转圈圈、由高处往下跳或对病痛的反应不灵敏，有些孩子则在反应过度与反应不足之间摆动。

6. 在情绪及行为上产生困扰。有的孩子易怒、紧张、固执、很难自我调节情绪，面对新情境适应困难。另外，冲动、缺乏自制力、不守规矩也会造成人际互动上的困扰。

7. 动作协调性差。黄湘武和黄宝钿（1991）曾说："自我协调是促进孩童认知成长的原动力，也是人在学习及了解新事物时的认知模式。"通过观察大肌肉活动或精细动作的表现，例如时常跌倒，在做剪纸或握笔的动作时有困难，可判断其协调性的好坏。

8. 语言发展有问题，有口齿不清或语言发展迟缓等现象。听觉障碍，例如漏听、听错、听不懂、理解特别慢或无法记得一连串的指示。

9. 学习情绪低落，例如读、写、算有困难。

感觉统合在学前教育的重点

在学前教育的教学重点中,动作发展训练、感觉训练及知觉训练应占教学课程的45%,音乐、团体游戏和生活自理占20%,另外35%是口语发展和概念发展(见图1-1)。由此可知,在学前阶段应强调"准备"的能力,而动作发展训练、感觉训练及知觉训练则属于学习准备工作中最重要的一环。

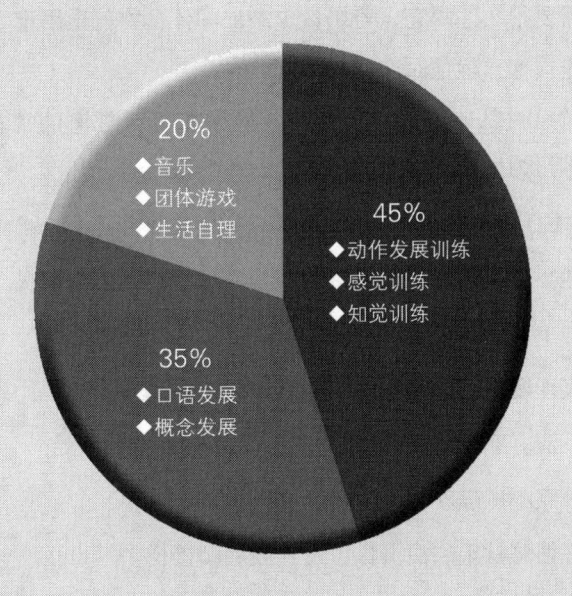

图 1-1 学前教育课程的比例分配

资料来源:许天威、何华国(1992). 智能不足者之教育与复健. 高雄市:复文图书出版社。

四 感觉统合障碍在婴幼儿期的表现

婴儿期（0~1岁）

1. 非常不好抚育，常出现爱哭、不安、难安抚的情形。
2. 睡不好，晚上睡1小时或2小时就醒一次，或入睡困难，要摇、哄很久才能入睡，容易一点声音就被惊醒。
3. 肌肉松软，软趴趴的，比别的婴儿挺直头部的能力发展得慢。
4. 喝奶需要很久才喝完，若奶量少添加固体食物就很困难。
5. 不喜欢被抱，抱他时会扭动不安。
6. 对洗脸、洗头、刷牙、剪指甲、换尿布等日常清洁常有哭闹、排斥、抗拒等行为反应。

幼儿期（1~3岁）

除了上述婴儿期的状况可能持续外，亦可能出现以下情况。

1. 注意力不易持久。
2. 动作表现笨拙。
3. 口齿不清。
4. 发生一点小碰撞就十分生气。
5. 非常害怕荡秋千、溜滑梯、走斜坡或爬楼梯。
6. 因食物的质地而挑食。
7. 语言发展迟缓。

前儿童期（3~6岁）

1. 粗大动作不协调。
2. 精细动作发展有问题（着色、剪贴、写字有困难）。
3. 多动和冲动。
4. 常跌倒。

5. 社交技巧差，和同伴相处不易。

6. 易哭、情绪不稳定、挫折忍受度低。

7. 有持续的睡眠问题。

8. 缺乏注意力。

五 感觉统合发展影响学习的表现

见表 1-1。

表1-1　　　　　　　　感觉统合发展影响学习的表现

警醒度、姿势、动作	问题表征
警醒度 头脑清醒，准备好可以学习	・注意力不集中 ・常常分心，一旦分心就不容易重新专注 ・过分紧张
姿势控制 站立、坐下时各种姿势的保持	・不能坐直 ・写字时一手撑头，坐着时双腿绕着椅脚 ・翻跟斗翻得歪斜 ・打球、踢球、投篮的时间无法持久
手指抓握 握笔姿势：手腕微微上举，拇指、食指、中指呈一中空的圆（圈）形	・不成熟的握笔法：握笔太用力，写字时常甩手 ・写字时手易累，逃避精细动作活动，字写得少
动作协调 大肌肉动作流畅	・常碰撞桌椅、墙壁或他人，球类活动表现差 ・做出一个准确的体操动作有困难
双侧协调 身体两侧同时或交互使用	・绑鞋带、骑脚踏车、剪纸时，双手或双脚不能分工合作，动作不灵活
惯用手 优势手的发展	・画图、写字时常换手

续表

计划及组织知觉动作的能力	问题表征
意念及动作的顺序 计时及计划动作的顺序	·闲荡，不知从何开始 ·忘记指令 ·无法完成工作 ·不知道下一步要做什么 ·写写停停，无法有效做出流畅的动作 ·打球、踢球时漏接球 ·跳绳动作与时间常无法协调配合，容易踩到绳子
空间分析 知道身在何处 应用空间感计划动作	·常把自己的东西放错地方，找不到需要的物品 ·在学校内迷失方向 ·拼图或按照图示堆积木有困难 ·跑错方向 ·无法预估来球的距离 ·写字时会超出线条或格子
视知觉	·仿画、抄写有困难 ·阅读时跳行跳字 ·读写时会左右倒反 ·写字或画图时纸放不正
精细动作	·用笔笨拙 ·扣纽扣时动作较慢 ·做美劳作业有困难
视觉动作统合	·无法沿着线剪纸 ·着色时超出着色线 ·不喜欢画图 ·逃避玩乐高等积木
口腔动作协调	·流口水 ·吃饭时口不闭 ·吃东西不细嚼 ·发音不正确

六 感觉统合发展的过程

见表 1-2。

表1-2　　　　　　　　　感觉综合发展的过程

感觉刺激注册（接收到感觉信息）	感觉统合阶段			感觉统合的最终成效
	第Ⅰ阶段	第Ⅱ阶段	第Ⅲ阶段	
触觉	·进食 ·亲子关系 ·姿势机制	·情绪稳定 ·身体概念	·触觉区辨 ·精细动作	·大脑分化基本学习能力 ·读写算 ·概念理解 ·组织能力 ·自我控制 ·自我价值 ·自信心
本体觉	·维持姿势 ·调整姿势	·动作控制 ·动作计划	·手眼协调 ·目的活动	
前庭觉	·抗地心引力平衡	·注意力 ·两侧协调	·形状概念 ·空间概念	
视觉	眼球控制：与妈妈和其他家人的眼神接触	保持与爸妈的互动。例如：幼儿在小便时，爸妈跟孩子玩"嘘嘘"的游戏；爸妈将目标物盖住或使其滚动离孩子有段距离，让孩子学习找寻目标物	·手眼协调 ·辨别符号、形状、颜色和数字	
听觉	听到妈妈的声音会转向妈妈且感到安全	在说出语言之前能理解单词意思	语言	

感觉统合发展的过程影响各项发展能力，应以感觉统合理论来探讨各层次的发展阶段。

第一统合阶段

第一统合阶段的感觉统合功能影响以下几个层面。

$\left.\begin{array}{l}\text{吸吮、吃的舒适感} \\ \text{被碰触的舒适感} \\ \text{亲子依附关系发展}\end{array}\right\}$ 由触觉发展

$\left.\begin{array}{l}\text{肌肉张力发展} \\ \text{平衡功能发展} \\ \text{姿势调整能力} \\ \text{重心安全感} \\ \text{眼球动作发展}\end{array}\right\}$ 由前庭觉和本体觉合力发展

在第一统合阶段感觉统合功能发展成熟时，上述的发展项目皆能逐步成熟；若是第一统合阶段整合不良，即会呈现重力不安全感、触觉防御、在吃喝等动作上出问题、低肌肉张力、平衡反应差、姿势不良、眼球追视困难等发展障碍。

第二统合阶段

第二统合阶段的感觉统合发展接续第一统合阶段的发展功能，进一步形成良好基础，以便进行高一级的能力呈现，其影响的发展项目如下。

1. 身体知觉度发展。

2. 身体两侧协调能力。

3. 动作计划能力。

4. 注意力维持的时间长度。

5. 活动量的调整能力。

6. 情绪稳定的调整能力。

第二统合阶段的感觉统合功能成熟时，会影响大肌肉动作发展的基础能

力、动作协调性、动作精确度，以及学习新动作所需的计划与排序能力。同时在此阶段中发展出良好的大肌肉动作灵巧度及喜欢探索动作的能力、挑战身体极限的能力，也会协助发展专注能力、调整控制自己活动量的能力和稳定情绪的能力。

第三统合阶段

第三统合阶段的感觉统合发展结果所影响的发展项目如下。

1. 说话和语言能力。

2. 手眼协调能力。

3. 视知觉能力。

4. 有目的地从事合宜的事的能力。

此阶段前庭觉协助听觉发展出听知觉的成熟度，使听觉处理速度、效率提高，使听觉辨别、听觉记忆皆能顺利，进而协助语言和说话的能力进展。触觉、前庭觉、本体觉协同视觉发展出完善的视知觉，包括视觉辨别、前景—背景区辨、空间相对位置、形状辨认、视觉记忆等，以利于幼儿玩拼图、乐高等，进而发展手眼协调能力，促进幼儿精细动作发展，如画图、使用工具、增进生活自理能力等。

经过上述三个阶段，感觉统合发展的成果呈现如下。

1. 专注的能力。

2. 有条理的能力。

3. 自我控制的能力。

4. 自信心。

5. 自尊心。

6. 读、写、算的能力。

7. 抽象概念及推理能力。

8. 大脑左右脑分化，各司其职的左右手合作能力。

七 感觉统合发展的神经历程

感觉统合发展的神经历程包括下列几个部分。

（一）感觉注册功能（Sensory Registration Function）

感觉注册是儿童注意到这个感觉刺激，表现出有听到这个声音，或者有接收到这个前庭刺激，或是有接收到这个踩到别人脚的感觉，对感觉信息有反应。它就好像一个雷达，侦测到、接收到信息了，这是感觉注册功能的第一个步骤。

感觉注册使儿童有能力聚焦在收集这个感觉信息到可信赖的程度，之后才有感觉处理发展的展开。如果感觉注册这一发展步骤有障碍，会呈现出什么状况呢？

感觉注册功能低落时儿童就没有反应，例如没有听到妈妈在叫他、妈妈对他说话，所以妈妈就要更大声、更多次地叫他，他才会有反应或是反应很慢，以及持续的反应成效不佳。有时候我看到的是待着不动的孩子，律动课时站在旁边只看不做，美劳课时手的精细动作慢吞吞、不精确或者不会使用他的手。

感觉处理能力剖析量表（sensory profile）是历年来广为作业治疗师使用的感觉统合评测工具。感觉处理评量的研发者维尼·邓恩博士（Winnie Dunn，1999）指出，感觉统合发展中的感觉注册功能缺失会影响日常生活的效能和社会心理发展。感觉注册不良的行为表征如下：

1. 对生活事项表现出没兴趣、没动机。
2. 面无表情。
3. 冷漠的、无动于衷的、事不关己的。
4. 发呆，沉浸在自己的世界的表情。
5. 退缩。

6. 呈现出很累的样子。

这些行为表现和感觉调节中的低警醒度状态是一致的，它们合并影响儿童在生活中的参与度、反应速度以及儿童的情绪社会发展，并且影响其持续性注意力和学习成就。

促进感觉注册功能的活动和调节低警醒度正常化的活动非常相似。首先，将低警醒度调至正常。

1. 前庭觉的游戏。高强度前庭和摇摆、晃动、快速不规则的活动会提升警醒度，同时改善前庭觉没有接收到的注册问题。可以说前庭神经刺激是脑神经清醒的开门钥匙。
2. 针对各种类别感觉注册问题，多用加强单一同类的感觉刺激来促进感觉注册功能。
3. 各种感觉刺激活动也有提升警醒度、活化网状系统的功能。

（二）感觉调节功能（Sensory Modulation Function）

感觉调节是指大脑能将感觉刺激量调整到适当程度，使身体产生适当的反应行为。当感觉调节功能不良时，幼儿会产生反应过度或反应不足的行为，如触觉防御或过度寻求刺激。感觉调节能力对幼儿的生活表现和学习效率有非常重要的影响。例如：幼儿能将注意力专注在老师说的话而过滤其他声音，使自己维持适当的警醒程度，专注于学习。当调节功能失调时，幼儿容易分心、失神或过度亢奋，导致学习效率低或无法完成学习。

（三）感觉区辨功能（Sensory Discrimination Function）

感觉区辨功能是各种正确知觉能力的基础，能正确辨识各项感官知觉的能力，包含视觉、听觉、触觉、本体觉、前庭觉、速度觉、节拍觉等，是幼儿学习过程的重要基础。例如：阅读时需要良好的视觉区辨能力，才能分辨"冯京"和"马凉"。

（四）姿势控制能力（Postural Control）

维持写字时坐姿挺直、上课时坐得住，以及在玩躲避球时能屈曲身体、闪避躲球等的身体姿势控制能力，在大小肌肉活动中都扮演重要角色。姿势控制能力不良的幼儿容易发生驼背、上课动来动去换姿势、跑步容易跌倒等情况。

（五）运用肢体能力（Praxis）

幼儿在面对一项新游戏、新玩具、新体能活动时的动作概念及动作计划的能力，称为运用肢体能力。运用肢体能力包含双侧协调能力、动作顺序能力、视觉动作运用能力（与建构性游戏相关）。例如幼儿的爬行能力、语言沟通表达能力，都是衡量运用肢体能力的指标。运用肢体能力不良的幼儿，在唱游课、体能课及游戏等活动中容易呈现动作笨拙，不会玩玩具，不喜欢拼图、乐高及建构性游戏的行为表现。

上述五项感觉统合发展的神经历程顺利成熟时，幼儿会有以下几种表现。

1. 幼儿有正确的视觉、听觉、知觉及反应速度，学习效率佳，认知发展良好。

2. 幼儿能灵巧地运用肢体，动作姿势优美，手眼协调佳。

3. 充满自信，人格正向发展。

4. 情绪稳定，挫折忍受度高。

5. 人际交往发展顺利。

感觉统合发展功能失调的幼儿，会呈现动作协调能力差、易跌倒、软趴趴、懒洋洋、动作慢、易分心、注意力不持久、不敢荡秋千或怕接球、讨厌刷牙或挑食、人际互动差、情绪调适差、自我控制能力不足及学习困难等状况。父母和老师常会以为是孩子调皮、捣蛋、偷懒、不愿意学习，但是借由感觉统合发展的分析，常发现根源问题出在感觉统合功能失调上。

八 感觉统合发展的神经基础

感觉神经接收器将外在感觉信息传入中枢神经，经脑干网状系统传入小脑边缘系统及大脑皮质，完成感觉统合的历程。

（一）三种感觉神经

感觉统合发展强调三种感觉神经系统的重要性，分别如下。

1. 触觉神经系统辨别温度、质地、痛觉，例如冷热、形状。
2. 前庭觉神经系统辨别方向、速度、姿势及身体的位置。
3. 本体觉神经系统辨别身体及各肢体的位置、用力的大小。

（二）中枢神经系统

脑干（Brain Stem）是掌管感觉统合的区域，包含网状系统、延脑、中脑、桥脑，以下分别介绍其功能。

网状系统（Reticular Formation System）

1. 过滤及淡化不重要的刺激，加强重要的刺激强度。这是中枢神经的主要过滤器，能调节神经细胞活化的阈值。
2. 控制、清醒、入睡、专注、警醒度。
3. 调节日夜时间感规律性（调节生理时钟）。
4. 与小脑合作，共同调节姿势张力、平衡与动作。
5. 与边缘系统及下丘脑合作，共同维持生理平衡和内分泌平衡。

延脑（Medulla Oblongata）

1. 上传本体觉进入小脑，下传肌肉动作控制信息到脊髓神经。
2. 提供第 1 对至第 12 对脑神经的感觉信息。
3. 下传心跳、呼吸、呕吐、恶心的内脏神经。
4. 接受基底核及脊髓的信息，并将这些信息传入小脑。

5. 接收感觉信息（本体觉、触觉、二点区辨、振动觉）。

6. 连接眼肌神经及前庭和听觉神经，维持姿势平衡。

中脑（Mesencephalon）

1. 上传感觉信息至基底核和小脑，以协调身体动作和眼睛动作。

2. 整合眼睛和躯干动作，对突发的视觉刺激作出反应。

3. 对听觉刺激作出反应（转头或转身体）。

4. 第3、第4对脑神经影响幼儿眼睛动作聚焦、追视、搜寻的灵巧度。

桥脑（Pons）

1. 与小脑紧紧连接，功能与小脑相似。

2. 听觉神经路径。

3. 由前庭神经核上传至前庭—小脑神经，影响反射动作和姿势控制。

4. 包含第5、第6、第7、第8对脑神经的神经核。

（三）边缘系统（Limbic System）

边缘系统包含杏仁核（amygdala）、海马回（hippocampus）、乳头体（mammillary body）（见图1-2）。杏仁核是调节情绪边缘系统的第一站。当感觉刺激进入杏仁核，杏仁核会搜寻过去的经验记忆来界定这个刺激的情绪意图，进一步决定情绪反应——表现出欢欣、焦虑或害怕等。杏仁核创造情绪图谱，记载个体对环境大小事件的情绪意义。海马回主掌记忆，对事件的发生、确实的人事物之记忆都储存在海马回。乳头体位于下丘脑，是杏仁核和海马回的信息传递中心，主要功能为储存非长期记忆和固化长期记忆。

边缘系统是控制情绪的中枢，也是情感建立的基地，决定一个人的心理状态是正向思考（朝向希望）或负向思考（总是看最不好的一面）。忧郁、缺乏动机、提不起劲，就在于边缘系统的健康程度欠佳。它的主要功能包括如下。

乳头体

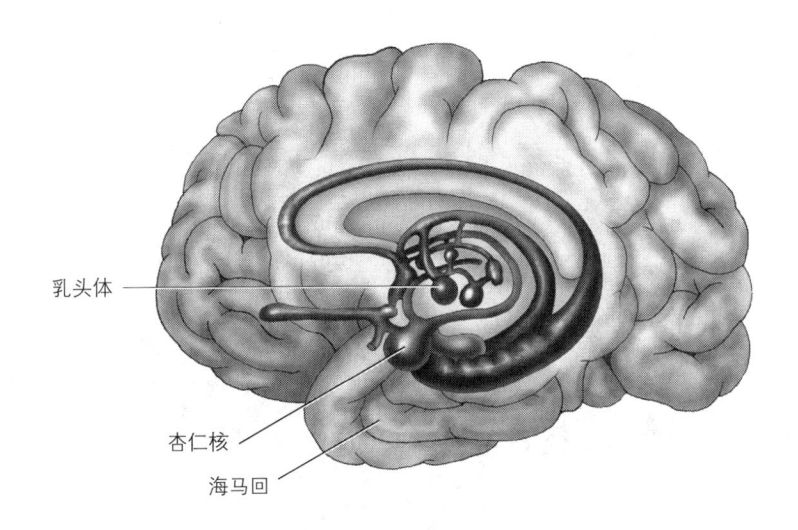

杏仁核

海马回

图1-2 边缘系统

1. 调整动机。

2. 记忆情绪事件。

3. 调控情绪。

4. 处理嗅觉。

5. 建立各式情感，维持社交关系。

（四）大脑皮质（Cerebral Cortex）

大脑皮质包括顶叶、额叶、枕叶以及颞叶（见图1-3）。

顶叶（Parietal Lobe）

侦测触觉、本体觉、压力觉、温度觉、痛觉；整合视觉、触觉、听觉的接收。

额叶（Frontal Lobe）

具有前瞻能力和判断决策能力，是高级的认知管理中心。额叶是大脑的总监，掌管职责如下。

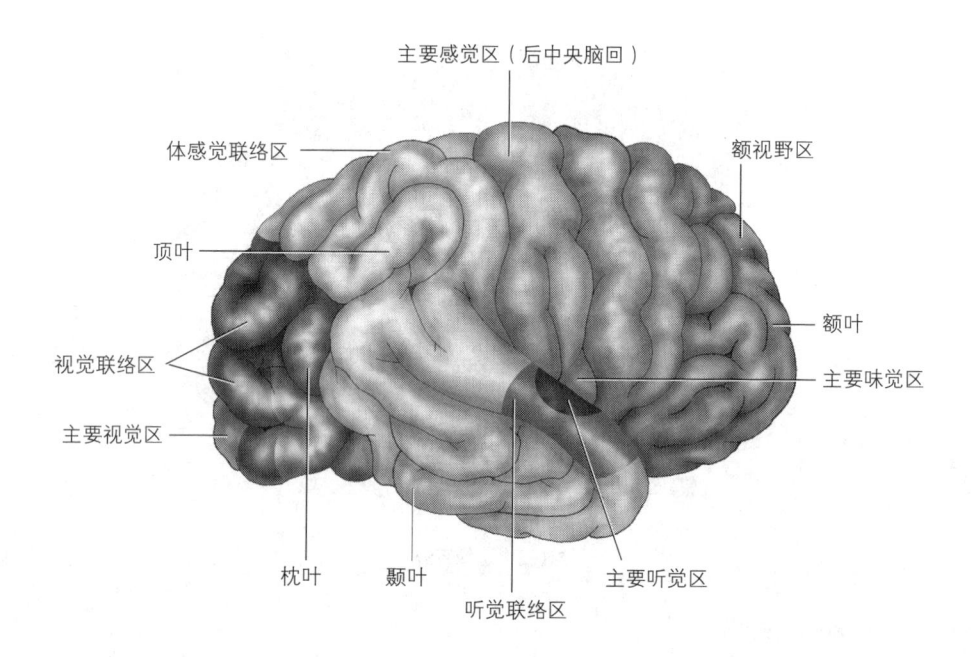

图1-3 大脑皮质

1. 注意力。

2. 控制冲动。

3. 控制情绪。

4. 预测——前瞻能力。

5. 策划——企划、制定目标。

6. 判断——决策能力。

7. 组织——条理能力。

8. 洞察——理解能力。

9. 同理心——感同身受的能力。能从错误的经验中接受教训。

枕叶（Occipital Lobe）

位于大脑后方，主要功能是视觉、理解视觉刺激和情境。

颞叶（Temporal Lobe）

位于太阳穴之下、眼睛后方，主要功能包括如下。

1. 听力、理解力。

2. 阅读能力。

3. 称呼物品名称，说话时找到合适的词语。

4. 解读肢体语言、面部表情、社交暗示。

5. 短期、长期记忆力。

6. 稳定情绪。

7. 感知音乐、说话的节奏。

（五）小脑（Cerebellum）

小脑占脑重量的1/10，却拥有50%的脑神经元。小脑的功能与感觉统合密切相关，主掌处理信息的速度、时间感的认知（见图1-4），有许多幼儿动作慢吞吞多半是小脑效率不佳所导致。小脑和情绪调整速度有关，也就是说能否将情绪从太过兴奋快速调整到安定平稳，同样取决于小脑的成熟程度。小脑更与认知整合速度相关，影响学习效率和思考灵敏度，以及个体学习新技术、接受新想法的能力。若是小脑功能欠佳，容易陷在问题中无法跳脱，而且思考速度变慢，整理信息、判断、决定的能力会受损，较容易糊里糊涂作出不当决定或者拖拉延迟、无法作出决定。

小脑的另一项重要功能是执行额叶相关功能，包括计划时间表、组织利用时间、组织计划的能力，有规范地自我约束、控制自己不乱放东西、不拖延时间等。目前已发现注意缺陷与多动障碍以及特定的学习障碍症（Learning Disabilities，LD），有90%与小脑功能不佳有关。

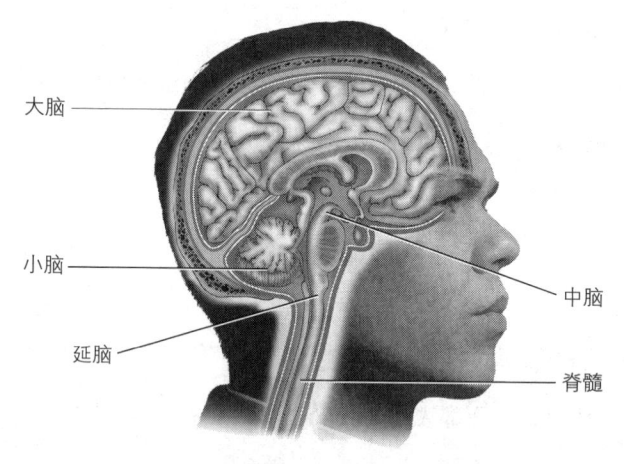

图1-4 脑的构造

（标注：大脑、小脑、延脑、中脑、脊髓）

小脑也与精确的动作协调有关，影响写字是否灵巧、写出来的字是否好看，以及姿势和运动时的动作协调能力。若小脑功能不佳，会表现为笨手笨脚、动作不灵活，也会使得说话速度变慢。小脑与感觉统合中的感觉调节功能密切相关，小脑功能不佳会让人对感觉的接受度过于敏感，例如对碰触、声音、光线过度敏感。

小脑的重要性

我们在坊间常会看到标榜"大脑开发"的课程，但是似乎很少看到"小脑开发"的标语。其实，小脑和大脑一样都是非常重要的脑构造之一，它的重要性如下。

1. 具备如卫星一般的导航功能，提供方向感。例如：我们可以运用眼睛、手脚知道身体移动的位置与方向。
2. 罗盘系统。帮助个体辨别空间感，例如上下、左右、前后的空间概念。

3. 时间、顺序感。我们会知道事情的前后顺序，哪些事先做，哪些事后做。能培养出韵律感，知道节奏快慢。
4. 过滤、抑制功能。就像踩刹车，能削弱太大的刺激及不重要的刺激。
5. 感觉、动作统整。
6. 情绪调节。
7. 视觉稳定。
8. 肌肉张力及重心处理。
9. 开始—停止的正确反应。

九 感觉统合治疗的原则及规范

（一）感觉统合的特性

综合前文所述，我们知道感觉统合对于幼儿在认知发展、行为动作、认知学习和情绪调节等层面都有相当重要的影响。研究显示，接受感觉统合治疗将有效改善幼儿在感觉统合上的障碍。其特性包含以下几个层面。

1. 感觉统合治疗是由幼儿主导的治疗，幼儿与治疗师之间充满信任关系，非由治疗师主导，也不是要幼儿服从治疗师给予的指令。
2. 感觉统合治疗由幼儿和治疗师一起想办法解决问题，是一个"过程导向"的治疗，是幼儿探索经验的学习过程，而不是口头解释、说明及指导的学习；不是以教会孩子一个动作为最重要的目标，而是强调幼儿自主学习的重要性。
3. 感觉统合治疗是非常有趣的、有弹性的游戏过程，不是一套固定不变的课程方案。
4. 感觉统合治疗是让幼儿主动地学习，而非被动地学习。

5. 感觉统合治疗是抓住引起幼儿内在动机的方向，集合感觉刺激本身的好玩程度和幼儿的兴趣，创造吸引幼儿的游戏主题，所营造出的"很好玩"的治疗。治疗情境会让幼儿主动、自发、倾注全力地参与。
6. 感觉统合治疗设计难易度适当的游戏，让孩子容易学会，感受到成就感，对自己有信心，每次的参与都玩得愉快、玩得尽兴。

（二）有效地执行感觉统合治疗的规范

作业治疗使用感觉统合为理论基础的治疗方案，是以神经学为基础，由于神经的可塑性（Neuroplasticity）很大，因此使用感觉统合为架构的治疗是否有效，需从基础神经学的发展文献来探究是否支持感觉统合架构的治疗法。莱恩和沙夫（Lane and Schaaf, 2010）教授的文献探讨带给我们丰富的信息，他们的很多研究均指出许多大脑区域对于丰富的感觉刺激和动作活动的反应。

研究结果显示，神经功能和结构有改变，行为即有改变。因此作业治疗以感觉统合理论为基础，调整改变儿童、青少年的生活经验，其对个人有益的感觉、动作环境设计是足以促进人的神经发展进步的。我们强调的是"环境"设计和"机会"，同时要注意的是这些治疗内容是针对个别的需要而设计的。而且最大的、最好的进步发生在个体是主动自发地和环境互动，而不是被迫、被指定、被要求地去做动作、做活动（Lane and Schaaf, 2010; Van Praag, Kempermann, and Cage, 1999）。

因此，最近的感觉统合疗效研究明确指出感觉统合治疗的十大规范（Parham et al., 2007）。

1. 治疗室安排成可以诱发孩童参与的环境。
2. 确保环境的安全性。
3. 提供感觉活动的机会。
4. 促进孩童进入和维持理想的警醒度。
5. 仔细地安排每一项治疗活动。

6. 保证治疗活动是能让孩童成功完成的活动。

7. 引导孩童行为的自我调节功能。

8. 创造好玩有趣的情境。

9. 和孩童一起挑选活动选项。

10. 孩童和治疗师共同建立合作的治疗关系。

十　感觉统合治疗的成效

在美国，约有99%的学校系统作业治疗师使用爱尔丝发展出的感觉统合理论和治疗原则来治疗学习障碍、注意缺陷与多动障碍、孤独症和行为问题，以下为研究列举出来的感觉统合治疗成效（May-Benson and Koomar，2010）。

1. 提升感觉动作功能。

2. 提升动作计划功能。

3. 提升社会性功能。

4. 提升注意力。

5. 提升行为调节能力。

6. 提升阅读相关的能力。

7. 提升参与主动游戏的功能。

本章主要问题

1. 试说明感觉统合对幼儿发展的重要性。

2. 试说明感觉统合对智能发展的重要性。

3. 试说明感觉统合失常所呈现的症状。

4. 试举例说明感觉统合障碍在婴幼儿期所表现的问题。
5. 试比较感觉统合发展与学习表现的关联。
6. 试说明感觉统合发展的过程。
7. 试说明感觉统合发展的神经历程。
8. 试说明中枢神经系统统合感觉讯息的重要结构。

CHAPTER 2
前庭神经系统

1. 认识前庭神经系统的发展及结构
2. 认识前庭神经系统的功能
3. 认识前庭神经系统的重要性
4. 认识前庭神经系统功能失调的行为症状
5. 认识促进前庭神经系统发展的游戏及活动

小明平时看起来总是一副疲累懒散、虚弱无力的样子（姿势维持能力），注意力差，容易被外在环境影响；妈妈及老师对他说话时他常常听不懂意思、反应慢（听觉、视觉的处理）；自己喜欢原地转圈和荡秋千（情绪调控策略），快跌倒时不会用手支撑身体保护自己免于受伤（维持平衡能力）。从小明的行为症状来看，可能是受到前庭神经系统失调的影响。

前庭觉是感觉系统之一，它主要的接收器位于内耳，左右各一，负责掌管身体的平衡感，当外在刺激进来时，前庭觉的神经系统可获得信息使身体作出反应。在所有感觉系统中，前庭觉在触觉之后发展成熟。

个体进行加速或减速活动时，会调整头部倾斜角度以维持身体平衡，在撞到东西或跌倒时能够实时反应且保护身体。当身体移动时，前庭神经系统能帮助我们感觉头部位置的改变，以维持身体姿势的平衡及协调。例如：在移动时为避免跌倒，我们会用手撑扶着，肢体动作的平衡感均依赖前庭神经系统的运作。前庭平衡与日常生活息息相关，不论走路、站立、坐下、躺卧、吃饭、洗澡、读书、写字等都依赖前庭觉的协调。从以上说明可知，前庭神经系统的功能失调，对孩子的姿势动作与平衡能力发展、视觉与听觉学习及情绪调控会造成极深的影响。

一　前庭神经系统的发展及结构

在胚胎 51 天大时，"神经管"就形成"内耳"的神经构造，内耳不只负责听觉的传递，也处理身体移动时所需的平衡感。而负责平衡的前庭神经系统指的是位于内耳中的三个半规管（外半规管、前半规管、后半规管）和耳石器官。三个半规管会侦测头部的转动幅度和强度，每当头部有些许晃动，例如弯腰、头向下栽或是快要跌倒失去重心时，三个半规管会以三个面向（原地转动、向前或向后转动、向侧面转动）精准计算出转动的变化，并且通知大脑借由平衡反应或翻正反射，将身体拉回平衡姿势，不让头部受伤，保护身体的安全。耳石器官则是侦测加速、减速和地心引力变化（垂直、水平、前后）的器官。

人类能发展出追、赶、跑、跳、碰等独特又协调的动作能力，就是依赖成熟的前庭神经系统功能。婴儿在 4 个月时就会抬头及翻身，7 个月会坐，9 个月会爬行，11 个月会放手站立，13 个月会自己走路，4 岁喜欢跳跳床和荡秋千，7 岁左右喜欢溜直排轮、骑单车等，都是前庭神经成熟运作的成果。

在三个半规管及耳蜗的耳石器官接收到的前庭信息，借由第 8 对脑神经（前庭耳蜗神经）传导到脑干的前庭神经核、小脑、网状神经系统、脊椎，神经信息上传到大脑皮质，以报告身体目前处于三度空间中的位置及速度，下传的神经路线则借由脊椎神经影响身体姿势及眼球的控制。耳朵的构造见图 2–1。

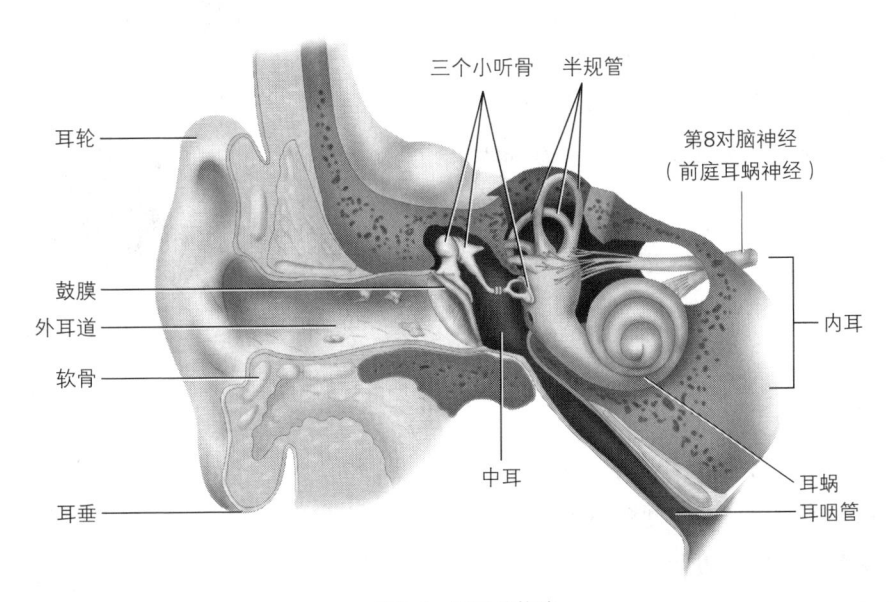

图2-1　耳朵的构造

二 前庭神经系统的功能

前庭神经系统的主要功能之一是维持身体平衡和侦测身体的动态（头的速度、方向变化）。前庭神经影响个体的姿势、平衡、肌肉张力、身体两侧的动作协调、眼球维持稳定的视觉和个体的警醒程度（见图2-2）。

（一）维持平衡

我们能协调地跑跳、转圈，在不小心踩到石头时，身体能快速地前倾以保持平衡，快跌倒时大脑知道"歪了、歪了"而赶快下达指令动作，使身体恢复头上脚下、直立的姿势，这都是良好运作的前庭神经系统密切监控头部的位置和速度变化的功劳。

（二）维持正确姿势

良好的前庭神经系统帮助我们发展和维持正常的肌肉张力，使背腰肌的肌肉张力能够将脊椎挺直，不致弯腰驼背或从椅子上跌下来。肌肉张力若是太低，常会导致坐姿不良，例如写字、吃饭时用手支撑头，这也让我们容易感到疲累或不喜欢体能活动。

（三）发展出身体两侧协调的动作能力

使用剪刀剪纸时，左手拿纸、右手拿剪刀，两手可以合作无间；骑三轮脚踏车或溜直排轮时，左右脚轮流用力踩踏或轮流滑行，在时间顺序上两脚必须相辅相成、分工协调。借由身体两侧的协调与两侧整合，让孩子做跨中线的活

图2-2 前庭神经系统可以帮助身体两侧协调，保持平衡

动，而不致用左手做左边的工作，换右手做右边的工作。

（四）让眼球能清楚对焦

身体移动时，前庭神经系统让我们能眼观四面，能预先判断地面的高度与软硬，避免跌倒或推挤、碰撞；甚至当我们做精细的协调活动，例如抄写黑板上的字时，抬头时眼睛搜寻黑板上的字在哪儿，低头时眼睛要找本子上的格子位置，眼球能在头动来动去的状态下，有效率地找到要注视的位置，这均是依赖前庭神经系统的功用。

（五）影响人体大脑的警醒度

快速或突然改变方位的前庭觉刺激，可以活化大脑网状神经系统，使人精神亢奋、提升警醒度。例如：坐云霄飞车时会不自觉地睁大眼睛、大叫大笑；或将幼儿举高、抱着他旋转时，他会兴奋大笑。相对地，轻缓、规律的前庭觉刺激，可用来降低神经警醒度，使人感到安定、放松。研究指出，妈妈把婴儿用背带背在身上轻缓摇动，可减少孩子哭闹的情形；或在哄孩子入睡时，横抱着孩子左右慢慢摇，会让幼儿感到安全，哭泣的情形也会减少。

三　前庭神经系统的重要性

前庭神经系统是强而有力的整合中心，影响其他感觉神经的功效，例如视觉—空间知觉、听觉—语言功能、神经警醒度—注意力，进而影响学习过程及学习成效。前庭神经系统也会影响个体整体的动作发展，包括大小肌肉发展、眼肌协调，进而影响动作质量、动作效率。前庭神经系统亦会影响幼儿的情绪及睡眠，对幼儿整体生活质量相当重要。兹就前庭神经系统对人体的重要性举例说明如下。

（一）影响视觉、空间知觉和方向感

90%视觉神经系统的神经细胞都与前庭神经有关（Goddard，2005）。前庭神经系统像指南针一样，让我们有上下、左右、前后、东西南北等定位感、方向感，因此我们的方向感有赖前庭神经系统的支持。孩子会认路回家、能够在学校找到教室、会在一排置物柜中记得自己的柜子，都是倚靠这种方向感——视（空间）知觉。在学习阅读及写字时更需依赖方向感、空间知觉，因此前庭神经系统影响幼儿以下的学习表现。

1. 写字时能使写出来的字体大小保持一致。
2. 写字时能使字和字的间距恰当。
3. 能写在格子内或排列在横线上。
4. 字的部首、部件比例适当。
5. 写字的部件不会左右、上下颠倒或顺序排列相反。
6. 数学的列式不歪斜。

（二）影响听觉和语言发展

声音是物质振动并通过介质传播产生的声波。前庭神经和听觉神经共享内耳，把内耳当作感觉接收器，又共同借由第8对脑神经（前庭耳蜗神经）传导。前庭神经功能可促进听觉处理功能，幼儿通过跑、跳、荡秋千等活动的前庭刺激，促进听觉神经更成熟、更有效率地处理信息，同时提升语言的表达能力，增进语言使用的频率。

（三）影响警醒度与注意力

前庭神经刺激进入网状神经系统，这是大脑的警醒中心，使人清醒。前庭刺激活化网状神经系统，造成安定及抑制的功能，让幼儿排除别的刺激，而能专注在应该集中注意力的地方。研究指出，注意力不足的幼儿可借由坐在大球上上课而达到促进注意力集中的学习效果；也可借由在椅子上放一个气垫或坐在T形椅上等方法，为幼儿提供较多的前庭刺激，以改善幼儿的注意力（见图2-3）。

（四）影响动作发展

前庭神经系统影响肌肉张力，对全身大小肌肉发展有直接关联。而高度

CHAPTER 2
前庭神经系统　037

图2-3　前庭神经刺激可改善幼儿注意力

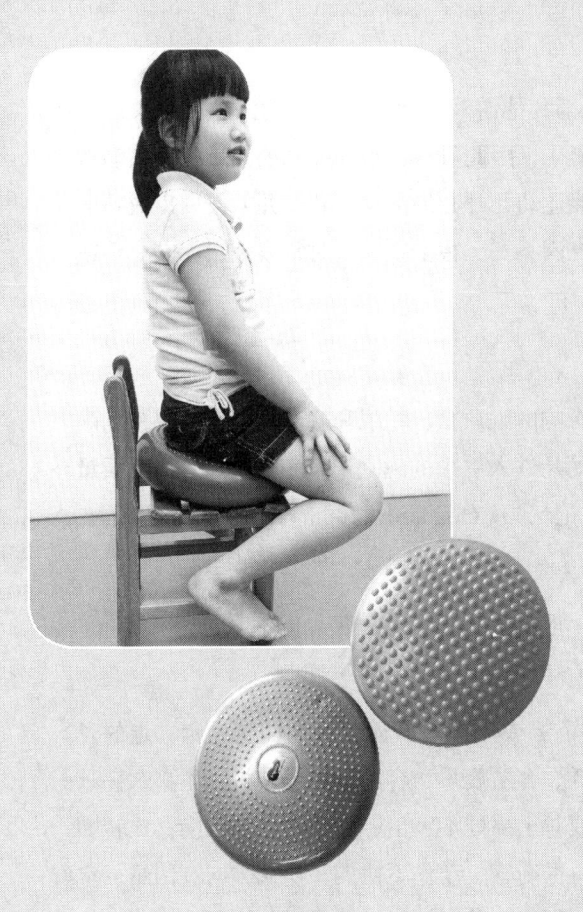

a. 在椅子上放一个气垫，能施加幼儿前庭神经刺激，提升注意力

b. T形椅可改善幼儿注意力

技巧的动作所需的精准时间、顺序和方位速度感也都要仰赖前庭神经达成，例如马戏团的空中飞人、骑单车、溜冰等动作。在三度空间中所有动作的挑战均能驾轻就熟、自在胜任，都有赖高度成熟的前庭神经系统。

（五）影响幼儿的情绪

一个幼儿的自尊心、自信心都和他游戏、活动时的成功满意度有关。幼儿移动身体的能力常带来大量的喜乐，因此可常常带幼儿到公园玩秋千、溜滑梯、玩跷跷板等活动，这些都是能让幼儿开心的活动。若幼儿未发展出成熟的前庭神经系统，则会对这类游戏充满不安、害怕跌倒，时常表现出不安全感或退缩的现象。

（六）影响幼儿的睡眠

研究指出，前庭神经刺激会影响睡眠质量、睡眠和醒起的周期及快速动眼期睡眠。适当的前庭觉活动能让幼儿进入熟睡的睡眠周期中，良好的睡眠质量则可以促进身体成长，增进学习记忆力（Goddard, 2005; King and Schrager, 1999）。

四 前庭神经系统功能失调的行为症状

当我们看到孩子平衡感差、姿势或动作发展迟缓，例如坐、爬、走的发展能力比别的孩子慢，肌肉张力低、容易疲累、容易晕车或晕机，不喜欢荡秋千、不爱搭电扶梯、不爱爬高，或对于高处不害怕、动个不停、极度喜欢转圈圈或摇晃，动作笨拙、不容易维持平衡感、动作不协调、辨认方向有困难、空间知觉能力差等状况，有可能是孩子出现前庭神经系统失调的问题。以下针对各种前庭神经系统失调的状况加以说明。

（一）前庭神经过度敏感的幼儿所表现的行为症状

1. 不喜欢荡秋千、过分小心谨慎地溜滑梯。
2. 动作较慢、过度谨慎、不敢尝试新事物、喜欢静态游戏或活动。

3. 不喜欢搭乘电扶梯或电梯。

4. 时常要求大人保护他（例如扶他、牵他、抱他）。

5. 在些微的摇晃、旋转的游戏或翻跟斗后容易头晕、想吐。

（二）前庭神经过度不敏感的幼儿所表现的行为症状

1. 动个不停、坐不住。

2. 时常不停地跑跳、摇晃身体或头。

3. 非常喜欢在沙发上跳、坐摇椅、坐转转椅或倒立。

4. 非常喜欢游乐场中快速旋转的游乐器材，例如咖啡杯、大怒神、云霄飞车。

5. 转圈圈很久、很多次都不会头晕。

6. 荡秋千常常荡很高、荡很久才肯停下来。

（三）重力不安全感的幼儿所表现的行为症状

1. 害怕跌倒。

2. 怕高、怕走在高低不平的路面上。

3. 害怕两脚离地，例如两脚同时跳起来、荡秋千时双脚离地。

4. 害怕上下楼梯，需紧抓扶手才感到安全。

5. 害怕头向后倾或是倾斜的状态，例如害怕洗头时头向后倾及倒立。

6. 为了保护自己，常极力控制他人或要求大人照着他的意思做。

（四）肌肉张力低的幼儿所表现的行为症状

1. 全身松软、松垮。

2. 四肢软趴趴，例如帮他穿衣服就像拉起他四肢的感觉。

3. 喜欢趴在桌上或蜷缩在椅子内；喜欢躺着而不喜欢挺直身体；常用手撑着头。

4. 趴在地上时无法同时抬起头、手臂和双腿。

5. 时常以"W"姿势坐在地上（不是双脚朝内的盘腿坐，而是双脚朝外的坐姿，因为这姿势能让自己的身体更稳定）。

6. 手抓握物品力气不够，例如握笔、拿剪刀、拿汤匙或握门把手时常抓握不住。

7. 紧紧用手抓握物品（为了补偿手指松软的不足）。

8. 时常跌倒。

9. 运动或出游时容易疲累。

10. 排便困难，经常便秘或尿裤子。

（五）平衡感、运动协调差的幼儿所表现的行为症状

1. 走楼梯、单脚站、单脚跳、跳远、跳高、骑单车等不易保持平衡。

2. 动作笨拙，不协调。

（六）身体两侧动作协调有困难的幼儿所表现的行为症状

1. 婴儿期不爬行或爬姿不对称协调。

2. 大肌肉动作发展差，常常碰撞到物品或跌倒；在游戏时动作笨拙。

3. 精细动作技巧发展差，例如握笔、拿汤匙等。

4. 同时使用双手或双脚的动作协调差，例如投接球、开合跳。

5. 当双手或双脚做不同动作时，协调配合度差，例如剪纸时一手拿纸一手使用剪刀，单脚站立踢球等。

6. 双手交替动作不平顺，例如打鼓时双手配合节奏交替敲击鼓面有困难。

7. 4~5岁尚未发展出优势手，画图时左右手交替使用。

8. 手不做过中线的动作，画一条横线时在过程中会换手画。

（七）听觉处理和语言功能差的幼儿所表现的行为症状

1. 听不出声音源。

2. 无法正确区辨声母或韵母的差异，以致常常听错，例如ㄅ和ㄤ（注音符号，即拼音 b 和 ang）。

3. 听老师的指令时常要求老师再说一次，对于理解指令有困难。

4. 常听错指令。

5. 记不得听到的话。

6. 聆听别人说话常常容易被别的声音干扰而分心。

7. 常被突然太大的声音或高音频的声调惊吓。

8. 回答问题时常先注视问话的人（视觉的补偿作用），因为不确定自己所回答的是否对题。

9. 常说不出自己想说的话或写不出自己的想法。

10. 和他人用语言沟通时容易离题，例如别人正在谈篮球，他却说到吃点心。

11. 回应别人的问话有困难。

12. 修正自己所说的话有困难。

13. 说话时用词简单、句子简短或文法不对。

14. 阅读困难。

15. 唱歌容易走音。

16. 说话口齿不清。

（八）视觉、空间知觉处理功能差的幼儿所表现的行为症状

1. 左右方向容易混淆、方向感差、走错方向。

2. 上下、前后、左右的空间概念不佳。

3. 空间相对位置判断不良，例如经常撞到家具、踩阶梯踩不到。

4. 玩拼图乐高等有困难。

5. 写字容易将字的大小、字与字的间距、部件部首的间距写得不一致。

6. 在图片、符号、文字或物品之间找"相同"和"不同"的部分有困难。

7. 阅读、写字时容易漏字或跳行。

8. 写数学列式、数字及符号排列不整齐。

9. 跟着老师抄写黑板上的内容，常出现眼睛注视黑板后低头抄写完再回头找黑板上的字的情况，眼球重新搜寻定位的效率低，抄写得很慢。

10. 追视移动的物件有困难，例如追视乒乓球的移位（手眼协调能力不佳）。

11. 写字写倒反，例如 b 和 d、saw 和 was，阅读时反读，或写"明"这个字时会把"日"跟"月"左右颠倒。

12. 阅读困难，无法理解看过的字句；无法"视觉化"看到的文字或照片，也就是在脑中无法出现实际图像。

13. 阅读时会侧着头。

14. 斜视或遮住一只眼睛阅读。

15. 抱怨看物件时会有两个影像。

16. 写功课容易疲累。

17. 逃避动态的团体活动（不喜欢上体育课）。

18. 周围的人跑来跑去会让他不开心或忍受不了（处理不来过多的视觉刺激）。

（九）情绪不安的幼儿所表现的行为症状

1. 自尊心弱。

2. 挫折忍受度低，进行活动时常常轻易放弃。

3. 不愿尝试新的活动（动作计划能力不佳）。

4. 受不了有压力的状况。

5. 交朋友有困难。

6. 逃避和他人互动的情境（容易手足无措、不知如何回应他人语言或动作的邀请）。

五　促进前庭神经系统发展的游戏及活动

（一）上下、左右跳的活动

如弹跳球、往上跳、跳圈圈、跳跳床、跳高、跨越跳箱、充气坐垫弹跳、跳格子、单脚跳、左右跳、跷跷板（见图 2-4）。

前庭神经系统 **043**

图2-4 上下、左右跳的活动

a. 弹跳球：坐大球上下弹跳，可搭配游戏向前跳或绕过障碍物增加游戏难度

b. 往上跳：站着，然后往上跳起

c. 跳圈圈：地板上摆放数个圈圈，让幼儿学习单脚跳或开合跳

d. 跳跳床：在跳跳床或有弹性的沙发、床铺上弹跳

044　解放聪明的"笨小孩"：全新修订版

图2-4　上下、左右跳的活动（续）

e. 跳高：两人各拉绳子两端，幼儿从绳子上跳过

f. 跨越跳箱：孩子跑步到跳箱前，双手撑住、双脚打开跨越跳箱

g. 充气坐垫弹跳：坐在气垫上，脚踏地板向上弹跳

CHAPTER 2
前庭神经系统　045

图2-4　上下、左右跳的活动（续）

h. 跳格子：地板上摆数块巧拼垫或用粉笔画格子，让幼儿练习单脚跳及开合跳

j. 左右跳：用椅子或桌子当支撑点，双手撑住椅子，双脚向左及向右跳

i. 单脚跳：可借由绕过障碍物来增加单脚跳的困难度

k. 跷跷板：引导幼儿抓紧把手，将身体用力向下压或向上弹

（二）前后、左右摇晃的活动

如青蛙秋千、骑木马、滑草、摇摇布袋、骑滑板车、荡秋千、趴大球前后摇晃、双人拉拉船等（见图2-5）。

图2-5　前后、左右摇晃的活动

a. 青蛙秋千：悬吊在吊缆上快速地滑荡

b. 骑木马：坐在木马上，双手扶住木马的把手，前后摇晃

c. 滑草：在包覆地毯的斜坡上，幼儿坐在圆盘中从上滑下来至软垫上继续滑行

CHAPTER 2
前庭神经系统　047

图2-5　前后、左右摇晃的活动（续）

d. 摇摇布袋：将幼儿放在毛巾被中，大人拉起被子左右摇晃

e. 骑滑板车：单脚站在滑板车上，另一只脚用力将车子向前推

f. 荡秋千：让幼儿坐在秋千上，自己练习荡高，或练习投掷目标物增加活动难度

048 解放聪明的"笨小孩":全新修订版

图2-5 前后、左右摇晃的活动(续)

g. 趴大球前后摇晃:让幼儿头抬高,趴在大球上,由大人协助轻轻前后、左右摇晃大球

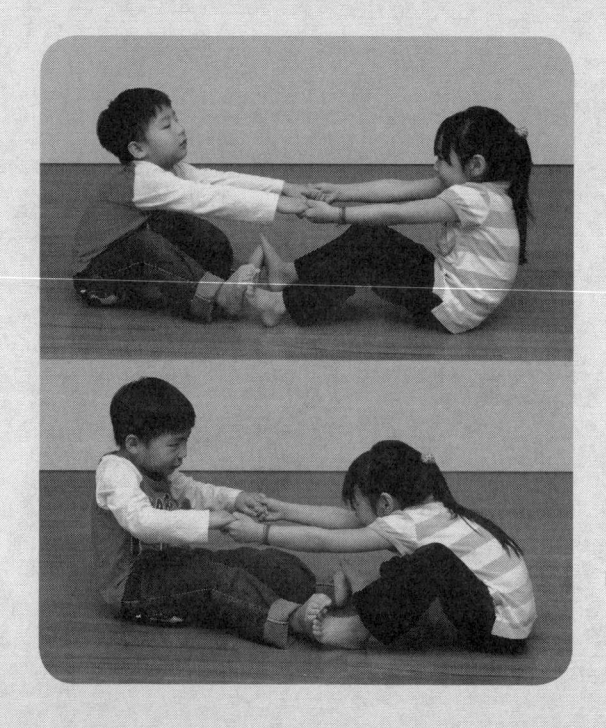

h. 双人拉拉船:两人面对面坐下,双脚互顶、双手互拉,当一人将身体向后仰,另一人则前倾,就像摇篮一样前后摇晃

（三）头下脚上、两侧平衡的活动

如翻跟斗、青蛙踢屁股、仰卧起坐、趴大球、胯下丢接球、电动摇摇椅、骑单轮车或脚踏车、摇摇马、旋转盘等（见图2-6）。

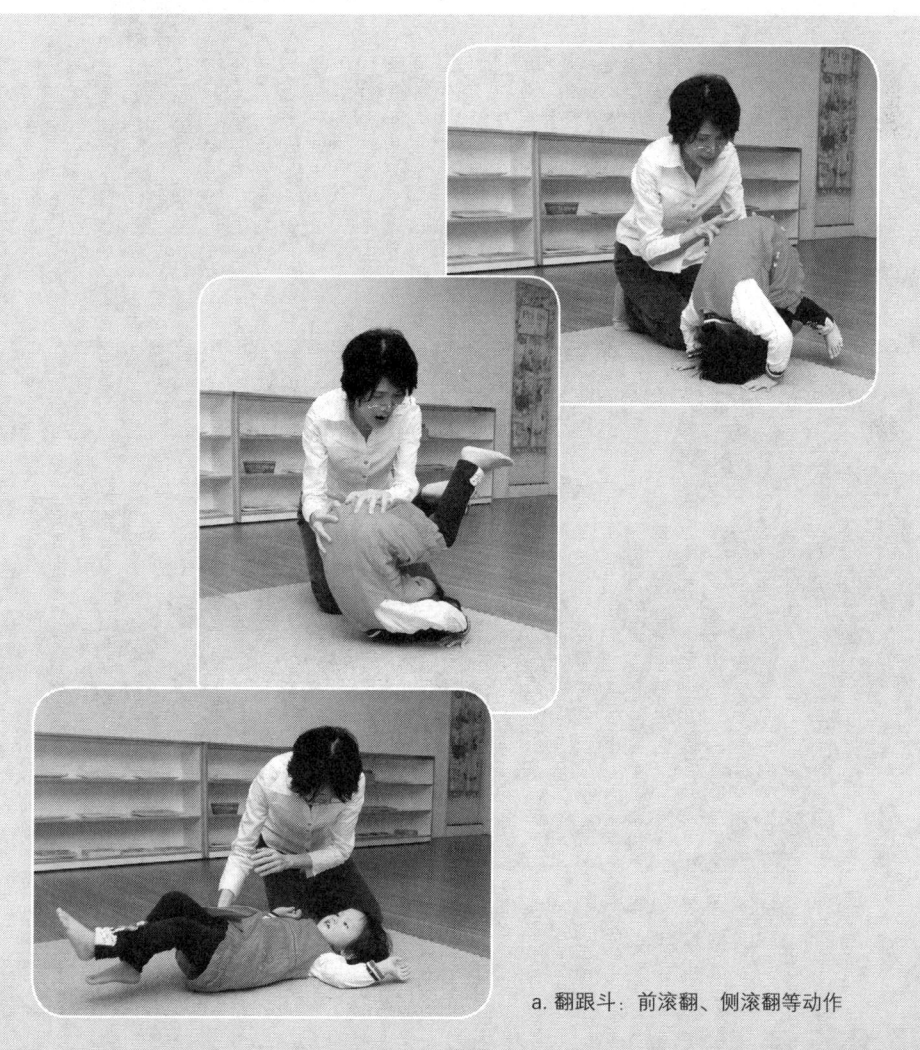

图2-6 头下脚上、两侧平衡的活动

a. 翻跟斗：前滚翻、侧滚翻等动作

050　解放聪明的"笨小孩"：全新修订版

图2-6　头下脚上、两侧平衡的活动（续）

b.青蛙踢屁股：双手撑地、双脚向后踢到屁股

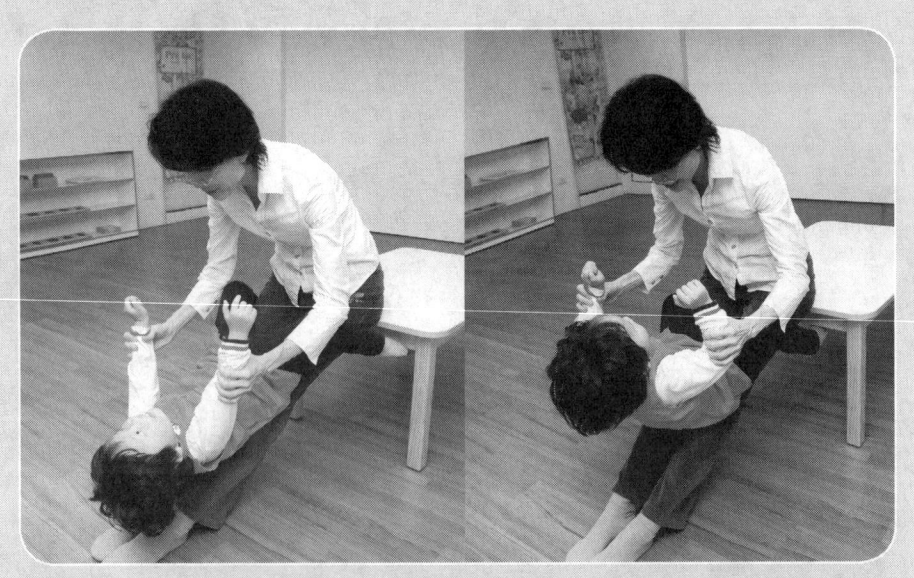

c.仰卧起坐：家长坐在桌上或椅上，幼儿面朝上躺在家长腿上，家长双手拉住幼儿双手，让幼儿靠腹部、颈部力量向上撑起身体

CHAPTER 2
前庭神经系统 051

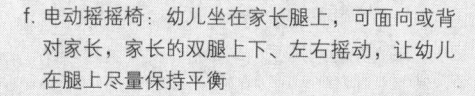

图2-6 头下脚上、两侧平衡的活动（续）

d. 趴大球：让幼儿低头趴在大球上，自己或由大人协助前后左右摇晃

e. 胯下丢接球：幼儿弯下腰将球往后丢，或由大人在后面将球丢给幼儿，并请幼儿接住球

f. 电动摇摇椅：幼儿坐在家长腿上，可面向或背对家长，家长的双腿上下、左右摇动，让幼儿在腿上尽量保持平衡

图2-6 头下脚上、两侧平衡的活动（续）

g. 骑单轮车或脚踏车：坐在车上，双脚放在踏板上，往前骑

h. 摇摇马：让幼儿坐在摇摇马上，让他们摇晃

i. 旋转盘：幼儿坐在旋转盘中，坐定后再轻微晃动或缓慢旋转

CHAPTER 2
前庭神经系统 053

（四）身体旋转的活动

如旋转飞机、单点悬吊的T形秋千、滚被子、旋转秋千、滚圆筒、旋转溜滑梯、空中旋转跳、弹跳转圈圈、双人转圈等（见图2-7）。

图2-7 身体旋转的活动

a. 旋转飞机：将幼儿抱起，家长双手托住幼儿胸腹，幼儿面朝下头抬起，双手张开做飞翔状

b. 单点悬吊的T形秋千：幼儿双手双脚紧紧环抱在圆柱上做环绕旋转的游戏

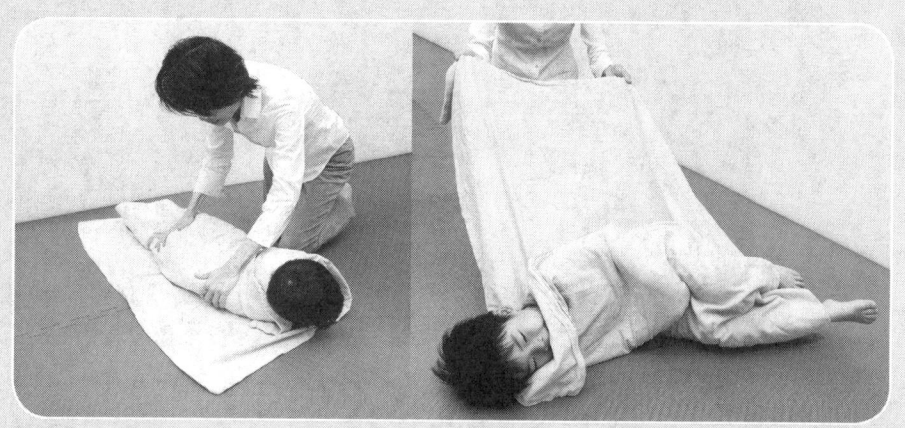

c. 滚被子：用毛巾被将幼儿的身体紧紧包住后，大人将毛巾被拉开使幼儿侧滚翻翻出来

图2-7 身体旋转的活动（续）

d. 旋转秋千：幼儿趴在单点悬吊的圆形布秋千上自行做环绕旋转

e. 滚圆筒：将幼儿放在大滚筒中，由大人慢慢推动滚筒旋转，或由幼儿自己靠身体力量使大滚筒滚动

f. 旋转溜滑梯：从有弯度的滑梯上溜下来

图2-7　身体旋转的活动（续）

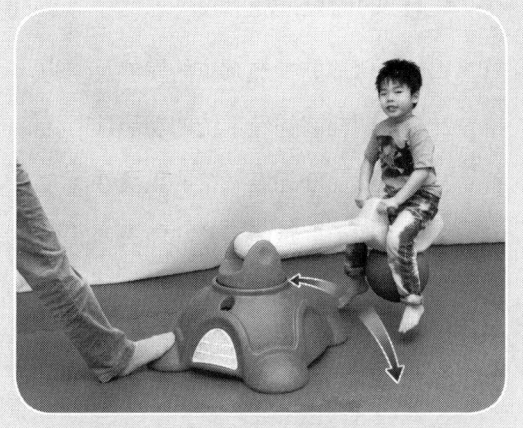

h. 弹跳转圈圈：幼儿坐在弹跳座椅上，双脚用力向上弹跳，同时向侧面移动做同心圆转圈。此玩法集合了跳跳球和跷跷板两者的乐趣

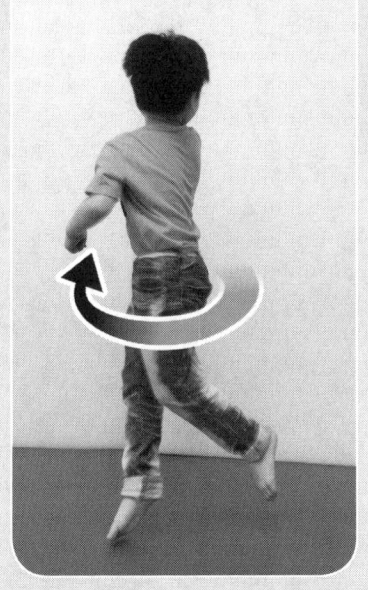

g. 空中旋转跳：双脚跳跃同时做转圈动作

i. 双人转圈：双人手拉手转圈或跳舞

本章主要问题

1. 试说明前庭神经系统的发展及结构。
2. 试说明前庭神经系统的功能。
3. 试说明前庭神经系统的重要性。
4. 试说明前庭神经系统功能失调的行为症状有哪几大类并举例。
5. 试举两项在家或在学校可进行的促进前庭神经系统发展的游戏或活动。

CHAPTER 3
触 觉

1. 认识婴幼儿触觉的发展
2. 认识婴幼儿触觉发展的重要性
3. 认识婴幼儿触觉发展的功能
4. 认识触觉刺激对婴幼儿个体发展及学习的重要性
5. 认识触觉功能失调的行为症状
6. 认识促进触觉发展的游戏

个体感受环境的主要方式之一是依靠感觉器官的输入、注册和理解的过程。例如：双眼看见缤纷多彩的颜色，双耳听见音调、音量或音色，鼻子嗅到香气四溢或臭气熏天的气味，舌头尝到酸甜苦辣咸的味道。感觉接收器（Sensory Receptor）大致可分为如下三类。

1. 外感觉接收器：帮助人体接收外界传输的刺激，并且经过脑神经的传导分析而反应出来，例如视觉、听觉、嗅觉、味觉、触觉这五种感觉系统。
2. 内感觉接收器：负责接收及传递内脏所接收的刺激和感觉。
3. 本体觉接收器：负责接收和理解肢体位置、身体位移等信息，也称作本体觉。

本章谈的是触觉。触觉跟视觉、听觉、嗅觉、味觉等感觉器官不同，因为早在我们会看、会听、会闻、会尝的时候就已经发展触觉系统，触觉本身又跟其他感觉系统互相关联、互相影响。触觉神经接收器是位于皮肤内的梅斯纳小体（Meissner Corpuscle）、默克盘（Merkel Disk Receptor）、巴齐尼小体（Pacinian Corpuscle）、路非尼小体（Ruffini Endings），分别传送解析触觉、压觉、振动觉、皮肤伸展觉。皮肤内还有温度、痛觉的接收器，分别认知冷、热和各种痛觉。触觉神经多位于皮肤内层，提供我们触觉的功能，它是人体最外层的器官，也是接触外在环境的媒介之一。

触觉具有两大功能：保护和辨别功能。而其输入、注册和理解的过程不是在皮肤表层而是位于皮肤里层。当外界刺激进来时，皮肤内的触觉神经接收器会把信息传递至中枢神经，由大脑皮质解释信息，并且指示身体对刺激产生反应。末梢神经多的地方对触觉的反应更为敏感，例如头皮、指尖、手掌、舌头等。举例来说：手指一碰到热水壶会马上感觉且知道这个容器非常烫，手会马上缩起来，以便保护我们不碰到热水壶而烫伤；当我们在做缝补工作时，手不小心被针头扎到了，会发出"哎呀"的惊呼声，那是因为我们感受到"痛"以及"刺刺"的感觉。由以上两例可知生活中随处可见触觉反应对我们的影响。

本章就触觉的发展、重要性、功能，触觉调节障碍的行为症状，以及促进触觉发展的游戏与活动作说明。

一　婴幼儿触觉的发展

触觉经验对婴儿的免疫系统有直接影响（Eliot，2000/2002）。视觉和听觉发展成熟前，触觉系统已开始发挥功能；除了头顶和后脑之外，胎儿在妈妈肚子内的 5~12 周即渐进式地发展触觉系统。当感觉神经纤维传递至脑干时，触觉信息会跟前庭觉、本体觉等感觉系统会合。虽然婴儿甫出生看这个世界是一片黑暗或模糊的景象，但是因为躯体感觉系统（Somatosensory System，中枢神经中掌管触觉的系统）的灵敏发展，即使婴儿的语言、动作和认知发展尚未成熟，他们已能借由触觉来探索外在环境。例如婴儿会吃手、吸奶嘴、吸吮物品……这都是他们在通过口腔内的触觉体验外在环境，并进一步认识自己的身体。除此之外，在婴幼儿时期，个体会通过与母亲身体亲密的接触来获得心理上的满足，这个早期的触觉经验对个体的认知发展有极重要的影响。

哈洛博士在威斯康星大学麦迪逊分校（University of Wisconsin–Madison）曾做了一个著名实验，这个实验首先证明触觉对儿童心理发展的重要性。哈洛（Harlow）博士将甫出生 6~12 小时的小猴子与母猴分开，分别跟铁丝做成的母猴和绒布做成的母猴接触，铁丝母猴怀中有奶瓶，绒布母猴没有奶瓶。虽然小猴子饥饿时会接近铁丝母猴，吸吮奶瓶以求饱足，但是在其他时候小猴子则会依偎在绒布母猴的怀里。这项实验研究的结果显示，长时间与绒布母猴接触会使小猴子较具有安全感、情绪较为稳定。换句话说，小猴子对亲密关系的需求不是取决于提供喂饱它的食物，而是与母猴拥抱的接触经验（Harlow，1959）。

杜克大学（Duke University）的神经与儿童心理学者桑柏格（Saul Schanberg）博士也做过类似的动物实验。实验前让母鼠舔舐幼鼠，不久后让幼鼠离开母鼠。两相对照下，之前被母鼠舔舐过的幼鼠，其身体中的生长激素鸟胺酸脱羧酶（Ornithine Decarboxylase，ODC）会增加，离开母鼠后的幼鼠身上的 ODC 会减少。实验人员欲用人为方式来观察幼鼠对抚触的需求情形，结果发现单单轻抚触还不够，幼鼠需要在像母鼠舌舔般的重抚触后，生长激素 ODC 才会增加。也有另一些研究者发现，对早期接受抚触经验的幼鼠来说，这个经验会对它的生理系统和行为产生终生影响，例如脑内的海马回（位于大脑神经系统，主管记忆）退化较少、认知发展较佳、处于压力情境下会很快地恢复（Cermak，2001；Sapolsky，1997）。研究发现，缺少抚触、触觉刺激，会让幼鼠的生长荷尔蒙减少，以致成长慢，长得较小（Schanberg，Kuhn，Field，and Bartolome，1990）。

哈洛博士和桑柏格博士的研究发现，抚触对婴幼儿成长有正向影响。实验中的动物出生后都需要母亲的拥抱才能促进生长，而离开母亲未接受抚触或拥抱的小动物，或曾经离开父母虽然后来又回到父母身边的小动物，其脑波、体温和成长变化均有失常的情形，日后可能容易出现攻击、情绪不稳的情况。因此，从这些哺乳类动物对触觉的需求来看，触觉经验对人类的婴幼儿来说也同样重要。

触觉是最早让人类感受到关怀、被爱及安全感的一种感觉，早期的触摸经验决定触觉敏感度可能发展的程度，对脑发育的全面质量有令人意想不到的重要影响（Eliot，2000/2002）。例如：早产儿因为一出生就被送进保温箱，缺少跟母亲身体亲密的接触，因此缺少早期的感觉刺激，在日后行为上可能表现出怕生、胆怯、退缩等现象。

近代多数研究指出，轻柔的抚触对于婴幼儿成长是绝对必要的条件。对于早产儿的治疗除了施以饮食和医护照顾外，美国的许多医院会鼓励父母每日固定花时间抱抱孩子。如著名的"袋鼠式护理"：将婴儿直立抱起贴在父母裸露的胸前，让宝宝贴近父母的肌肤，这个肌肤的接触可让宝宝获得安全感及刺激感觉发展。父母也可为早产儿轻柔地触压按摩，触压脸、肩膀、胸膛、腹部、背部和双手双腿等。按摩除了可促进触觉系统发展，亦可刺激本体觉。研究发现，有按摩的一组早产儿，在后续追踪检查、发展测验中各项行为表现较为优异，表明按摩能够促进幼儿发展（Field et al.，1986）。

触觉神经若是与外在刺激调节不佳，传递到大脑后对于感觉反应过强或过弱都属于感觉调节功能障碍。对一般刺激反应过强者称为"感觉防御"，对外在刺激反应过弱者则称为"感觉迟钝"。触觉调节失调者，会在人际关系中出现孤立、怕生、不专注、好动等现象，影响他们心理和社会化的发展。

二　婴幼儿触觉发展的重要性

皮肤内有触觉神经接收器，其接受外在刺激后由两大神经路线传递信息：一条传导振动和重压的触感，与促进稳定、探索活动、计划行动和执行动作有关；另一条传导痛觉、温度觉、轻碰的触感，与执行保护、反射动作有关，例如手碰到滚烫的热水会反射性缩回。两者反应须取得平衡才能让个体作出合宜的反应。触觉经验可提升触觉灵敏度，帮助婴幼儿的认知发展。

婴儿触觉最灵敏的部位是嘴巴。实验证明，婴儿可以凭着触觉形塑自己的心理认知；婴儿对吸过的奶嘴会有触觉认知，若是拿各种奶嘴图片给他们看，他们的眼睛会停留在吸吮过的奶嘴图片较久，可见吸吮的经验已经在他们的心智中留下印象（Eliot，2000/2002）。婴儿在出生前就会摸自己的身体，他们在妈妈肚子里会吸吮手指头、摸摸自己的脸，出生后会用手触摸物件，但需至1.5岁后才能分辨物件的质地或差异。2岁之后的婴幼儿触觉发展的特性是偏爱用一只手，形成惯用手（大脑两个半球能互相协调的指标），而女孩自婴幼儿时期在触觉发展上就比男孩灵敏。

成人通常会从婴儿的哭泣来分辨和猜测他们的感受：婴儿通过哭泣、扭动肢体、发出声音来呼唤大人过来碰触他、抱抱他，以满足他对触觉的需求、舒适感和安全感。

由以上叙述可知，早期的触觉经验对婴幼儿心理造成极大影响。西方研究指出，每天多背或多抱孩子几小时，就能有效减少孩子哭闹不休的时间。笔者建议家长应重视孩子的成长阶段，无论是怀胎阶段还是婴幼儿阶段都是关键时期，因为对于此阶段孩子的抚触经验、抱抱活动的多寡，深深影响日后孩子的生理、行为及认知发展，可以说抚触是婴幼儿早期抚育的必要条件。

三　婴幼儿触觉发展的功能

触觉系统对婴幼儿发展的最重要功能，系尚未有语言能力的婴儿会依赖触觉系统建立与外界沟通的渠道。例如尿布湿了、天气太热了、衣服质地或样式穿起来不习惯、牛奶温度不对，等等，触觉系统在这时候协助婴幼儿摆脱不适感，并期待能引起照顾者的注意且加以改善。

善用触觉系统，可以让还不会自己进食的小宝贝获得维持生命所需的充足营养。例如：婴幼儿会利用触觉启动吸吮反射或吞咽反射来摄取母乳，运用口腔内部的黏膜构造与关节肌肉来进行咀嚼动作，并开始增加对固体食物的摄取。因此，如果孩子的触觉处理能力欠佳，很容易从其进食、穿着、人际互动的行为观察得知，举例如下。

1. 喝奶或是吃饭速度非常缓慢、边吃边睡、过度偏食（专挑柔软的食物，如布丁、水饺皮等，不爱吃需要咀嚼的食物，如青菜、瘦肉）、无法顺利转换副食品（适应环境的能力欠佳）等，甚至体重比起同年龄的孩子轻得多。
2. 不容易入睡、怕生、认地方、脾气固执，容易有负向情绪。
3. 对于手脚被碰触或礼貌性的拥抱、抚摸，容易发怒或产生攻击反应。
4. 对个人日常清洁活动，例如洗脸、洗头、刷牙、洗澡、剪发、剪指甲会有逃避、生气的倾向。
5. 喜欢将手或笔放在嘴巴里咬。
6. 厌恶例行性的牙齿检查或美术性活动，例如手指画、黏土游戏和玩沙等。

皮肤内的触觉接收器接受适当的触觉刺激后（例如照顾者的抚触），通过神经传导路径传递到大脑，能够增加脑中神经生长因子（Neuron Growth Factor，NGF）进而促进大脑发育，以及动作、语言、认知发展能力。举例来说，个体跟他人建立依附关系的第一个感觉系统是触觉。通过母亲的抱、拍、揉、捏、按摩等触觉经验，婴幼儿建立了心理安全感。

触觉和本体觉联合成为身体知觉度的基础，是动作灵巧的关键要素。而触觉传导里的重压、振动及分辨是触觉神经传导路线之一，其中触觉区辨力能协助身体判断哪里被碰触及动作协调等信息，因而能了解该触觉刺激的意义，进而促进手部功能、动作协调度的发展，也影响视觉与听觉的发展。

因此，若孩子出现感觉防御或感觉迟钝的情形，则会影响其情绪及人际关系。此时我们可用触压、按摩来降低孩子焦虑、紧张、害怕等情绪。例如：通过按摩促进幼儿的情绪稳定，减少自我刺激或自我伤害行为，改善触觉防御症状，亦能培养幼儿的注意力。

（一）触觉促进情绪稳定

婴幼儿被按摩、拍抚、背抱、亲吻，会减少哭闹的时间（使边缘系统的下丘脑分泌更多的多巴胺神经荷尔蒙，稳定情绪），焦虑压力容易得到舒缓；婴幼儿的情绪一旦改善，对压力的复原会比较快，就不易胆小害怕。而父母在进行婴幼儿抚触活动时，双方的感情交流（互相用触压觉系统沟通）会加强亲密关系，可使父母对担任亲职更具信心。

（二）触觉影响健康成长

身体接触对婴幼儿的成长发育及健康都是非常重要的。研究指出，出生后每天接受触摸的小动物，终生在内分泌、个体发育成长上保有优势；同样地，大脑压力调节反应系统亦占有优势，以致影响全面的生理健康及心智机能。

在动物实验中，幼猴与幼鼠若早期与母亲分离，则其免疫功能受损且抑制生长激素分泌。针对早产儿的大量研究指出，按摩、"袋鼠式护理"或在保温箱内"包裹"及"窝穴"的措施，对早产儿有所助益，包括减少哭的频率、呼吸较为规则、改善睡眠、增加体重，所以母亲的亲近与触摸、拥抱可促进婴儿的生长与健康，促进身体知觉度的发展，增进动作灵巧度，以及增加大脑神经生长因子（NGF）的数量，故我们对婴幼儿施以轻拍或按摩之后，可得到下列生长的益处。

1. 幼儿容易入睡且睡得安稳，不易半夜醒来。
2. 改善消化吸收能力、促进排便。
3. 减少幼儿乱咬玩具或物品的行为。
4. 改善感觉防御，包括触觉防御、口腔防御、听觉防御、重力不安全感等。

（三）触觉的科学研究

触觉刺激促进婴儿成长

研究者在早产儿加护病房对40名早产儿进行10天的按摩，每天3次，每次15分钟，结果发现按摩组的婴儿比没按摩组的婴儿体重多增加47%，且情绪较为平稳和活泼，对人的面孔或玩具较有反应。有接受抚触的早产儿住院时间较未接受抚触的早产儿短（平均每个早产儿的花费可以少1万美元）；8个月后的追踪组（有按摩的40名早产儿）在身形、头围和体重上有显著提升（Field et al., 1986; Scafidi et al., 1990; Scafidi, Field, and Schanberg, 1993）。1988年《纽约时报》曾刊载一篇文章说道："缺乏身体接触的婴儿虽然吃得饱，但是在身心上皆有障碍。"另外，迈阿密大学的费尔德（T. Field）博士曾观察医院中的早产儿，发现那些被护士按摩刺激的小宝宝情绪较为安稳，平均每天体重增加30克。单单是按摩刺激就足以改变宝宝的体重与情绪，可见抚触对婴儿成长的重要性。另外，学者、医师邹国英等于1998年起进行为期1年零10个月的研究，研究显示抚触对早产儿的效果显著：按摩组的婴儿每日体重增加率约达50%（吴静怡，2007）。

触觉刺激促进注意力和头脑清醒

针对22位幼儿园里的孤独症幼儿之研究结果显示，给每组每周2次、每次15分钟的按摩，持续4周下来，按摩组孤独症幼儿会减少对不相关声音的分心度，减少自我刺激的重复固定行为，减少分心与中途离开工作的行为（Field et al., 1986）。另外，针对28位青少年在10天的按摩实验（每天15分钟）结果显示，他们上课的专心度增加了，乱动的行为减少了（Field, 1998）。

人类早期的触摸经验会决定触觉灵敏度的发展，对脑发育的全面质量也有重大影响，所以幼儿得到拥抱、按摩、拍背、背在背上或放在胸前的时间多寡都和上述发展相关。所以只要在安全前提下，为幼儿提供充分的探索环境，不要禁止、剥夺幼儿抓、握、把玩、摸、碰的机会，凡是能使孩子触觉刺激更趋多样的事物，都可能促进幼儿的脑发育及智能发展。由此可知，我们不一定要花大钱买玩具，亦能提供幼儿触觉刺激和触觉经验（见图3-1）。

图3-1　拥抱、按摩、拍背，都能提供幼儿触觉刺激

（四）触觉刺激能有效减轻焦虑

触觉刺激的另一项功能是减轻焦虑。研究指出，5天的按摩治疗能使幼儿的忧郁和焦虑降低，幼儿的躁动行为减少，配合度提升。由此看来，持续提供触觉里的按压刺激，能改善幼儿因焦虑、紧张而引起的躁动不安，进一步改善学习成效。

四 触觉功能失调的行为症状

（一）触觉防御：触觉过度反应

1. 日常生活中穿衣、鞋、袜很挑剔，特别对某些材质的衣服反应过度，例如毛衣及高领衣衫。
2. 排斥洗发、梳头、洗脸、刷牙、换尿布等清洁活动。
3. 排斥剪指甲、剪头发。
4. 排斥食物的质地、无法吞咽；或挑食、含饭、吃得慢。
5. 不喜欢脸被碰触、被亲。
6. 不喜欢身体部位被碰触。
7. 不喜欢别人靠近自己。
8. 不喜欢别人从身后接近自己或无预期地被碰触到。
9. 在上劳作课时手指碰触颜料、糨糊或胶水会很不舒服。
10. 不喜欢脱掉鞋袜，或赤脚踏在草地、沙滩上。
11. 被别人碰到时会立刻揉一揉被碰触到的皮肤。
12. 被人轻微碰撞时情绪反应大，会推人、打人、踢人或向大人告状。
13. 衣服沾到一点点水就会感到很不舒服。
14. 对水的温度很敏感也很挑剔。
15. 很不喜欢待在人多且拥挤的地方。

（二）触觉区辨力发展不足

1. 流口水没知觉。
2. 口齿发音不清。
3. 对脸上粘的饭粒没有知觉。
4. 碰伤没知觉。

5. 双手操作器具不灵巧。

6. 写字或画图的精细动作不良或运笔控制不佳。

7. 玩摸摸看（手指区辨）的游戏很困难。

8. 动作笨拙。

五　促进触觉发展的游戏

（一）增进触觉发展的游戏

1. 触摸配对板：以凹下物或凸起物在纸板上做各种图形，例如用黏土做出三角形、正方形、数字、英文字母等，让幼儿闭上眼用手摸一摸并且辨识出来（见图3-2a）。

2. 手指画：用水彩颜料、面糊、面粉、胶水写字或画画。

3. 做面包：以面粉或黏土揉捏做成各种造型物。

4. 沙箱、豆箱：可将手置于沙（豆）箱中翻找物品，或是坐躺在沙（豆）箱里面玩。

5. 吹泡泡：自制泡泡水，将泡泡吹出后拍打泡泡（见图3-2b）。

6. 黏土：搓捏黏土做成或缠绕成不同形状。

7. 海底寻宝：跳入球池找出指定物，例如在球池中找出埋在球池里的布偶或玩具。

8. 做三明治、做饼干、做蛋卷、做热狗：将自己压在棉被中或用棉被把身体卷起来（见图3-2c）。

9. 压大球：用大龙球或是治疗球压过全身（见图3-2d）。

10. 乌龟赛跑：背上重物爬行或赛跑，例如将大垫子或是被子折叠起来背在背上，以小狗爬（双手双膝着地）的姿势向前爬行。

图3-2 增进触觉发展的游戏

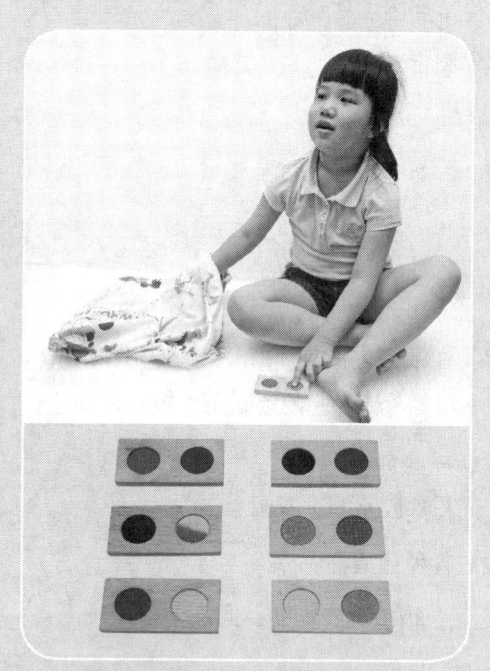

a. 触摸配对板：每块触摸板有两种不同材质，幼儿必须不看袋内的其他触摸板，找出与所摸材质一样的板子

b. 吹泡泡

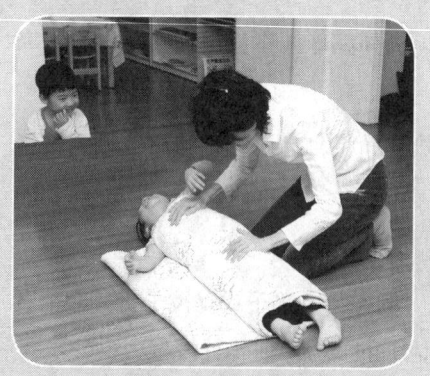

c. 用棉被将身体卷成热狗

d. 压大球

（二）降低触觉防御或过度敏感的游戏

1. 重压类：当三明治、热狗，压在棉被堆下方（见图 3-3a）。
2. 用布袋或床单当秋千，增加皮肤和布的接触面积（见图 3-3b）。
3. 用弹性绷带包卷手臂、腿和头。
4. 用加重毯子包压全身。
5. 用治疗黏土包起手脚（见图 3-3c）。
6. 将手、脚埋入装有豆子、米粒或沙子的箱子。
7. 揉大块面团。
8. 搓揉弹珠、项链、表面平滑的玩具。
9. 拉拔、挤压的串联玩具，例如可连接起来的小鸭（见图 3-3d）。
10. 躺在球池里，将自己埋入球里。
11. 穿莱卡衣裤（弹性衣料），让皮肤被紧紧地包覆。
12. 穿重量背心、紧身衣（见图 3-3e、图 3-3f）。
13. 帮孩子按摩手掌及手指（见图 3-3g）。
14. 按摩口腔内壁（见图 3-3h）。
15. 以触觉刷刷身体，一边刷一边唱歌。可以大人帮孩子、孩子互相帮忙，或孩子自己按摩（见图 3-3i）。
16. 边念歌谣《炒萝卜》边互相按摩（见图 3-3j）。
17. 孩子自己做压抱按摩（见图 3-3k）。
18. 坐在挤压箱里（见图 3-3l）。
19. 玩沙子（见图 3-3m）。
20. 两人合掌互拍（见图 3-3n）。
21. 洗泡泡澡（见图 3-3o）。

22. 手捏小气球（见图3-3p）。

23. 摸、抱大玩偶（见图3-3q）。

24. 用毛巾搓身体（见图3-3r）。

25. 用振动玩具（见图3-3s）按摩脸部及四肢。

26. 豆荚：用两个抱枕把小孩夹在中间，缓缓地往内挤压（见图3-3t）。

图3-3 降低触觉防御或过度敏感的游戏

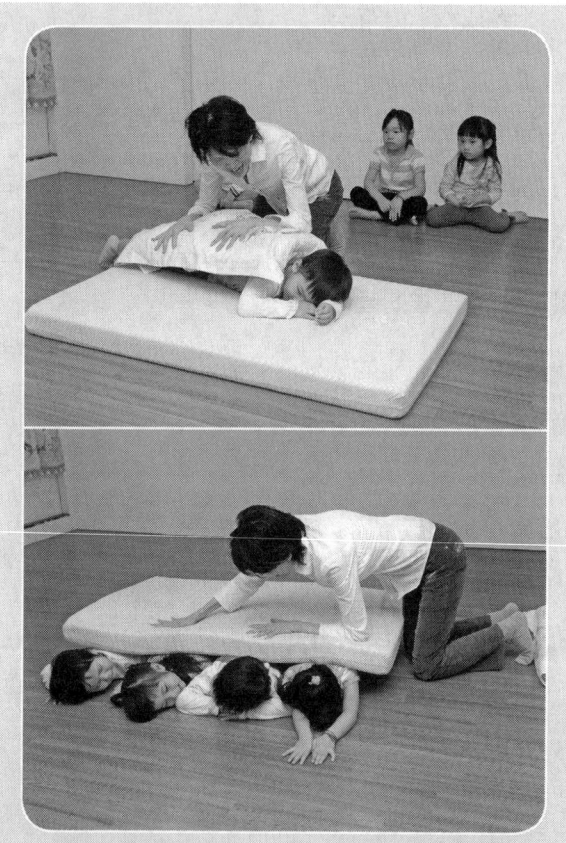

a. 当热狗、三明治

b. 布秋千

c. 用治疗黏土包起手脚

CHAPTER 3
触　觉　071

图3-3　降低触觉防御或过度敏感的游戏（续）

d. 拉拔、挤压的串联玩具

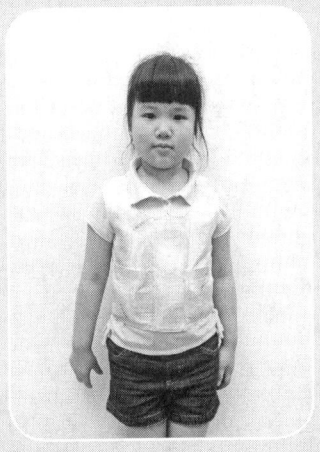

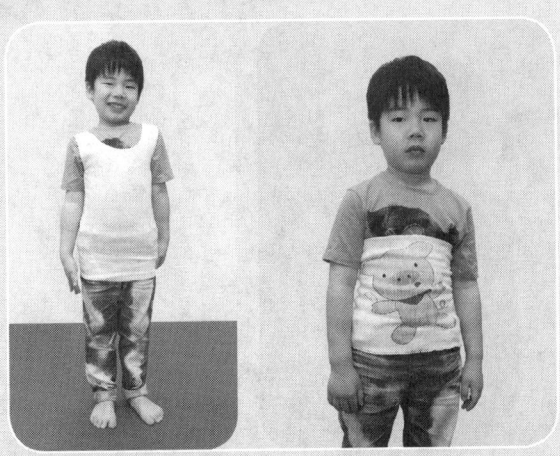

e. 穿重量背心　　　　f. 穿紧身衣（样式有肚兜型、短衫型、连身型）

图3-3 降低触觉防御或过度敏感的游戏（续）

g. 帮孩子按摩手掌及手指

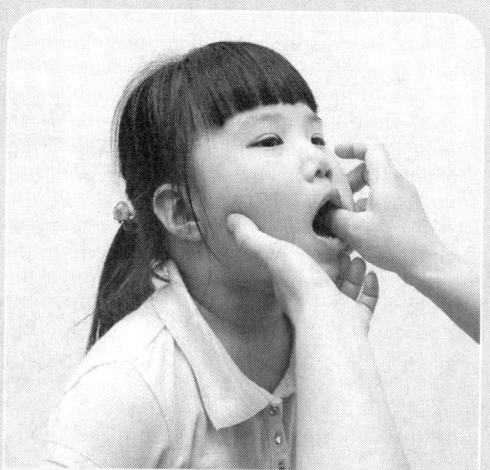

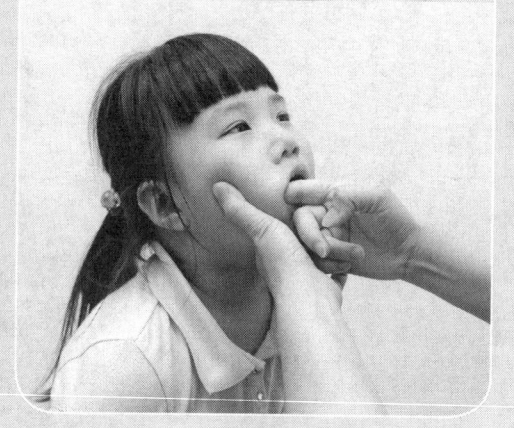

h. 按摩口腔内壁

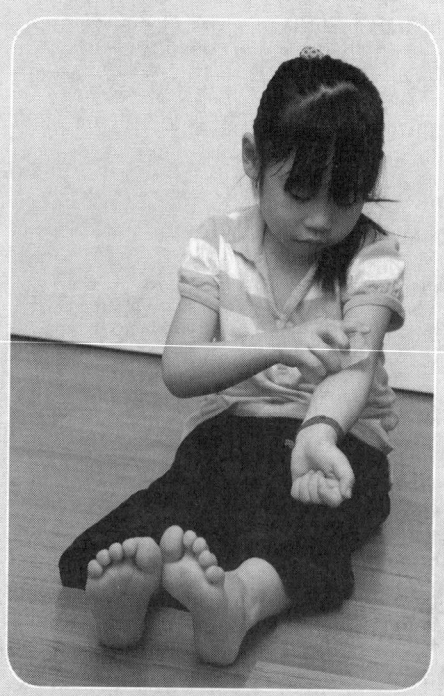

i. 自己用触觉刷刷身体

图3-3 降低触觉防御或过度敏感的游戏（续）

j. 孩子边念歌谣《炒萝卜》边互相按摩

k. 孩子自己做压抱按摩

l. 坐在挤压箱或装满绒毛玩具的箱子里

m. 玩沙子

图3-3　降低触觉防御或过度敏感的游戏（续）

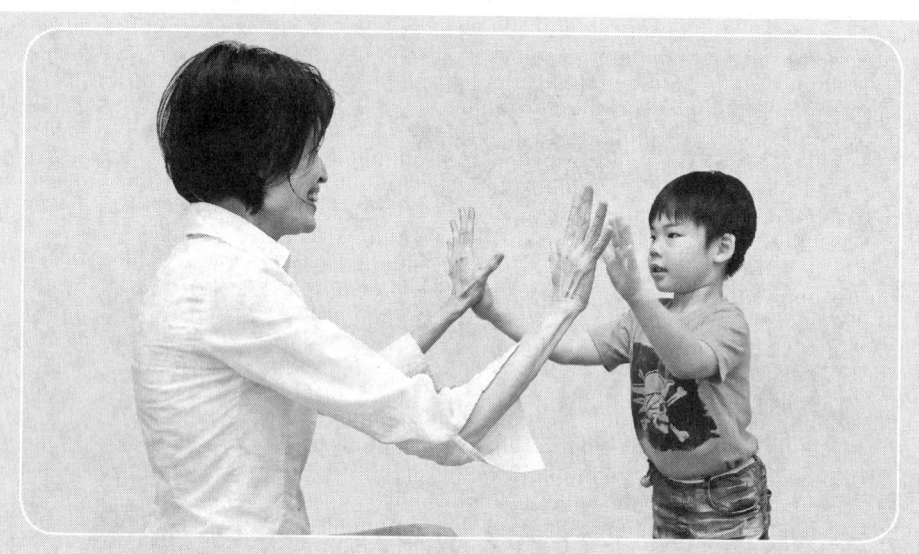

n. 两人合掌互拍

o. 洗泡泡澡

p. 手捏小气球

CHAPTER 3
触 觉 075

图3-3 降低触觉防御或过度敏感的游戏（续）

q. 摸、抱大玩偶

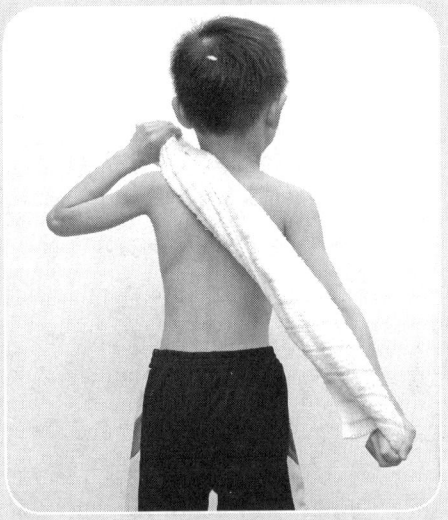

r. 用毛巾搓身体

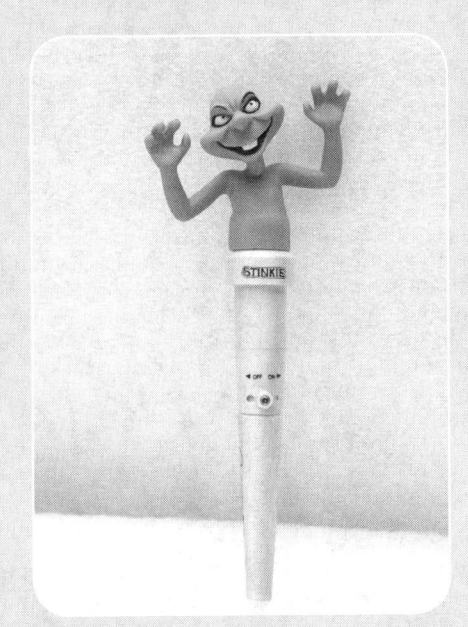

s. 电动按摩棒

t. 豆荚：将小朋友夹在两个抱枕的中间，然后按着抱枕缓缓往内挤压

治疗黏土

幼儿喜爱玩黏土，玩黏土可以得到舒服的捏挤、按揉的感觉，又可以做出各式各样的造型。黏土在幼儿成长过程中，可以说是不可或缺的玩具（见图3-4）。

一般最常见的黏土，例如培乐多，有鲜明的色彩和柔软度，幼儿十分爱玩，但是它的缺点是容易变干硬，成为碎裂的残块。幼儿在家中玩这类黏土，因为黏土碎片会散落各处，常令父母感到头痛。

治疗黏土不会变干，也不会碎裂，没有上述一般黏土的缺点。治疗黏土有不同等级的硬度，可以提供强度、中强度、中度、轻度的阻力，满足促进幼儿手指肌力发展的不同需求。不同阻力的黏土可以提供给幼儿在本体觉上的刺激量，越硬的治疗黏土，幼儿越需要用力来拉拔、挤、抠，以得到较高的本体觉刺激量。幼儿在玩蓝色（中强度）治疗黏土20分钟后，可以看到他更专注、更稳定地学习。

另外有一些质感轻柔的不黏手的黏土，更能提供一种轻柔的触压觉，这会使幼儿感到舒服、

图3-4 一般黏土（①）的质感轻柔
治疗黏土（②③）的质感较硬

放松。美劳材料中的无毒造型黏土也是幼儿喜爱的玩具,可以揉捏出形状、连接成各式造型,这种黏土也不会干掉或碎裂。

治疗黏土的玩法如下(见图3-5)。

1. 用手指捏、掐。
2. 用手指压扁。
3. 用手捏、抠。
4. 用手掌压、拍打。
5. 用双手搓汤圆,或搓成长条后绕成麻花。
6. 使用各类工具揉捏各式造型。例如:利用面棍按压成水饺皮;用杯子滚压成汤圆;以塑胶刀切成面条,再切成一段一段的;运用模型压出各种形状。
7. 将小纽扣、小珠子藏入黏土中,由幼儿寻找并挖出来。
8. 用小插棒当小树玩"种树"的游戏。

图3-5 治疗黏土的多种玩法:挤、压、拉、揉、拔

触觉刷

葳尔巴格（Wilbarger）博士研究感觉防御治疗方案，经多年的试验后，发现这种椭圆形塑胶刷作为触觉重压治疗工具最为有效，感觉防御的幼儿接受度最高（见图3-6）。这是类似外科手术前刷手用的医疗刷。然而各种塑胶刷中，葳尔巴格特别推

图3-6　触觉刷

荐这种刷子，主要因为其细密均匀的刷毛触感舒适，幼儿及他们的父母们都喜爱这种触觉刷的感觉。许多感觉防御的幼儿在初次接触此种刷子时就爱不释手，一直拿在手上把玩，自己按摩自己的手。许多幼儿还会提醒妈妈，要求使用此触觉刷做按摩，一边按摩一边说"好舒服"。

最近葳尔巴格设计了一款加了把手的椭圆形触觉刷，这款触觉刷有舒适的把手，十分好抓握，且刷毛更密。需要施行"葳尔巴格按摩—关节挤压方案"的幼儿需要舒适放松的按摩帮助，所以触觉刷的质地与质感有要求；若触觉刷产生的感觉是刺刺的、不舒服的，就会让幼儿躲避、排斥，效果适得其反。以前有些老师使用菜瓜布、洗衣刷在触觉防御的幼儿身上，是非常不恰当的。

葳尔巴格建议的触觉刷使用于"葳尔巴格按摩—关节挤压方案"中，它可以达到的功用是调整神经警醒度，让幼儿进入安定、舒服、放松的状态，有助于改善感觉防御（触觉防御、听觉防御、口腔防御、重力不安全感等）、睡眠障碍、情绪障碍等的复健成效。

紧身衣

触觉中抱紧的重压感觉有安抚神经、减轻焦虑的功能。婴幼儿一般都喜爱妈妈抱抱、拍拍的安抚和建立亲密情感。感觉统合治疗中使用压抱机（Hug Machine）来达到安定、安抚幼儿的效果（Edelson et al., 1999）。

在日常生活中，作业治疗师发展出简单易行的触压觉辅具。以紧身衣为例，我们把初生婴儿用包巾包紧让婴儿平静；对幼儿而言，我们就用有弹性的衣料做成圆领无袖上衣和短裤，让幼儿穿上后感觉像被妈妈拥抱，

图3-7　热狗阅读：准备一条大毛巾或小毯子，把小孩紧紧地卷起来，然后坐在父母的腿上说故事

从而减少焦虑、紧张、害怕、哭闹、睡不好的状况。关于压抱机的研究发现，长时间的压抱和压抱的压力稍多一点，能够减少婴幼儿多动的行为，使婴幼儿能坐好、不乱动。另一项研究指出，重压按摩法的效果也可收到提升注意力、促进主动自发性学习、促进人际关系的效果。

另一项辅具叫作小熊抱抱（Bear Hug），用加强弹性的包压、束腹来包紧幼儿的胸腹部，同样也提供了触觉重压的好处。小熊抱抱的优点是抱紧的力道可以随意调整，重压感觉较强。在实际运用上，作业治疗师在幼儿园中延伸出更多类似的方法，例如Cuddleloop，这是

一块长条弹性包巾，可以包紧幼儿，让他们觉得舒服和安定。另外也可使用Pea Pod，此乃一个充气气垫，做成如豆荚的形状，幼儿自己会主动挤进豆荚当中挤压自己，好像老师、妈妈紧紧抱住他似的。这都是对幼儿进行触压觉按摩时相当实用的辅具。

另外，亦可以热狗的方式，准备一条大毛巾或小毯子，把小孩紧紧地卷起来，增加重压觉，然后让他坐在父母的腿上听故事，增加亲子趣味（见图3-7）。

重量背心

许多研究者都指出，使用重量背心可以促进注意力和专心互动（Fertel-Daly et al., 2001; Vandenberg, 2001）。他们在5位广泛性发展迟缓儿童使用重量背心实验中，让每位幼儿穿上1磅（约0.45千克）重的重量背心2小时，结果显示可使幼儿减少分心度、增加注意力。在不穿重量背心的时间，幼儿则分心度增加、注意力下降。研究指出，重量加大效果可能更好（见图3-8）。

重量背心的重量约是体重的5%~10%，由临床负责的作业治疗师仔细评估重量/效益比而决定。一般人担心穿重量背心会影响幼儿脊椎发育，因为重量背心的重量

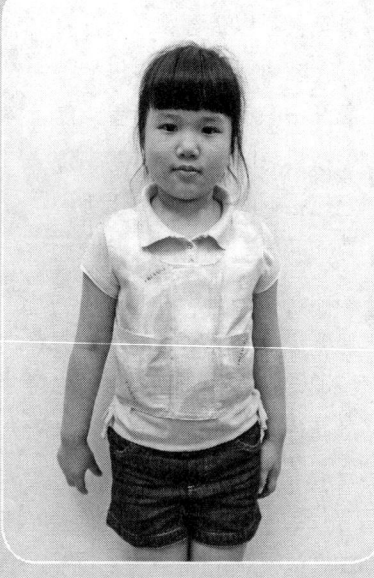

图3-8 重量背心

平均分配在躯干的前后左右，而且贴近身体中心（背心相当贴身），然而重量背心的重量固定而稳定，没有研究者或临床治疗师指出此疑虑。

迈尔斯（Myles，2004）等使用ABAB的研究法，用于3位孤独症儿童，发现穿上重量背心时，儿童专心工作的行为增加，自我刺激行为减少。范登堡（Vandenberg，2001）给ADHD的幼儿使用重量背心，结果显示，幼儿专心工作的时间增加18%~25%，而且幼儿会主动要求穿重量背心。令人惊讶的是，幼儿能够在不同重量的背心中找到自己的那一件。

霍兰（Holland，2005/2010）这样描述自己的儿子对重量背心的喜欢程度：他会自己主动穿上他的"骑士盔甲"（重量背心），在每一次坐下写功课前，"他自己察觉到重量背心和踝部加重袋带给他舒适的感觉"，"他真的在控制自己的行为上有显著的进步，也比较能够关注周围现实所发生的事情"。

（三）改善触觉敏感度过低及区辨能力不足的游戏

1. 使用振动工具（如电动按摩棒）按摩脸部及四肢，也可以使用电动牙刷刷牙。
2. 使用需出力的物品，例如黏土、雕塑黏土、玩具黏土等。
3. 从米、沙堆、豆子等中找出藏在里面的物品。
4. 使用较重的汤匙或笔。
5. 游戏中加入不同材质的物品，让身体各个部位都可碰触到（例如：在一个大布袋里面装软球，幼儿在布袋中滚动；在充满玩具面条的浴缸中游泳）。
6. 在幼儿的手或背上画画，让幼儿猜一猜画了什么，或将所感觉到的画在另一人身上。

（四）游戏时的注意事项

1. 团体活动时，提供足够的空间避免意外碰触。
2. 碰触幼儿时从前方靠近（让幼儿可以预期碰触），或在碰触幼儿前告知他。
3. 让幼儿排队时排在最后一个。
4. 不强迫幼儿碰触他不喜欢的物品。
5. 使用稳定的深压或碰触，避免轻触。
6. 当幼儿愿意尝试时提供以上活动，当幼儿不想玩时立即停止。
7. 教导他人须尊重幼儿不想被碰触的需求，教导幼儿可以用表情或言语来表达情感。
8. 剪掉衣物上的标签或购买无标签的衣物。
9. 当幼儿睡觉时提供清洁过的床单、睡袋、毛毯或舒适的重物，避免穿着轻薄、宽松的睡衣。
10. 剪发或看牙医前提供重压按摩。
11. 不允许其他幼儿对触觉防御幼儿粗鲁或不尊重，教导幼儿有礼貌地告知他人不要碰触自己，或学会控制自己避免被碰触。

教养触觉防御幼儿的注意事项

1. 尊重幼儿的需求，避免让他们觉得不被尊重。若忽视他们在神经发展上的个别差异及特殊状况，强迫要求他们，会造成他们在情绪、社会性方面的困扰。
2. 避免幼儿进行过多的轻触觉活动，这样可能使他们产生负向的反应；若要实施触觉活动，可同时使用碰触及出力的触觉和本体觉活动。

本章主要问题

1. 试说明婴幼儿触觉发展的重要性。

2. 试说明婴幼儿触觉发展的功能。

3. 试说明触觉对婴幼儿发展有哪些影响。

4. 试说明触觉功能失调的行为症状。

5. 试说明促进触觉发展的游戏有哪几大类并举例。

CHAPTER 4
本体觉

1. 认识何谓本体觉
2. 认识本体觉的发展
3. 认识本体觉的功能
4. 认识本体觉的重要性
5. 认识本体觉功能失调的行为症状
6. 认识本体觉相关的游戏与活动

小明的身体松松垮垮的，叫他站立他都没办法站稳，当他上下楼梯时，每跨上一步都显得相当吃力，而且眼睛要盯着脚才能移动。最近在上体育课时，老师带同学们玩桌球，小球在桌上流畅而快速地移动，同学们玩得不亦乐乎，而小明在进行这项体育活动时却有个困难：他的眼睛似乎要紧紧注视着双手才能顺利地用球杆击打到球。假日，跟爸爸一起打羽毛球，不知怎么回事，小明对于飞到头顶上方或后方的球总是无法准确地判断它的位置，距离时常偏差得离谱，有时候小明觉得自己似乎无法控制自己的身体。

在奥利弗·萨克斯（Oliver Sacks）的著作《错把太太当帽子的人》（*The Man Who Mistook His Wife for a Hat*）中有一篇《灵、体分离的女士》，故事的女主人公克莉丝汀娜女士患了感觉神经炎，她出现的症状是：除非她看着自己的双脚，否则无法站稳；手握不住东西而且会晃来晃去；她想伸手拿东西送入口中，不是拿不到就是会偏得离谱。另外，她无法自然地讲话，以往她可以流畅自如地控制音量、音调和音色，但是现在这些日常动作对她来说是如此困难，所发出的声音也非常难听。她说，自己的灵魂与躯体似乎分开了。经过详细检查，神经科医师告诉她，她丧失了全部的本体觉，从头到脚、肌肉、肌腱、关节都没有感觉。

从以上两个事例中，我们都发现他们有个共同的问题：他们不知道如何控制自己的身体。身体本身是有感觉的，当肢体作出反应时，身体自己可以感觉到各肢体的位置，明白自己与外部物件的距离、空间和方向。这个神秘的感觉就是所谓的本体觉。当本体觉出现问题时会呈现什么症状？可能会像小明的身体一样松松垮垮的，好像要塌下来一样；也可能像克莉丝汀娜一样无法正确测量与食物的距离，而且握东西时会晃动、拿不稳；可能会出现语言功能的障碍，因为声带的肌肉松弛，而无法控制音量和音调；可能会动作慢慢的、不流畅，或肌肉张力不够，甚至动作松垮、步态摇晃不稳……

身为爸妈或老师的你，若是看到孩子出现这些类似情况，可能以为他是故意不坐好、故意不专心写字、故意动作慢、故意懒散，以为他少根筋、不认真，然而事实上这是因为脑神经本体觉发展出现了问题。

弗洛伊德曾说："身体的自我意识是自我感觉的开启。"本体觉可以帮助身体察觉肢体的位置、距离和方向，帮助维持肌肉张力和喉咙发音等。身体若是没有本体觉，仿佛人体失去视觉，无法看见美丽多彩的世界，当然一定会对生活造成诸多不便。即使可能借由其他感觉来加强或代偿，例如失去视觉的人通常会借由听觉或触觉来补偿，而本体觉发展不良者也会借由其他感觉如触觉或前庭觉来增强，但是对于很多肢体的基础动作却产生极大的不便和后续的影响。仔细想想，本体觉不良者必须比一般人花更多时间做一般人轻而易举做到的事，他无法轻松自在地活动、口齿清晰地表达自己的需求，假使他担心自己会成为他人的负担，他可能要放弃许多外出或游玩的机会。尤有甚者，他会因为日常生活中的举止不同于他人，而产生挫折感、不安全感或自卑感，这些层面的影响深远且不容小觑。

刺激本体觉的发展可借由感觉统合的治疗或游戏来实现。本章中我们要进一步认识何谓本体觉以及本体觉的发展、功能、重要性，了解本体觉功能失调的行为症状，并介绍与本体觉相关的游戏活动。

一　何谓本体觉

本体觉（或动作觉）是 1890 年由谢灵顿（Sherrington）博士提出的，意思是了解自己身体位置的感觉，或称为肌肉的感觉。人体会使用皮肤、肌肉、关节等感觉信息判断自己身体的位置；当人体做出动作时，除了大脑神经提供信息给肌肉、关节和骨骼组织，身体本身的感觉可让人体了解自己的姿势、动作、平衡等发生了什么改变，使个体明白身边物品的位置、重量和阻力。本体觉发展顺利即能知道肢体精确的位置，这样一个人才能有效控制肢体，随心所欲地运用肢体并表现得流畅优美。生活之中不难发现运用本体觉的例子，举例如下。

1. 外婆打毛线衣时一边和女儿聊天，一边看着小外孙玩耍。她无须双眼直盯着毛线针和手指头，不但不会伤到手指头，而且毛线衣一针也没有错，松紧均匀。

2. 妈妈缝纽扣的时候，缝衣针从布料下方出来的地方刚好就在纽扣的洞口中央，她可以自如地控制针头穿过，手指避开针头而不会让针头扎到。

3. 网球比赛的时候，凭着本体觉，选手不必注视着自己的手或是球拍，即能顺利地发球或将对手打来的球适时回击，而且将球打到对手不易回击的落点，取得胜利。

通过这些事例，我们明白本体觉能使我们在做各种动作时协调流畅，即使眼睛没有注视手的动作，同样能将动作精确地做出来。

二　本体觉的发展

本体觉神经接收器位于肌肉束、肌腱和关节内，这三种接收器分别接收肌肉收缩时肌肉和肌腱的改变，以及关节的屈曲及伸展角度、位移的变化，由此可计算出肢体位置和肢体动作的速度及方向。另外，皮肤上也有对伸展度敏感的接收器，用以传达姿势、位置的相关信息。皮肤上的本体觉接收器对于控制语言的口唇动作及面部表情动作非常重要，若仔细区分，意识到身体各部分位置和改变的感觉是本体觉；能协调运用身体两侧使之与环境协调的功能则是双侧协调的能力。

人体的每寸肌肉、关节和筋膜上都有本体觉的神经接收器，每当肢体做出一个动作，肌肉、关节、筋膜上的神经接收器得到刺激即传输至脊髓并且上传给大脑，而大脑神经则传递信息，整合人体肌肉、关节与骨骼等深层组织，得知身体各部位的状态并且平衡而流畅地做出动作。

本体觉从幼儿出生的那一天即开始发展，亦即新生儿的反射动作奠定了本体觉的基础发展。例如：婴儿在 1~3 个月时会抬头、仰头、翻身、挥舞、抓握等动作；4~6 个月能用手臂支撑身体；7~9 个月开始会用肚子贴地爬行、用手撑地而坐，不用手扶着而能稳稳地坐下；10~12 个月会扶着东西站立、拍手及用拇指取物。婴儿用双手抱住奶瓶吸奶，他的手臂至手指的肌肉和关节知觉度（本体觉）让他能抱稳奶瓶而不致松手。若是用双手抓握、抬举、推、挤的本体觉经验发展成熟，幼儿在拿一杯牛奶时会稳当地不泼洒出来，握着铅笔画图也会施用适当的力道，画出长短适中的线条，将笔画控制得恰如其分。

从大肌肉发展的角度来看，本体觉的肌肉和关节知觉度决定了走路步态是否轻盈灵巧、攀爬绳网时的四肢灵活与协调程度。通过律动及体能训练课程，可帮助孩子做好动作。另外，口腔动作的本体觉发展促进幼儿口齿清晰，咀嚼、吞咽等动作轻松自如。故本体觉发展良好，可使粗大动作和精细动作发展顺利，使我们明白身体各部位的状态而使身体产生正向循环的刺激。

三　本体觉的功能

当我们认识何谓本体觉及本体觉的发展之后，可知本体觉对于肢体动作的协调、平衡流畅度和力度等层面有非常重要的影响。以下就本体觉的功能加以说明。

（一）奠定身体知觉度及身体概念

如果本体觉发展不良，日常生活就会受到不同程度的影响。例如：进食时用筷子夹菜，对一般人而言是轻而易举的事，但是对于本体觉发展不良的人来说，做拿筷子夹菜的动作必须全神贯注，才能顺利完成每个细节，当他的眼睛无法注意手的动作时，手中正在进行的动作就会受到干扰。如果他抬头和对面的人说话，眼睛离开手一会儿，筷子可能夹不到菜，或夹到的菜会掉落，或夹到的菜放不进嘴中。对于本体觉发展不良的人来说，视觉是很重要的代偿感觉，这是因为本体觉发展不良时，原本依赖本体觉控制身体、调整物我位置、执行动作方向与速度的大脑，无法依据环境需求指挥身体，使我们无法完成有效的肢体动作。如同航行在大海中的船只，失去指南针的指引一样，容易迷失方向。

（二）维持姿势、肌肉张力及面部表情、音调的抑扬顿挫

一个本体觉发展良好的孩子，可以坐在桌前进行书写活动，能够维持端正的坐姿（适当肌肉张力、维持姿势），双手稳健地握笔（良好身体知觉），并且专心一致、字迹工整地完成老师的课业要求；当他说话时，能调整音调的抑扬顿挫，音量可以大小、强弱分明，面部喜、怒、哀、乐的表情亦相当清晰明确。值得注意的是，如果孩子的本体觉发展不良，对于做功课容易产生挫折感，对人际互动沟通有困难，对日常活动（盥洗、穿着、进食等）容易有拒绝的情绪。

（三）动作计划能力

鲍巴斯（Bobath）博士认为肌肉之间的支配与抑制跟本体觉有关，会影响动作计划能力。做一个多步骤的活动时，首先要计划这一系列动作的顺序才会省时省力、顺利完成，这个过程称为动作计划能力。通常在学习新游戏或玩新玩具时，最需要动作计划能力。假设孩子学习"123 木头人"的游戏，一听见主持人喊"123 木头人"，大家的身体就要维持原来的动作而停住，等到下一回合开始才换新的动作，在听到"123 木头人"后又马上停下来，如此反复类

推。玩游戏的过程需要理解游戏流程、动作指令，并要正确执行，这些步骤可提升孩子思考与记忆的能力。这项重要的肢体控制和动作计划能力，能帮助孩子很快地学会新游戏及生活自理。

（四）大小肌肉动作协调，使动作精准而优美

一个本体觉发展良好的孩子，"循规蹈矩""出有节，入有序"。简单地说就是，幼儿可以头脑冷静、专心一致地完成家长及老师的要求，日常行为有条理、有秩序及自我情绪控制良好、注意力适当，进而与环境及同伴的互动关系恰当。当孩子本体觉发展不良时，他可能只是想给同学一个热情的拥抱，但是或许会用力不当，抱得太过用力而让同学受伤；或者在进行"警察抓小偷"的游戏时，因为对自己身体的感知不佳，而推挤得太用力，无意间推倒或撞伤同学；或进行纸笔、剪贴活动时，因为无法适当控制力道，让铅笔容易断裂、纸张容易破损，完成不完美的作品，频频让自己心生挫折；或出现在剪纸过程中不知如何运用剪刀、调整纸张方向等手眼协调欠佳的困扰。通过这些活动均能一窥孩子本体觉发展的情况。

四 本体觉的重要性

由于人体的感觉系统大致区分为两种，一种为外部感官，主要用来接收体外感觉的信息，包含视觉、听觉、触觉、嗅觉、味觉等；另一种则是内部感官，是以身体为中心的感觉，包含内感受觉、前庭觉及本体觉。触觉、前庭觉和本体觉三者为个体发展的基础感觉。

（一）提升注意力和记忆力

注意力系统在脑中并没有一个固定位置，主要是由蓝斑核（Locus Coeruleus：具有开启与关闭睡眠的生理时钟调节功能）、边缘系统（Limbic System：杏仁核负责热情参与或害怕逃避的情绪调节；伏隔核执行动机的启动；下脑丘是转译站，将大脑下达的指令转化成神经荷尔蒙，完成饥饿的觅食动作、睡眠需求、性需求与攻击行为；海马回掌管记忆；基底核是注意力

系统转换是否流畅的关键站，受多巴胺浓度影响）、前额叶皮质区（负责保持专注，也是工作记忆的大本营，负责处理、思索、排序、计划演练及后果评估，此区域异常时，容易没有时间管理概念，迟到、做事拖拖拉拉）与部分脑干（Brain Stem：警醒中心）连接而成，因为注意力、认知、动作间存在许多互动与交集，因此负责肢体协调与动作流畅度的小脑也是注意力的关键区域。它们的主要功能是唤醒大脑将注意力集中于主要刺激上。

此外，注意力也受到多巴胺（Dopamine，由黑质 Substantia Nigra 分泌，帮助细胞传送脉冲，使个体心情愉悦）、血清素（Serotonin，血清素含量提高能改善睡眠、镇静和减少急躁）和正肾上腺素（Norepinephrine，帮助放松）影响，这三种重要的荷尔蒙能帮助个体将注意力转换成执行指令（例如写作业、打扫房间、收拾玩具等）。近年来，感觉动作训练在幼儿的基础教育中扮演重要角色，幼儿在学习上有赖感官活动与肢体动作的协调，肢体运动（增加神经传导物质如多巴胺、正肾上腺素与血清素浓度）启发幼儿的外部感官经验及身体内部的感觉经验与记忆，使幼儿在愉快的情绪及身心平衡的状况下大幅提升注意力、记忆力且激发其学习动力。研究证实，每天第一堂体育课能增进幼儿学习注意力，因为运动所做的出力动作会使脑中血清素增加，加强幼儿自我控制能力，减少分心的状况，使幼儿专心而有效率地学习（Ratey and Hagerman，2008/2009）。

（二）思绪灵活、有弹性，抗压性高

人们面对每天的日常生活常规要求，面对学校的学习安排，面对随时可能发生的突发状况，这些都是压力。本体觉提升副交感神经活性（Stroller et al.，2012），借此对抗交感神经的压力状态，改善幼儿固执的想法和固着行为，促进调适的神经功能、弹性有变通的思考方式，能够提升幼儿挫折忍受度，减少忧虑、紧张及害怕的情绪，促进幼儿自我调节的功能发展。另外，本体觉的运动与肢体动作及头脑反应有关，诸如俯卧、翻身、爬行、走路、跑步、跳跃、攀登等动作能刺激大脑皮层，促进神经网络发展及提升大脑含氧量并能活化脑神经细胞。幼儿在学龄前通过肢体动作，培养挫折忍受度、思考力和变通力。

（三）促进合作

在团体活动中，本体觉能帮助幼儿与同伴进行良好互动，大肌肉与小肌肉动作协调，能专注地完成老师的指令，保持动作流畅。

（四）改善冲动

当本体觉发展良好，则在肌肉与出力运动协调上便能让身体放松，让大脑冷静、情绪稳定，幼儿解决问题时便不会冲动行事。

（五）培养自我管理、自动自发的能力

动作是促进感觉统合发展最主要的途径，肌肉正常收缩、关节自由活动等，可影响神经系统的兴奋状态，增进本体觉的输入，有助情绪的正向发展，因此也会影响个体视觉及身体空间概念的发展，影响计划活动的能力。如果本体觉发展良好，幼儿可以做到生活自理，例如穿衣、脱鞋等，有助于培养自我管理和自动自发的能力。

（六）改善睡眠质量

睡眠质量与情绪相关，当外部感觉和本体觉统合后有助于情绪正向，使心情愉快。规律运动可促进入睡及深沉睡眠的质量（Amen，2010）。Amen 医师在其著作《大脑改造身材、打造健康》一书中，针对睡眠问题提出的自然疗法，强调白天规律的足量运动可改善睡眠障碍，因为良好的本体觉可使肌肉放松，容易入睡。

（七）调节前庭觉和触觉的过度反应

本体觉是最重要的神经调节器（Modulator），其抑制功能可以帮助削弱前庭觉和触觉的过度反应。本体觉活动包括提重的篮子、拉玩具箱等任何出力的活动和动作，包含关节的挤压及拉伸，这些活动均可使过度反应的神经系统正常化（Kimball，1999）。本体觉的调节功能受到学者的重视，利用本体觉可减轻触觉过度反应和重力不安全感，并让神经系统维持在理想的警醒状态中（Koomar，Szklut，and Cermak，1998；Kranowitz，1998；Roley，Schaaf， and Blanche，2001）。本体觉的调节功能在小脑、体感觉皮质区发挥功效。

五 本体觉功能失调的行为症状

本体觉的处理能力会协助幼儿在肢体探索过程中控制肢体或动作的前后顺序、力道大小、速度快慢。而本体觉功能失调可能产生如下行为症状。

1. 动作协调度不佳、肢体僵硬。

2. 容易跌倒或撞到物品。

3. 走路容易碰撞到东西、家具或他人。

4. 上下楼梯左右脚不协调，整体动作不流畅。

5. 脚步声很大。

6. 生活自理能力差，例如自己穿脱衣物或扣纽扣等动作不灵巧、速度慢。

7. 眼睛要注视着手、脚才容易做出动作。

8. 握笔太大力，以致常常弄断铅笔或画笔。

9. 肌肉张力低、姿势松垮无力，例如站立时喜欢靠着外物、趴在桌上写字，或者喜欢坐着或躺着。

10. 动作计划能力不佳。

11. 自动调整姿势的反应差。

12. 动作粗鲁、关门用力。

13. 站立、走路或进行活动容易疲累且耐力差。

14. 缺乏自动自发的精神及学习动力，在探索环境时只旁观、不参与。

15. 挫折感高、情绪过度反应。

16. 学习新动作有困难。

17. 寻求或喜欢撞、跌的动作。

18. 时常动个不停或常常更换姿势。

六　促进本体觉发展的游戏与活动

（一）促进本体觉发展的游戏

1. 踢球：前面放目标物，踢球撞倒目标物（见图 4-1a）。
2. 呼啦圈穿着比赛：把呼啦圈当作衣服，包括大小呼啦圈，看谁穿得最多。
3. 老鹰抓小鸡：小鸡躲在母鸡后面避免被老鹰抓到。
4. 红绿灯：说红灯的人即不能再移动且当鬼的人也不能抓他，需等到有人碰到他才能变成绿灯继续跑，看谁先被抓到。
5. 123 木头人：当鬼的人背对大家数到 3 之后，马上转头看有没有人在动，动的人就被抓到了。
6. 城门城门鸡蛋糕：两人举高双手搭成城门，其他人依序通过城门，当唱完歌时城门降下，看谁被抓到。
7. 过五关：跳跃过枕头、椅垫或其他各种安全的障碍物。
8. 打枕头仗：手拿枕头互相攻击。
9. 气球伞：拿一块轻柔的布，上面放几个玩偶，高举双手连续拍动布，不让玩偶掉在地上（见图 4-1b）。
10. 折返跑：在两地点之间进行搬运货物比赛，看谁搬得多。
11. 攀爬运动：练习攀爬绳网或沙包，不仅能让肢体出力，也可以练习双手双脚的协调性（见图 4-1c）。
12. 比力气：在铺垫子的地上两人十指相扣，采用弓箭步互推或采用各种安全姿势互推（见图 4-1d）。
13. 踢沙包、打沙包和各种球类运动（见图 4-1e、图 4-1f）。
14. 小丑：模仿各种脸部表情。
15. 拔河：两组人分别握住绳子两端，用力向后拉，看哪一组胜出。
16. 动物表演：模仿各种动物的动作；也可以做动作让其他人猜。

17. 魔镜：模仿爸妈或老师的动作（见图4-1g）。

18. 跳马：爸妈跪趴在地上当马，幼儿跑步然后跳上爸妈的背上当骑马师。

19. 推拉推车（可在推车内放置物品或另一小朋友坐在里面）（见图4-1h）。

20. 给予拥抱。

21. 协助大人做木工，过程中必须有敲打的动作，也可用锤子把钉子敲进木头来建构不同造型或盖房子。如果孩子力气不够，可将木头改成纸箱。

22. 踩影子游戏：在灯光或阳光下互踩别人的影子，看谁的影子先被踩到（见图4-1i）。

23. 小乌龟爬行大赛：孩子们双手和膝盖撑在地上，背上背着玩偶、枕头或厚棉被进行爬行大赛（见图4-1j）。

24. 踩高跷（见图4-1k）。

25. 翻鸡蛋：躺在地板上，双手抱住双腿，以腹部力量让身体坐起来（见图4-1l）。

26. 出力滑行（见图4-1m）。

27. 跳高（见图4-1n）。

28. 溜滑梯：将身体当作滑梯，将球放在滑梯上溜下去（见图4-1o）。

29. 小桌子：孩子以螃蟹走路的姿势将自己当作一张桌子，在腹部放一颗球，不让球滚下来（见图4-1p）。

30. 骑摇摇车（见图4-1q）。

31. 左右跳：绳子为中线，以左右跳的方式跳到另外一端，不可踩到线（见图4-1r）。

32. 儿童瑜伽。

CHAPTER 4
本体觉　097

图4-1　促进本体觉发展的游戏

a. 前面放目标物，踢球撞倒目标物

b. 气球伞

c. 攀爬运动

图4-1 促进本体觉发展的游戏（续）

d. 比力气：十指相扣，采用弓箭步互推

e. 踢沙包（前踢、后踢）

图4-1 促进本体觉发展的游戏（续）

f. 打沙包

g. 魔镜：幼儿模仿爸妈或老师的动作

h. 推拉推车

i. 踩影子游戏

100　解放聪明的"笨小孩"：全新修订版

图4-1　促进本体觉发展的游戏（续）

j. 小乌龟爬行大赛

l. 翻鸡蛋

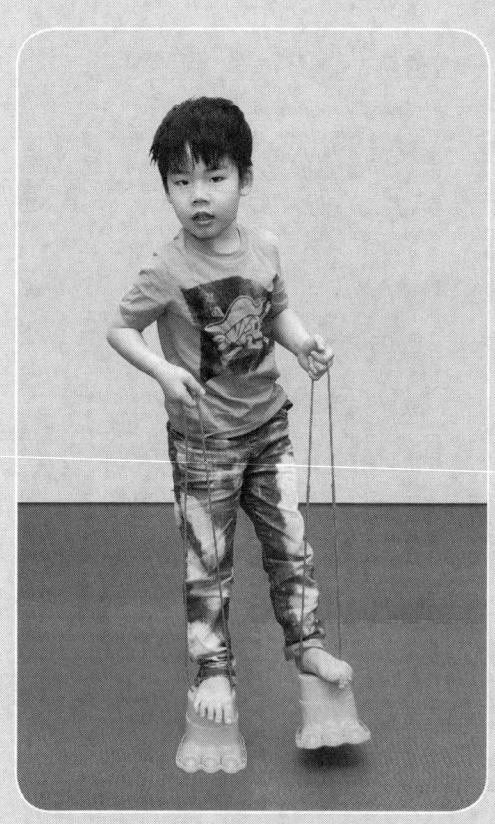

m. 出力滑行

k. 踩高跷

n. 跳高

CHAPTER 4
本体觉 101

图4-1 促进本体觉发展的游戏（续）

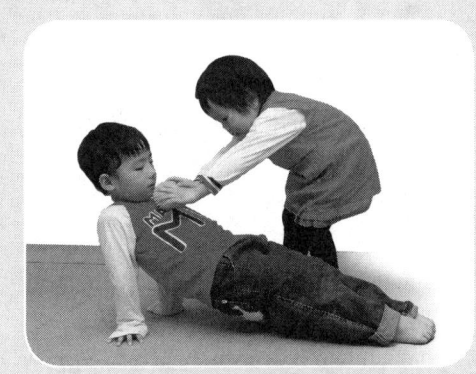

o. 溜滑梯

p. 小桌子

q. 骑摇摇车

r. 左右跳

（二）在家或在校可做的出力本体觉活动

1. 上课前将椅子从桌上搬下；下课后将椅子抬到桌上。

2. 将黑板或白板擦干净。

3. 帮忙排桌椅。

4. 各种球类活动：踢、接、丢、传递球；也可以使用较重、较大的球来增加出力的本体觉输入（见图 4-2a）。

5. 帮忙倒垃圾、拖地、擦窗户、擦桌子。

6. 搬运装书或重物的箱子到其他教室，老师可适时地要求幼儿将适重的箱子搬来搬去。

7. 使用手动的削铅笔机削笔。

8. 帮体育老师搬运及抬放垫子。

9. 携带重的笔记本到办公室或拿到其他教室。

10. 双手抱书在胸前（见图 4-2b）。

11. 撑椅子：两手撑在椅子两边，将自己的身体往上撑，双脚离地（见图 4-2c）。

12. 背背包、水壶。重量也可以加在其他位置，例如腰包、脚踝包、重量背心、重量帽子。

13. 学动物走路：螃蟹走路、小熊走路、小鸭子走路、阿兵哥走路、兔子跳、青蛙跳、海豹爬行、匍匐前进（见图 4-2d、图 4-2e）。

14. 大力士推墙壁：过程中有拍击墙壁的声音，可加入情境提升活动乐趣，例如推倒墙壁、撑住墙壁避免倒下、替墙壁输入能量使房子变大等（见图 4-2f）。

15. 脚钩椅：双脚用力钩椅脚两侧（见图 4-2g）。

16. 唱游：让孩子跟随简单的歌曲做出简单的动作（见图 4-2h）。

CHAPTER 4
本体觉 103

图4-2 在家或在校可做的出力本体觉活动

a. 丢接球

b. 双手抱书在胸前

c. 撑椅子

图4-2 在家或在校可做的出力本体觉活动（续）

d. 学小鸭子走路

e. 匍匐前进

CHAPTER 4
本体觉　105

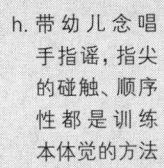

图4-2　在家或在校可做的出力本体觉活动（续）

f. 大力士推墙壁

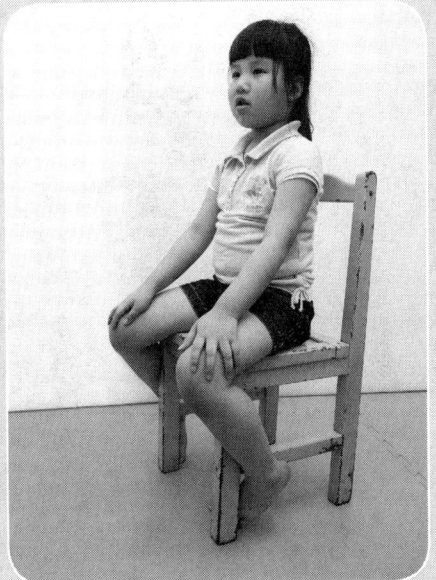

g. 双脚钩两侧椅脚

h. 带幼儿念唱手指谣，指尖的碰触、顺序性都是训练本体觉的方法

图4-2　在家或在校可做的出力本体觉活动（续）

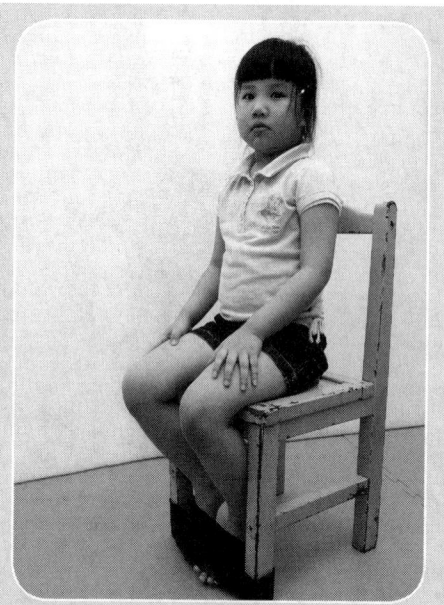

i. 将弹力带绑在椅脚，让幼儿用脚推

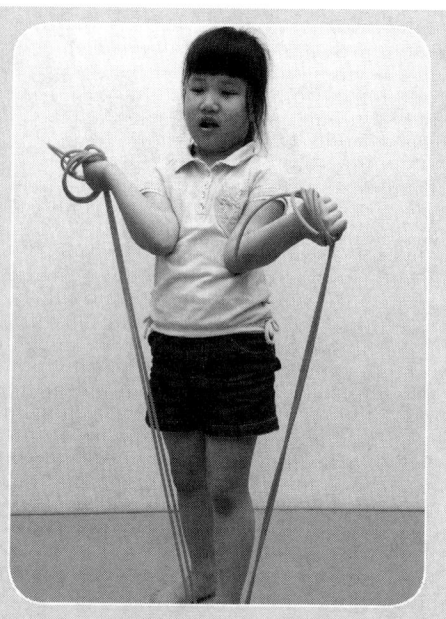

j. 双手拉着弹力带往上拉

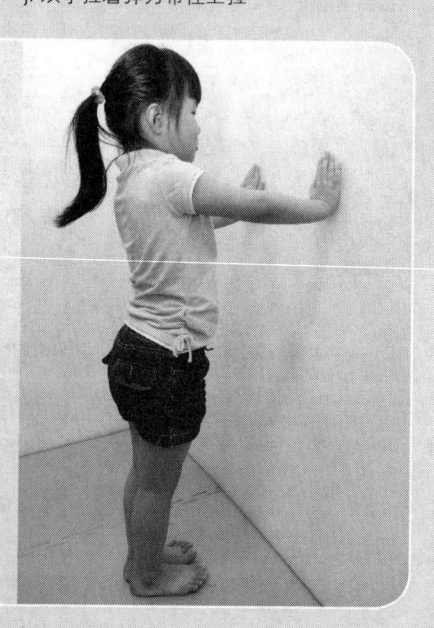

k. 扶墙挺身

17. 推餐车或搬运午餐箱到餐厅或教室。

18. 用订书机把纸钉在布告栏上。

19. 大人将双手放在幼儿肩上给予重压。

20. 在进行纸笔作业之前，可以先让幼儿捏揉治疗黏土或捏挤装填面粉的气球。

21. 让幼儿从储藏室一次搬运多袋影印纸至影印中心。

22. 在老师的监督下使用碎纸机。幼儿可以收集废纸，并将废纸整理成所需要的张数，再用碎纸机碎掉。

23. 各种跑步、跳跃或攀爬活动（例如攀爬游乐器材）。

24. 幼儿在四肢着地的姿势下，在地上或纸上画出一道大彩虹或大范围涂鸦。

25. 跳跳床、跳跳马。

26. 堆叠椅子。

27. 让孩子模仿各种弹力带（可用丝袜代替）的玩法。例如：双脚踩在带子上，双手拉着带子的末端上下拉动；或双手举高拉着带子左右摇晃；也可以将弹力带绑在椅脚上或踩在脚下（见图 4-2i、图 4-2j）。

28. 吊在横杠上摇摆。

29. 伏地（墙）挺身：双脚撑地，手肘伸直再弯曲，重复此动作数次（见图 4-2k）。

30. 将玩具大卡车上装满重重的积木，用双手推大卡车将前方物品撞倒。

31. 在教室的桌子下方玩小汽车，幼儿可以一只手推动车子，另一只手撑住上半身并穿梭在桌子下方。

32. 为大家开门和关门。

33. 治疗黏土：手指用力的本体觉活动。

（三）口腔的出力本体觉活动

1. 早餐可改成有嚼劲的硬面包、全麦面包或贝果，正餐可改成五谷杂粮饭。
2. 使用吸管喝水、喝浓稠的饮品或质地稍软的食物，例如奶昔、水果泥、布丁；吸管的粗细和液体的浓稠度可改变出力（吸吮）的程度。
3. 吃硬的点心、脆的饼干，例如筷子饼、干的谷片、脆饼或爆米花（自己做的，少油少盐）。
4. 咀嚼口香糖或有阻力的食物，例如QQ糖、苹果、芭乐、小黄瓜、胡萝卜。
5. 口腔活动，例如吹口哨、吹泡泡、吹泡泡糖、吹颜色吹吹笔、吹奏乐器（见图4-3a、图4-3b）。

图4-3　口腔的出力本体觉活动

a. 吸吸管　　b. 吹气玩具

6. 玩牧羊人游戏：将数个保丽龙球、棉花团或小纸团当成小绵羊，让幼儿趴在地上用吸管吹动小绵羊，看谁吹得最远或者看谁先将它吹到目的地。

7. 吹吹画：将水彩滴在图画纸上，幼儿用吸管吹动颜料作出一幅画。

本章主要问题

1. 试说明何谓本体觉。
2. 试说明本体觉的发展。
3. 试说明本体觉的功能。
4. 试说明本体觉的重要性。
5. 试说明本体觉发展不良的行为症状。
6. 试举例说明促进本体觉发展的游戏。
7. 试举例说明在家或在校可做的出力本体觉活动。

CHAPTER 5
婴幼儿感觉统合发展需求

1. 认识婴幼儿感觉统合发展的重要性
2. 认识婴幼儿各年龄层感觉统合发展的需求
3. 认识婴幼儿的触觉、前庭觉及本体觉的发展进程
4. 认识婴幼儿各年龄层可在家进行的感觉统合活动
5. 认识在家及在校可进行的幼儿体能活动及游戏

人类自出生后即不断接受外在环境的刺激，通过身体的感觉器官来察觉这个世界，例如视觉、听觉、嗅觉、味觉、触觉等。感觉系统让我们体验到这个世界的美好及生命的丰富。而人类在母亲的子宫内已经开始发展感觉系统，有的母亲在怀胎阶段为了安胎而减少活动量甚至躺在床上休息，殊不知母亲的感觉刺激会影响胎儿的前庭觉发展。在正常的胚胎脑神经发育中，早在怀孕第5个月时，前庭神经就已经长出成熟的体积与形状，并且前庭至眼睛与至脊髓的通路已经形成髓鞘，胎儿前庭神经系统已能发挥功能。美国著名脑神经专家丽丝·艾略特（Lise Eliot）博士曾提出，发育成熟的前庭神经系统能够让胎儿感觉地心引力的定位与方向，在出生前的几周或几天中，胎儿就必须侦测到上下的方向，让头转成朝下利于妈妈顺利分娩的姿势。若是婴儿的前庭神经系统发育不良，则发生臀位产的比率较高。所以在胚胎时期，前庭神经系统必须接受充足的刺激以利于前庭神经发展成熟。

在所有感觉系统中，触觉是最早成熟的。0~1岁的婴幼儿处于口腔期，他们会通过口腔触觉如吸吮奶嘴、奶瓶或自己的拳头等方式，来认识自己的身体，并进一步获得心理上的满足及安全感。1岁之后的婴幼儿渐渐减少用口腔探索环境的方式，开始使用双手触摸、用双眼观察以及用双耳聆听的方式。从以上说明可知，触觉是人类最先运用和最早发展成熟的感觉系统。

自出生后个体的各个感觉系统和认知心理发展均在不断成长与成熟。当一个小宝宝听见妈妈轻唤他，宝宝会望向声音来源看看妈妈，露出可爱的笑容、发出开朗的笑声；而宝宝听见鞭炮声这种突然的巨响，可能会受到惊吓而大哭起来。宝宝听见声音、转向声音来源以及对于声音的敏感和反应的过程，便是他正在发展自己的听知觉。

宝宝自子宫出生后来到崭新的世界，他会察觉到现在所处的环境跟妈妈的子宫是不一样的，也许会对四周的一切兴致高昂，对任何事物都极其好奇，想要加以探索。例如爸妈拿旋转球给他玩，宝宝的双眼会注视着旋转球；有的爸妈会将房间布置成夜光房间，关灯的时候天花板上的星星会发光，此时宝宝会望向光源而莫名地开心起来。当你带着三四岁的幼儿到公园玩耍时，他可能注意到沿街贩卖的气球，或许孩子受吸引的原因是气球多半是卡通人物造型，但另一个原因则是色彩缤纷的事物容易吸引孩子的注意……在生活中不难发掘出这些例子，均说明婴幼儿正在探索和运用自己的感觉系统。

　　本章特别要说明感觉统合对婴幼儿发展的重要性。自出生至幼儿阶段是人类感觉统合功能发展最迅速的时期，如果感觉统合发展正常，情绪会较为稳定而且有正向发展，个体也会拥有良好的学习力与注意力，并且与同伴相处融洽，对于幼儿的行为、心理与社会发展均有极大的益处。

　　宝宝自出生后需要母亲的怀抱来获得安全感。在第3章曾提到哈洛博士的著名实验：绒布母猴和铁丝母猴对小猴子的情绪与行为发展的影响。绒布母猴虽然没有奶瓶，但是小猴子喜欢接近绒布母猴，与绒布母猴相处的小猴子情绪较为稳定；反之，铁丝母猴虽然放了奶瓶，可是无法提供小猴子需要的安全感。将这个实验应用于人类身上，特别是儿童心理发展方面，建议母亲在宝宝出生后喂食母乳、抱抱孩子、背着孩子，在宝宝情绪佳时进行全身按摩，可有效刺激触觉调节，奠定孩子日后感觉统合发展的基础。因此在婴幼儿时期，家长应尽量帮助和带领孩子探索环境，让他们多做体能活动、多进行适龄游戏，能活化脑神经细胞、促进肢体动作协调，进而稳定情绪。因此不要禁止幼儿玩游戏，对于孩子来说游戏本身是充满乐趣的学习。以下就各年龄层的婴幼儿感觉统合发展特性及可施予的活动与游戏加以说明。

一 各年龄段感觉统合发展及居家活动建议

（一）0~3个月婴儿的感觉统合发展

这个阶段的婴儿发展所需要的是能够自我调节、适应新环境、新的生活作息、情绪安稳（少哭闹）。睡眠时间渐渐发展出日夜区分，晚上睡得久。能够接受近距离的视觉刺激，对妈妈的脸越来越有反应，会对妈妈微笑。会看移动的玩具，对黑白对比及色彩明亮的视觉物品有所反应。

要让孩子情绪安稳、放轻松，可以使用按摩、抚触拥抱等触觉手法。促进婴儿自我调节能力发展、作息稳定，要使用伸展运动、反射动作等本体觉运动来刺激其脑部发展。

居家活动建议

1. 本体觉刺激中，使用腹部肌肉的动作和按摩，可促进肠胃蠕动、帮助消化、调节体内功能。另外，促进肋间肌和横膈膜的运动，可加强婴儿的呼吸及肺功能。腹部运动的方式有如下几种。

    （1）让婴儿仰躺，用手指在肚脐周围画线，促使婴儿腹肌收缩。

    （2）婴儿仰躺时，妈妈将手掌放在婴儿腹部，用手指轻轻拉提他的肚子然后放手，以刺激腹肌本体觉。

    （3）婴儿仰躺时，提起他的双腿屈曲，使大腿压在肚子上，利用压挤肋骨的位移带动横膈膜运动。

2. 抱起孩子，手托住婴儿的头颈部，垂直的头姿势可提供前庭刺激。可在床上慢慢帮他翻身，这也是提供前庭刺激的方式。前庭刺激能够帮助婴儿清醒的时间变长，并且对声音有所反应。

3. 在婴儿醒着的安静时间宜适量地施以触觉活动、本体觉活动、前庭觉活动，配合听觉玩具、视觉玩具来诱导婴儿做出主动的反应。

4. 水平方向抱着婴儿左右轻摇是最常使用的安抚手法。轻柔、缓慢、直线性、规律的前庭摇晃会使婴儿放松、容易入睡。古今中外跨文化的母亲们都会使用此类手法哄孩子入睡或使孩子情绪稳定，这便是前庭系统稳定神经的效用。

（二）3~6个月婴儿的感觉统合发展

"趴姿抬起头，手肘撑住地，抬起上胸部"，这是前庭觉—地心引力的知觉促使婴儿做出抬头挺胸的动作，也是准备将来发展出抗地心引力的坐、站、走、跳的第一步。颈背肌伸展姿势的肌肉张力调节和肌力发展，为"坐"做准备；趴着时多练习头部及上背部肌肉收缩。抬头、挺背有利于婴儿被抱起时稳定自己的头和上背，能自己控制直立的头部，东看西看，也发展出看远处的视觉能力。

趴姿时支撑起上胸部所用到的肩和肩胛肌肉、头部和上背部肌肉的收缩，都是很好的本体觉刺激活动，比仰躺姿势时的踢腿和抓摸玩具所用到的大肌肉群更多，所以加强本体觉刺激能够促进婴儿自我调节功能的发展。此阶段的发展目标是吃睡更规律，哭闹时间更短，更容易安抚。

婴儿躺着时会蜷缩起身体、抓摸自己的脚或将手指放入嘴巴，这个探索肢体、认识身体部位的动作，提供了触觉和本体觉组合的"身体知觉度（Body Awareness）"。同时，这蜷曲的动作提供了腹肌和腿的曲肌强大的本体觉刺激。腹肌和背肌的动作都很重要，交替地进行能发展核心肌群，促进将来坐、站、走等所需要的躯干稳定度。

居家活动建议

1. 仰躺时拉着婴儿的手轻轻夹住他的腿，做类似仰卧起坐的动作，鼓励他抬起头及胸部，此时颈部及腹部的曲肌会提供大量的本体觉刺激。
2. 仰躺时让婴儿抬起腿踢悬吊的玩具，也是训练下肢曲肌的本体觉活动。
3. 4个月大婴儿在仰躺时会开始翻身至侧躺，进一步翻成趴姿，这个翻身的动作需使用侧腰肌、屈曲腿的肌肉群，这是很好的本体觉活动。
4. 尽量在孩子醒着的时候将其放在铺有软垫的地上，让他自由地伸展、屈曲身体，并且在他四周散放玩具，让他翻身抓拿玩具。提供会出声的摇铃、可挤压的橡皮玩具及其他各种能够刺激触觉的玩具。

5. 这时期的婴儿对玩自己的手脚很感兴趣，吃手指或咬玩具都提供了口、唇、舌的触觉，以及啃、咬的本体觉刺激。若孩子出现这些行为，父母不需给予太多干预，甚至可以多提供婴儿探索身体的机会。

6. 趴姿可以促进婴儿头部、上背部肌力的发展，在家中爸妈可以躺在床上让婴儿趴在身上，或是趴在大球上、小滚筒上或大毛巾卷成的圆筒上。

（三）6~12个月婴儿的感觉统合发展

　　此阶段的发展重点为移行，幼儿已经可以移动自己的身体，进一步更深入地探索环境。肚子贴地爬行以及手掌和膝盖撑地爬行时，幼儿大脑会接收本体觉、前庭觉和视觉的感觉刺激，整合并协调两侧身体、学习动作计划能力、了解环境中物品与自己的空间关系，以及对自己身体位置的知觉。此时身体感觉的发展，让孩子可以双手并用拿起奶瓶或者用手抓起手摇铃，由一只手换到另一只手，这些动作都是日后跨中线动作的开端。

居家活动建议

1. 加强背肌发展、翻正反应、前庭觉的游戏。

（1）抱着婴儿，背贴妈妈的胸前，一手抱住他的膝盖，一手抱住他的胸腹部。

（2）把婴儿渐渐向前倾身，妈妈抱着他的手从胸腹部下移到大腿，由于缺乏妈妈的手支撑，孩子必须自己慢慢挺直上身回到直立状态。这个活动可为婴儿的坐及站立平衡做准备。

（3）可用此抱姿让婴儿玩吊挂的玩具，发展动态平衡和肌力。

2. 加强背肌、肩胛肌、颈肌、上肢手臂肌及胸肌的本体觉。

（1）婴儿趴在床上，提起他的大腿，使他用两手撑地（像伏地挺身的动作），如果婴儿能力较强，妈妈可以把手向后移到膝盖、小腿，使婴儿自己用力支撑的部分增加。

（2）借由玩具在前面吸引婴儿的注意力，试着让婴儿维持趴姿支撑久一点，可以得到更多的本体觉刺激及加强肌耐力。

3. 肚子贴地爬行以及手掌和膝盖撑地爬行。

   肚子贴地爬以及用两个手掌和两个膝盖四点着地爬。爬行的主要目的为强化本体觉和肌力，此阶段在发展里程碑中具有相当重要的意义。而发展出成熟的爬行时，婴儿左手及右膝盖同时向前移动（接续为右手及左膝盖同时向前移动），在此动作中需要左右大脑半球相互连接，才能协调四肢，做出双侧手脚整合并具有顺序性的交替动作。在动作计划能力中，动作顺序及时间掌控顺利发展时，我们会看到一个爬得很快、动作协调的小宝宝，一会儿爬去追他的玩具，一会儿爬过来对着我们微笑。

4. 促进背肌不对称收缩的游戏。

   （1）让婴儿趴在小滚筒或大毛巾卷上，缓慢使滚筒摇向一侧，可以刺激婴儿的反射动作、背部单侧肌肉收缩，让他试图恢复平衡不掉落下去。

   （2）婴儿坐在妈妈的大腿上，妈妈将一条大腿提高，婴儿会努力收缩单侧背肌、腹肌以便拉回身体重心，不致倾倒。

   这两项游戏都提供前庭刺激（重心改变），而婴儿做出平衡反应，不让自己倾斜、掉落，过程中所使用的肌肉收缩可以带来本体觉刺激。

5. 扶家具站立。

   婴儿爬到家具旁，抓握桌脚，让自己站立起来，这是对抗地心引力的突破。扶着桌椅维持站立，在左右脚的重心移动中找到平衡点。此时，前庭觉、本体觉和视觉一起开始统合。

6. 从低跪姿到独立站立。

   第 5 项游戏中，婴儿不能独立靠自己从地上站起来，要进一步发展的就是靠自己站立起来的前庭觉、本体觉之平衡功能。婴儿从爬姿转换成跪坐在双腿上的低跪姿势，接着抬起一只脚踩地，此时婴儿呈不对称的双腿支撑状态，前后摇摆找到平衡点。不久他会用双手撑地，三点着力靠自己站起来，脱离地心引力的牵制。

7. 加强腹肌的坐姿平衡游戏。

婴儿坐在床上或有软垫的地上，爸妈帮他慢慢抬起双腿，婴儿察觉到自己的重心变化，故而收缩腹肌上身前倾，不想向后倒下。这个游戏促进前庭觉的区辨重心能力，敏锐察觉重心的变化及腹肌的适当反应，为将来站立平衡时所需的躯干反应度做良好的准备。

（四）1~1.5岁幼儿的感觉统合发展

平衡的挑战是这个阶段的发展重点。认识和使用自己的手、脚、身体各部位等也是此阶段的重要进展。幼儿会喜欢做下列活动。

1. 自己进食。幼儿喜欢自己抓拿各种形状、材质、大小的食物自己进食，不想借由别人的手来代劳。他喜欢摸到各样食物的感觉，满足于自己对拿食物放入嘴中的控制。这时候的幼儿喜欢自己拿汤匙吃饭，自己拿鸭嘴杯或普通的水杯喝水。

2. 幼儿发展出使用手操作工具的能力，喜欢用手掌整把抓握粗蜡笔来画画，也喜欢撕纸和翻故事书或者用手指尖捡起小馒头。

3. 会伸出食指、弯起拇指和另外三根指头去指他要的东西。

4. 会用双手把玩具盒翻过来倒出玩具。

5. 玩指认肢体部位的游戏，如"摸摸头""拍拍手"，或在洗澡、穿衣服时叫他"洗洗手""抬起脚"，他都会很喜欢。

居家活动建议

1. 坐姿的平衡反应。

（1）婴儿坐在滚筒上，妈妈提起婴儿的大腿，让婴儿的身体向后倾，这时婴儿必须自己调整姿势做出前倾的动作，以找到重心平衡。

（2）婴儿坐在矮凳上，妈妈坐在婴儿对面，手拿一个玩具吸引婴儿伸手去拿。婴儿伸手够拿时，重心偏移之下他会挺起背，在背肌不对称收缩下，以腹斜肌及腹肌来稳定躯干并找到平衡点，使自己在拿玩具时不致失去重心跌倒。

2. 站立的平衡反应。

（1）婴儿能独自站立，不用妈妈扶也不用扶着家具。让婴儿双手抓握玩具，并维持站立姿势一段时间。

（2）婴儿站立时，伸手抓拿、拍打悬吊的玩具及物品。

（3）站立时弯腰捡东西再恢复站直的姿势。

3. 独立行走的平衡。

这个阶段的幼儿已能坦然无惧地放手自己走，在家中和公园到处探索环境，眼睛看到吸引他去的地方时，他会推着或拉着玩具车等玩具走或扶着楼梯走。

（五）1.5~2.5岁幼儿的感觉统合发展

此阶段幼儿的发展重点是触觉辨别能力。触觉是幼儿感觉发展中不可缺少的元素。触觉辨别力是高级动作计划能力的基础，这个年龄的幼儿宜给予探索机会，以各种材质、形状等物品或玩具提供触觉辨别，少穿衣袜，让婴儿多滚多爬，都是得到触觉刺激的好机会。

快走、跑、跳、爬上爬下等活动皆可刺激肢体动作发展所需的本体觉和前庭觉，蹲姿的平衡及从蹲姿站立起来，都在这个发展阶段出现。投小球、滚大球也能提供一些细致的本体觉刺激，以利于日后上肢肌肉精细动作的发展。

居家活动建议

1. 除去对孩子过多的保护，例如穿过多的衣物、不脱袜子、不让孩子碰很多东西、禁止孩子爬高。

2. 多抚摸、拥抱孩子，每天为孩子按摩10分钟。

3. 每天进行30分钟有计划的感觉统合活动。

4.居家环境中需使用的器材：

（1）推（拉）玩具，例如可供抬、抱、打开、关上的玩具盒，以刺激本体觉；

（2）室内小型滑梯、可供钻爬的纸箱、摇摇马、秋千；

（3）拉（拔）的玩具、敲敲打打的玩具以及玩具的收藏箱；

（4）可刺激本体觉和前庭觉的大小球。

（六）2.5~3.5岁幼儿的感觉统合发展

此阶段的孩子喜欢跑跳，如向前跳、在沙发上跳、跑步、骑三轮车、骑在爸爸肩上、溜滑梯、走花台、走平衡木。这些挑战平衡、速度、地心引力的游戏充分满足孩子前庭神经和小脑的发展，促进身体两侧协调、平衡、方向感和视觉区辨、听觉区辨能力成熟。

居家活动建议

1. 提供安全、少限制的环境，让孩子充分活动肢体，例如跑、跳、玩球。
2. 使用桌、椅、椅垫，让孩子玩跨越障碍的游戏，例如爬过椅垫、在桌椅下钻爬。
3. 跳枕头、走楼梯、到公园玩耍、骑三轮车、模仿动物走路的游戏或翻跟斗。

（七）3.5~5岁幼儿的感觉统合发展

此阶段的孩子时常充满活力，喜欢大动作且具速度感的游戏，例如单脚跳、跑步、摔跤、攀爬、溜滑梯、荡秋千。他们在游戏中可得到强烈的感觉刺激，对他们而言，强烈的感觉刺激和乐趣远胜过游戏的胜负或目的。而在这些游戏中，他们可以学习到更成熟的双侧协调及动作计划能力，在动态环境中维持身体平衡，并借由大量自由且有效率运用身体的经验，增进自我掌控感。

居家活动建议

1. 改变姿势的游戏运动。做动作前能思考，想出最适当的预备姿势，例如想要跳得更高，要先蹲下，使孩子尝试掌握使用身体的最佳方法。
2. 变化高低位置的游戏运动。例如上上下下、跳上跳下或穿过悬吊的轮胎等游戏，让孩子挑战新的变化，尽力伸展肢体。
3. 使用游戏器材的运动。例如利用荡秋千的游戏，教导孩子运用身体使秋千荡高所做的连续动作，可加强运动节奏感以及动作与动作之间的连接能力。
4. 合作性的游戏。例如两人互相拉着手旋转，学习配合别人的动作速度并且调整自己的反应，借此训练韵律感、柔软度、单脚平衡等动作计划能力。
5. 支持、鼓励孩子。从丰富的身体活动当中学习各种经验，同时教导孩子必须考虑到安全性。

（八）5~7岁幼儿的感觉统合发展

此阶段是动作发展的成熟期，各项基础动作能力成熟精致化，例如跑、跳、投、接、垂吊、单脚跳、手腕支撑以及基础动作的连贯整合。游戏时可以让孩子做翻跟斗后站立，或玩翻单杠、倒挂在单杠上等游戏，从各种姿势中了解肢体与空间的关系，以及如何使用身体各部位的力量保持平衡（刺激前庭觉及本体觉）（见图5-1）。此外，攀爬绳网的游戏会因为身体姿势、出力大小而影响绳网晃动的幅度，可以加强肢体的敏捷度及协调性，达到身体运用的高阶段感觉统合发展。

居家活动建议

这阶段的幼儿可培育其体力、肌力、肌耐力、瞬间力、敏捷性等。由全身触觉和本体觉发展出的身体知觉灵巧度，可使精细动作能力大幅进步，在剪贴、画图、扣纽扣、绑鞋带等活动上更能得心应手。建议可让幼儿每天放学后用45分钟的时间参加体操课、球类运动或在操场玩耍。

图5-1 孩子在游戏中理解肢体与空间的位置关系，遵循规则协调运用肢体完成游戏

二 在家及在校可进行的幼儿体能活动与游戏

感觉统合的治疗就是通过游戏达到治疗目的。在游戏中，作业治疗师会依据幼儿状况给予孩子所需的感觉刺激，以促进其神经系统的统合及发展。一般来说，最常给予的感觉刺激包含触觉、前庭觉、本体觉这三类基础刺激，因此感觉统合治疗不是针对孩子的"不足"来治疗，而是针对身体和感觉的统合能力培养其基础能力，让双方在充满信任的游戏中培养感觉调节与适应能力。在了解各年龄层婴幼儿感觉统合的需求和居家活动建议后，以下介绍各年龄层的孩子在家及在校可进行的体能活动。

（一）1~2岁幼儿

1. 无尾熊。

孩子以无尾熊的姿势（全身弯曲时肌肉群同时收缩，是最丰富的本体觉刺激，可增加维持姿势的能力），攀爬在爸爸或妈妈身上（站立不动，如尤加利树干）。

2. 坐飞机。

(1) 爸爸或妈妈仰躺在地面，腿弯曲。

(2) 让婴儿趴卧在爸爸或妈妈的小腿上，先上下左右摇晃几下（直线或前庭觉刺激，增加头颈部伸直肌肉群收缩），让婴儿感受一下"坐飞机"的快乐。

(3) 配合"飞机飞呀飞"的口令，大人的双腿做上下（或左右）较大幅度的晃动（增加前庭觉的变化，提升警醒度与情绪）。

3. 踩高跷、骑木马。

孩子可以面向或背向爸爸或妈妈，双脚踩在爸爸或妈妈的脚上，让爸爸或妈妈带着走路，像踩高跷一样；或是坐在爸爸或妈妈的背上，当骑马师练习骑马（前庭刺激，增加平衡能力）。

4. 溜滑梯。

通过溜滑梯提供本体觉和触觉刺激（提高警醒度、调节情绪兼具平衡能力训练之效）。

5. 推拉车子。

前后左右推拉车子，或是爸爸或妈妈帮助移动大型家具（可增加全身本体觉输入，有助于手眼协调能力的发展）。

6. 钻爬箱、爬梯。

钻进纸箱或爬楼梯可以增加本体觉出力的机会。

(二) 2~3岁幼儿

1. 拖轮胎。

洗净的轮胎可用作幼儿的游戏道具。首先将轮胎绑上粗绳，绳端让幼儿绑在腰上或者用手拖拉轮胎，这个活动能够训练幼儿的肌耐力。或鼓励幼儿站在轮胎上，并维持站立姿势不掉落，可训练身体的平衡感。

2. 踩影子等互动游戏。

亲子之间可常常通过游戏来互动，借以建立情感，例如踩对方影子或互相追逐，或者面对面互相拉手等，都能帮助幼儿培养基础的动作能力。

3. 投球。

家中可设置活动式篮筐，教导孩子学习投篮的动作，例如伸直手臂、眼睛注视篮筐和运球动作；当球掉落后孩子会跑向落球处捡球。孩子在练习过程中学会投篮、弯腰、蹲下及站立等大肌肉动作，可以训练孩子的肌耐力。爸妈可适时调整篮筐高度让孩子学习调整手臂高度、身体与篮筐的距离来控制自己的肢体动作与力量大小。

4. 模仿想象的游戏。

爸妈讲故事，带领孩子模仿和想象，这样能够培养孩子的想象力，使其肢体动作得到伸展。例如：爸妈可以讲述自己是一棵树，让孩子想象自己也是一棵树，并将手臂和双腿伸展开来；或者假想自己是一只小虫，此时孩子可以做出缩小蹲伏在地的动作。

（三）4岁幼儿

4岁的孩子可以进行亲子互动游戏，例如穿山洞、倒立后前滚翻、夹球、左右跳等。另外也可在休闲时间到户外爬山、跑跑跳跳、投掷东西、跳橡皮筋、踢球等来加强感觉统合能力。当然不只在户外可进行活动，在室内就能让孩子练习简单的体能游戏，测知孩子的体能，例如以下几种。

1. 开眼单脚站。

孩子双眼睁开单脚站立，测试可站多久。这个测验可测知孩子的平衡能力。4岁的孩子至少应该能完成4~5秒（见图5-2）。

图5-2 开眼单脚站可以测知孩子的平衡能力

CHAPTER 5
婴幼儿感觉统合发展需求 125

2. 左右来回跳。

爸爸（或妈妈）坐在地上，双脚张开约 50 厘米，就像面前横亘两道障碍物，请孩子双脚并拢跳过去后再从另一侧跳回来，一来一回可算 2 次，计算 10 秒内可以跳几次。

3. 垂吊测验。

让孩子抓好爸爸（或妈妈）的上臂后，爸爸（或妈妈）举起上臂，测试孩子可以支撑多久（见图 5-3）。这个测验可测知孩子的臂力。平常爸妈可以常带孩子到公园玩高低杠，练习吊单杠。

4. 跨越障碍：单脚跨越或双脚跳跃。

将硬壳的书展开直立放于地上，设立三道障碍，每道障碍距离相当，让孩子练习跳过障碍，借此帮助孩子学习跳高的动作，控制身体与障碍物的距离及肢体力道大小与协调性（连续双脚跳能力是动作计划能力的萌芽，双脚能同时着地是双侧协调性好坏的指标）（见图 5-4）。

5. 空中跳转身。

让孩子跳起后在空中旋转 360 度，爸妈在一旁记录孩子可连续跳几次。此项测验能观察孩子的瞬间爆发力和动态平衡及转身和落地动作的协调性。

图5-3 垂吊测验可以测知幼儿的臂力

图5-4 跨越障碍可以练习跳跃，学习控制身体以及增强肢体协调性

（四）5岁幼儿

5岁的幼儿已经能够理解游戏规则、与人协调并且发展出自己的游戏策略。可以多尝试变化身体姿势的游戏，让身体能敏锐察觉肢体的变化和空间的改变，例如以下几种。

1. 双脚夹球或玩具，放在篮子或盘子中（见图5-5）。
2. 双腿夹物跳跃，不让物品掉下来（属于简易的双侧协调活动）（见图5-6）。
3. 青蛙过河：在地上画线当作河道，以青蛙跳的姿势（双手向下撑地）跳过河道，可适时调整河道距离，训练孩子跳跃的动作（属于简易的双侧协调活动）。

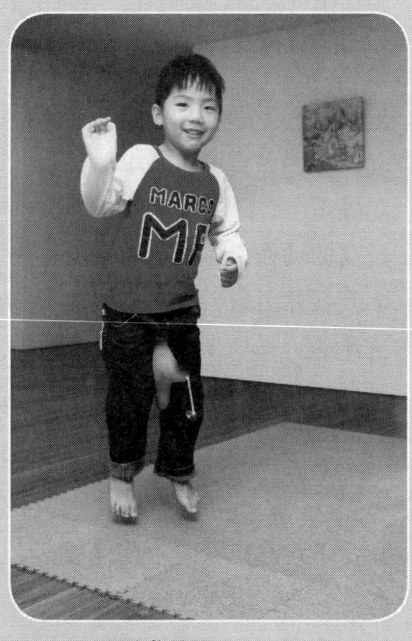

图5-5 双脚夹玩具　　　　　　图5-6 双腿夹物跳跃

4. 侧翻：在地上画圆，让孩子从圆的这一点侧身翻到另一点（旋转式的前庭觉活动，增加警醒度，促进双侧协调发展）。
5. 大熊走路：四肢着地往前移行（属于简易的双侧协调活动）。
6. 青蛙跳：双脚蹲地，双手放在胸前跳跃。
7. 爬山：成人抓住幼儿的双手，让幼儿爬上成人的大腿（属于简易的动作计划活动）（见图5-7）。
8. 钻爬山洞：可用布条做成山洞，让孩子在布条内钻爬。此活动可训练幼儿手肘撑地、爬行的动作（属于改善全身协调的活动，布条的色泽越不透光，视觉刺激越少，越能锻炼动作计划能力）（见图5-8）。

图5-7 爬山　　　　　　　　　图5-8 钻爬山洞

（五）6岁幼儿

6岁的孩子对于游戏规则已能明白和遵守。家长和老师可为孩子提供组合玩具和游戏器材，或者让几个孩子一起玩，增进交流，建立良好的人际关系。

1. 让他们尝试赛跑的体能测试活动，通过跑步测知其耐力、瞬间爆发力、敏捷力、柔软度等，可先从短距离开始，如25米不会太难，孩子也比较容易完成。
2. 投接球活动。
3. 两人手拉手一起侧滚翻（见图5-9）。
4. 老鹰抓小鸡。
5. 警察捉小偷。
6. 躲避球。

图5-9　手拉手侧滚翻

7. 快速折返跑。

8. 配合音乐，完成左右脚交替登阶活动（可配合节奏，增加拍手或数节拍的活动难度）。

本章主要问题

1. 试说明婴幼儿感觉统合发展的重要性。
2. 试说明婴幼儿各年龄层感觉统合发展的需求。
3. 试说明 0~3 个月的婴儿可做的感觉统合体能游戏。
4. 试说明 3~6 个月的婴儿可做的感觉统合体能游戏。
5. 试说明 6~12 个月的婴儿可做的感觉统合体能游戏。
6. 试说明 1~1.5 岁的幼儿可做的感觉统合体能游戏。
7. 试说明 1.5~2.5 岁的幼儿可做的感觉统合体能游戏。
8. 试说明 2.5~3.5 岁的幼儿可做的感觉统合体能游戏。
9. 试说明 3.5~5 岁的幼儿可做的感觉统合体能游戏。
10. 试说明 5~7 岁的幼儿可做的感觉统合体能游戏。

CHAPTER 6
感觉统合障碍类别

1. 认识感觉调节功能障碍之种类及行为症状
2. 认识感觉区辨功能障碍
3. 认识运用肢体障碍
4. 认识肌肉张力、姿势控制障碍
5. 认识身体两侧整合动作顺序障碍

前文已经叙述何谓"感觉"（Sensory），而将单个或多个感觉信息与大脑联结在一起，并且进行整合分析的过程称为统合。有研究指出，每分钟有数百万个感觉信息输入，而大脑神经中绝大多数的神经是在处理感觉信息。感觉接收器接到信号后将其输入大脑，大脑再针对不同的信息做整合，并指示身体作出反应。个体随时随地都在接收感觉信息，当你搭乘火车时，眼睛（视觉）观赏窗外蔚蓝的天空、绿油油的稻田和远处点缀绿田的白鹭鸶；耳朵（听觉）听见火车轰隆隆碾着轨道前进的响声；两手（动作觉）拿着手机听音乐、打电话；嘴巴（味觉）正在咀嚼香喷喷（嗅觉）的铁路便当……在你所做的每件事情中都会运用到"感觉"。

感觉统合中有两项重要功能，分别为感觉调节和感觉区辨。

1. 感觉调节功能（Modulation）：大脑具备调适神经的兴奋程度及反应程度的能力，使我们能集中注意力在重要的事件上（Reeves, 2001）。例如：我们听到鞭炮声时，会很快把鞭炮声的嘈杂音量调适成不会对自己造成干扰的音量，使我们能够继续进行手边的工作，这样的神经调适过程是为了确保我们内在的平静稳定。

2. 感觉区辨功能（Discrimination）：经过感觉调节后，大脑会对刺激进行更细化的译码与分析，这项功能通常与空间和时间概念有关。例如：一群小学三年级的学生在操场玩躲避球，眼睛和身体会区分球快要打到身体了，以及分辨球跟身体的距离，或在接球时能推测球将要落下的位置及落下的时间，使手能够在适合的时间和空间接到球。

当幼儿感觉统合神经功能发展顺利时，我们会看到他们快乐地探索环境，自己想办法和同伴一起玩耍，在游戏中玩得开心，即使不能顺心如意，也能很快调适心情；我们也会看到他们能够生活自理，例如自己进食、自己穿脱衣裤、自己收拾玩具。

感觉统合发展障碍常见于以下诊断类别中：

1. 注意缺陷多动障碍；

2. 孤独症谱系障碍（Autism Spectrum Disorder）；

3. 发展迟缓（Developmental Delay）。

有时感觉统合障碍像一道隐形的墙，父母和老师并不容易发现幼儿的问题，因而延误"早期发现、早期治疗"的良机，因此我们建议老师、父母能深入了解感觉统合障碍类别，以尽早察觉幼儿感觉统合障碍的征兆。以下分别介绍感觉统合失调所产生的各种障碍类别及行为症状，并于第7~9章详细说明各种障碍的治疗策略。

一、感觉调节功能障碍

感觉统合理论的创建者 Ayres 博士认为，良好的感觉统合能力能促进各种知觉和语言认知的发展，并有益于良好且适当的情绪管理及行为控制。例如：同样是接球的动作，5 岁的幼儿若尝试多次还接不到球后，感觉调节良好的幼儿会试试其他方法或者玩别的游戏，而感觉调节不佳者则可能会生气或哭闹起来，由此可知感觉调节能力对情绪和行为的影响。

感觉调节功能是大脑中枢神经对感觉刺激的调整作用，它可以过滤多余的刺激而仅注意重要的刺激，有效率地审查输入进来的信息，然后作出实时、正确的判读。成熟的感觉调节功能能够一直保持神经的稳定（Homeostasis），影响神经警醒度，其对日常生活的影响如下。

1. 注意力佳。

2. 做事有条理、有始有终、有效率。

3. 情绪稳定。

4. 肢体灵活、平衡感佳、能掌握节奏感。

5. 具有良好的社会互动能力。

6.具有良好的自我调节能力，例如上床后容易入睡、睡得安稳，吃得正常。

常见的感觉调节功能障碍反应过度的症状之一是交感神经太活化，呈现逃跑、回避、闪躲、退缩或攻击的行为。常见的行为指标有下列情况：注意力不集中、没有危机意识、情绪不稳定、很难入睡等。另一类感觉调节障碍反应不足的症状是副交感神经的过度活化，常见的行为指标包括：懒洋洋、对于学习缺乏动力、慢吞吞、动作反应迟缓等。长期处于反应不足的状况，做任何事的动作都慢，此时会发现孩子做功课老是拖拖拉拉、精神散漫、行为脱序，这些都是感觉调节出现问题的警讯，父母和老师不可不慎。

研究显示，感觉调节功能障碍的发生率为5%~15%。著名的作业治疗研究专家Lucy Miller博士（2006）研究感觉调节功能障碍的脑神经生理状态后得到的结论是：有感觉调节功能障碍的幼儿在自我调节功能失常时，感觉防御问题起源于副交感神经不够活跃，所以需要用各种促进副交感神经的治疗来实现神经生理平衡。

感觉防御的种类及严重程度

所谓感觉防御，是指幼儿对于一般人认为无害或不具威胁的感觉刺激产生负面的反应。引起负面反应的刺激类别可能是触觉、听觉、视觉、味觉、前庭觉（重力不安全感）等。感觉调节功能障碍中的反应过度——感觉防御，常使幼儿感觉不愉快、难过，长久下来，幼儿身心俱疲、脾气坏、人际关系差等问题愈来愈多。以下介绍不同程度的感觉防御行为表现。

1. 严重的感觉防御

常见于孤独症、缄默性不语症、情绪障碍的诊断。幼儿在日常生活自理方面有严重障碍，游戏时无法正确解读感觉刺激和调节感觉刺激，很容易有惊吓、害怕、躲避的反应，需要老师或父母经常协助安抚情绪、鼓励他加入活动和人互动。几乎所有的幼儿发展领域、人际互动与生活质量都会受到影响。

2. 中度的感觉防御

幼儿很难自己调节保持理想中的神经警醒度，也无法维持在理想的专心及清醒度。经常表现出情绪不稳定、强烈的受挫感、强烈的喜怒，情绪变化快、易闹脾气。游戏中需大人陪伴和协助，在大人的协助下可以恢复和朋友、同伴玩耍。幼儿的发展领域在多项层面上受到影响，首先在社会性发展方面受影响：他们时常表现出过度攻击性或退缩性、孤立自己、不和同伴互动（避免过多的感觉输入）；生活自理受干扰，洗头、洗脸、刷牙、剪指甲、吃饭等都不顺利；在学校常有注意力问题或行为问题，由于害怕陌生的情境、抗拒改变，以致限制自己主动探索和主动参与游戏的能力。

3. 轻度的感觉防御

幼儿在游戏中有50%~75%的时间会主动参与游戏、与同伴互动，行为举止符合一般社会期待，但仍需有大人指导才能完成游戏目标和解决问题。幼儿在行为上表现出"过度反应""太敏感""挑剔""抗拒改变"等。例如：对特定衣物质料挑剔（触觉调节），挑食或偏食（触觉、嗅觉、味觉或本体觉调节），在生活中有自己的意见或坚持（动作计划能力不佳），常常希望按照他的意思去做，容易因为很小的事情而情绪失控。

以下介绍感觉调节功能障碍在各个感觉系统异常时的行为症状。

（一）触觉防御（Tactile Defensiveness）

这类幼儿对碰触很敏感，过度反应是此类障碍的一般现象。触觉防御的发生率是各类感觉防御中最高的，也最常影响孩子的情绪、生活质量和人际关系。关于触觉防御的行为症状，请参见第3章中"触觉功能失调的行为症状"

一节的内容。

案例：小毅妈妈说小毅讨厌被触摸，不让妈妈碰，也讨厌被抱着；不喜欢趴姿，也不能接受触碰到水；去公园玩时，在游乐设施上，只要有其他孩子靠近，他就会靠边，让其他孩子先走；与父母的朋友聚餐时，也要"闹"上一些时间才能入座。上幼儿园时，小毅花了足足一个月的时间观察整个教室，才渐渐习惯学校，愿意配合坐在教室里。当父母以为一切开始变好时，小毅却有了攻击别人的行为，在家从不体罚的父母对他会有这样的行为百思不得其解，不断地检讨自己是不是需要调整对待他的方式、要怎么教导他才不会动手。经由学校老师的教育，小毅动手的事件没再发生，但他一放学到了公园，手总是往经过身边的人挥。小毅一出门就奔跑不停，就连别人看他，都会引发他的情绪起伏。与家人或父母的朋友聚会时，小毅只想躲在父母的怀里。

（二）听觉防御（Auditory Defensiveness）

听觉防御是对听觉的过度反应，对无害的声音过度害怕和惊恐。听觉防御的孩子可能出现下列行为症状。

1. 害怕吸尘器、果汁机和冲水马桶的声音。

2. 对施工的电钻声反应过度。

3. 对突然发出的声响过度害怕，例如宣传车广播的声音、鞭炮声。

4. 时常询问"那是什么声音"。

5. 捂耳朵。

案例：小雨从小就是听觉过度敏感的孩子，两岁的时候听到小鸟叫都会引起他的紧张焦虑，因此他的焦虑感一直很高，连妈妈上厕所他都得跟在旁边。到了上幼儿园的年纪，小雨的分离焦虑也相当严重，只要人多，他就会紧张、想办法躲起来。在幼儿园里，他从来不敢举手、不敢上台发言。另外，小雨的睡眠质量也不好。有一次爸爸妈妈带小雨去爬山，他说听到成群的蜜蜂嗡嗡叫，紧张害怕到整个身体都缩起来，但爸爸妈妈连一只蜜蜂都没有看到，也没听见蜜蜂振动翅膀与空气形成的共振声。

（三）口腔防御（Oral Defensiveness）

口腔防御是对口腔内的感觉过度反应，对于食物材质非常敏感。口腔防御的孩子对于嘴巴内的碰触会产生防御现象，例如看牙医或感冒看医生，张开嘴巴检查喉咙时会非常抗拒。口腔防御的症状包含下列行为反应。

1. 无法吞下粗糙的食物，对青菜或水果较硬的部分会感到恶心、想吐甚至真的吐出来。
2. 幼儿换固体食物时接受度不佳。
3. 喜欢吃白饭而不要和配菜一起吃。
4. 对食物的温度敏感。
5. 喜欢将食物含在嘴巴里，一顿饭需要花很长的时间才能吃完。
6. 婴幼儿喝奶需分成较多次才能喝完。
7. 很排斥刷牙。
8. 很排斥看牙医或耳鼻喉科医师。

案例：小勋从一岁开始就挑食，只要看到汤匙就连哭带摇头，嘴巴闭得很紧，不让妈妈喂食。每次妈妈喂他吃辅食，都要上演"谍对谍"，看他张口就迅速地将食物放入他嘴里，如果他觉得好吃，他就会继续吃下去，但多半都会整个吐出来。从一岁五个月开始，小勋吃得更少了，有时甚至一整天都不吃东西。

除此之外，小勋的语言产出只会叫爸爸、妈妈和少数叠字，问他简单的"要不要"或"好不好"，他也不愿意开口表达；要他仿说，他总是不理；玩游戏时他总是很安静，很少有主动性的语言表达；他的发音不清楚，别人听不懂他在说什么……

（四）重力不安全感（Gravitational Insecurity）

重力不安全感是指幼儿对头部位置的改变、重心的改变产生过度害怕的反应。常见的行为是过度害怕头向后倾或重心不稳的反应。例如：3岁幼儿仍不敢双脚离地跳高，怕秋千荡得很高或太快；4岁幼儿在上下楼梯时手会紧握扶手或两脚踏一阶地走楼梯。重力不安全感是感觉统合障碍中最具威胁、破坏性的一项障碍，因为生活中每个动作都有可能让幼儿感到害怕。

行为症状

1. 头向后仰或向下倒、翻跟斗或被举高时会出现紧张不安的情绪。
2. 过度怕高或害怕跌倒。
3. 害怕秋千荡得太高或太快，秋千坐不久，不像别的孩子那么喜欢和投入。
4. 害怕双脚离地，例如攀爬、跳跃、荡秋千、摇木马、旋转木马、溜滑梯等，这些游戏都不喜欢。
5. 上下楼梯走得很慢或要紧握住扶手才敢走。
6. 走上电扶梯很小心、迟疑或害怕。
7. 害怕走平衡木。
8. 当车子快速转动，坐在车上会害怕。
9. 和小朋友玩游戏时害怕被推撞。
10. 坐着时被突然向后推会惊吓反应过度。
11. 在大片空旷的地方会没有安全感。

程度分类

1. 无重力不安全感。

（1）无逃避反应：无论爬高或重心改变、速度变化、头部位置变化的游戏、动作，幼儿都愿意尝试或重复玩耍，不会迟疑、不敢玩或只有1~5秒钟的迟疑。

（2）无害怕或负面情绪，表现出愉快、轻松的样子。

（3）姿势、动作轻松、正常，不会呈现肢体僵硬、害怕不稳的动作。

2. 轻度至中度重力不安全感。

（1）非常迟疑、不敢去玩（延迟6秒以上），大人要一直鼓励，他才能提起勇气尝试，但只试一点点就停住。

（2）焦虑害怕：焦虑地说个不停，比如说"很危险""好可怕""会不会掉下来"等，表情显示出不安，手心出汗，呼吸变快或不停眨眼。

（3）姿势、动作表现僵硬：身体呈现惊吓反应、警戒姿势，身体僵硬，无法双脚同时离地（例如双脚跳、从小台阶上向前跳下来），走楼梯时一定要扶把手才敢走。

3. 重度重力不安全感。

（1）退缩、逃走、不肯靠近、不愿尝试活动。

（2）情绪表现出极端害怕、生气甚至惊恐，例如大哭、大叫、呼吸急促。

（3）姿势动作表现紧绷僵硬。两脚同时紧踏地面，双肩耸高、全身僵硬，即使鼓励他放轻松也无效，仍需紧紧抓住扶手或扶着别人。

案例：小宏3岁时仍不敢爬楼梯，上下楼都要爸爸妈妈抱着；他不喜欢走路、滑滑梯、荡秋千、钻树洞等，害怕踩沙地，也不喜欢人多的地方。按理说小宏正处于爱探索及开始多话的年纪，但他总是黏着妈妈，看着偌大的公园，一脸紧张地看四处有没有人，没有人时才敢独自玩石头；若公园里的小朋友超过两个，他就想离开。

对于任何较高的、不稳定的平面，小宏都不敢走上去。在公园或游乐场玩时，他错失了许多玩乐的机会。这些状况不但影响了他各方面能力的发展，也影响了他与他人互动的能力。

（五）感觉寻求

感觉反应过低的幼儿常呈现出没有得到足够刺激的状态，会寻求大量刺激,举例如下。

1. 喜欢过度爬高、爬低的活动(对前庭觉、本体觉的需求多)。

2. 动个不停,手脚和嘴巴很爱动(对本体觉的需求多)。

3. 到处摸,喜欢碰触、抱人(对触觉、本体觉的需求多)。

案例:小迪是位有着圆滚滚的肚子、给人感觉懒洋洋的、不喜欢动的小朋友。虽然小迪给人的感觉是懒洋洋的,却时常会出现不断冲跑、撞东西、不断东摸西摸、抱人等举止,以寻求一些触觉的刺激。这些状况严重影响了小迪与他人的互动,同学们与他渐行渐远,久而久之造成他的自信心不足。看着每天垂头丧气的小迪,妈妈心疼却无计可施。

以上关于感觉调节功能之详细内容,请参见第7章。

二 感觉区辨功能障碍

感觉区辨功能是指个体明确辨别各种感觉的质与量的变化、时间差异和空间中的精准程度。感觉区辨功能发展良好,可以形成正确的知觉度,帮助个体辨别身体位置和空间方向,能在大小肌肉运用上更加协调,在社会化发展、情绪发展、认知发展等方面都能顺利正向成长,例如方向知觉(前庭觉区辨)、动作精准(本体觉区辨)、触觉区辨、听觉灵敏、视觉正确。

较常见的本体觉区辨功能障碍会呈现动作表现不精准、计算肌肉收缩动作力量不良、计算关节曲伸的角度不准确,后果是一直练习动作却得不到成效。若是多种感觉区辨不佳者,则可能导致肢体运用障碍。关于感觉区辨障碍之详细内容,请参见第8章。

三 运用肢体障碍

幼儿参与游戏时的肢体协调,或理解、遵守游戏规则,日常生活中穿衣、系鞋带时的动作执行困难或完成时有顺序障碍,都属于运用肢体障碍。此外,如果幼儿在学新的动作时比别的孩子困难很多，需要较长时间才能学会，那么他们的动作计划能力可能发展不顺利。下列症状是运用肢体障碍常见的行为。

1. 动作笨拙。

2. 不喜欢运动、体能课或唱游课。

3. 不易掌握活动进行时的前后顺序。

4. 活动进行时，容易碰撞、跌倒。

5. 学习新的动作有困难，面对新玩具或新游戏时，不知道如何玩或没有创新的玩法，例如只会将模型汽车排成直线，或将乐高积木堆高。

6. 常常要求大人陪他进行重复的游戏、活动或玩同一个玩具。

7. 要在短时间内启动、开始或结束手边的活动有困难，比如很难立即或突然启动。

8. 动作技巧差，例如接球、跳绳、绑鞋带、使用剪刀、写字差。

9. 和同伴游戏时，常常自己定游戏规则，让活动进行的方式、速度、规则在自己能掌控的范围内，减少动作计划（运用肢体）的需求。

四 低肌肉张力、姿势控制障碍

幼儿肌肉张力太低时，常呈现软趴趴、松垮垮的姿势，影响其动作质量、生活功能。下列行为特征是低肌肉张力及姿势控制、姿势稳定性发展障碍的症状。

1. 维持稳定姿势的能力不佳：日常站姿下，容易呈现弯腰驼背、肚子前凸、膝盖向后顶。

2. 坐姿：无法维持挺直、常用手撑头、趴在桌上或靠着东西（躯干的张力低）。

3. 膝关节、脚踝关节、肘关节、手腕关节的活动度太大。

4. 不喜欢动态活动，喜欢静态的游戏。

5. 没有力气的样子，容易疲劳。

6. 东西拿不稳、容易掉落、打翻、泼洒出来。

7. 容易跌倒或碰撞到东西。

五 身体两侧整合动作顺序障碍

两侧整合包含优势手的发展和辅助手的配合动作。例如：扣纽扣、使用剪刀、身体左右手或脚的配合协调，包括大肌肉动作的踩踏三轮车、上下楼梯、唱游、律动等动作。若感觉统合的前庭神经系统不成熟，则会影响身体两侧整合、动作顺序的发展，从而呈现下列行为症状。

1. 完成双手合作、互相配合的动作有困难，例如穿脱衣裤、画画、剪纸、剥开糖果纸等。由于进行上述需要双手相互合作的动作会有困难，所以幼儿常常只惯用一只手完成。研究显示，1岁之前的幼儿已经会均衡地使用两手，也就是左右手轮流交替，并逐渐建立起自己的优势手（惯用手的建立，是大脑侧化完成的指标），到了6岁之后才比较定型。爸妈不宜在幼儿发展阶段强迫惯用手为左手的孩子用右手吃饭或写字，这样反而限制他用左半脑思考，不利于孩子本身的感觉动作与认知发展。

2. 需要双手与双脚配合的动作显得笨拙。例如：不太会攀爬绳网，不会四肢交替运用的动作（如踩踏三轮车），做体操活动时容易出现同手同脚的窘境。

3. 唱游时的动作顺序与流畅度不连贯、不协调。

4. 上下楼梯时，不会一脚一阶交替走。

5. 玩跳绳游戏（手脚、双侧协调）会有困难。

6. 进行连续双脚跳（双侧协调）的活动有困难。

7. 自己独立荡秋千（双侧协调）有困难（需要外力协助）。

本章主要问题

1. 试说明有哪些感觉调节功能对幼儿的感觉统合发展影响甚深。
2. 试说明常见的感觉统合障碍之类别。
3. 试说明重力不安全感的定义及各程度分类的行为症状。
4. 试说明运用肢体障碍对幼儿的影响。
5. 试说明低肌肉张力及姿势控制、姿势稳定度发展障碍的症状。
6. 试说明感觉统合的前庭神经系统不成熟时,身体两侧整合动作顺序出现的症状。

CHAPTER 7
感觉调节功能障碍及治疗策略

1. 认识感觉调节功能障碍治疗的一般原则
2. 认识感觉调节功能障碍的治疗策略
3. 认识感觉防御及感觉迟钝的幼儿在教室的一般处置
4. 认识感觉调节障碍在家及在校的治疗方案——感觉套餐

感觉调节（Sensory Modulation）指个体对传输进来的刺激能够适当地调节并且反映出来，使人过滤或抑制不相关及不重要的环境刺激，而将注意力放在相关、重要的刺激上，对于外在刺激不会反应过低或反应过度，使个体保持适当的神经清醒、注意力，且有适当的行为表现。换句话说，感觉调节功能指神经的调整能力，把外界刺激的大小、强弱、难易、新旧、长短等都调适到个体能接受的状态，所以个体不会过度惊吓，也不会极力追求刺激或对刺激没有反应。

如果感觉调节功能失调，个体会呈现警醒度太高或太低的状态，及自我调节情绪和行为的能力不佳。常见的感觉调节功能障碍包含：触觉防御、听觉防御、口腔防御、嗅觉防御、重力不安全感和感觉迟钝。在幼儿的感觉统合治疗中，触觉、本体觉、前庭觉是个体较早成熟的感觉系统，所以会广泛运用这三种感觉系统刺激来改善幼儿的感觉统合，这三个感觉系统也会互相影响。良好的感觉统合功能有助于高层次的精细动作及粗大动作的协调能力，以及正向的情绪发展与成熟的行为控制（Ayres, 1972）。

一 感觉调节功能障碍的分类

感觉调节功能障碍的孩子对于环境中的感觉刺激有过高（感觉防御）或过低（感觉迟钝）的反应（Hanft, Miller, and Lane, 2000）。

（一）感觉防御

有感觉防御的幼儿无法接受一般刺激且反应过度，甚至影响日常生活的参与度及与同伴的互动。针对感觉防御的幼儿，我们可施以重压触觉来降低其警醒度，并教导孩子使用本体觉刺激的活动来促进本身感觉调节功能的发展。因此，我们可运用前述原则（重压触觉和本体觉刺激）安排每日例行性的"感觉套餐"，在一整天提供足够的次数与强度，以改善反应过度的感觉防御行为。

（二）感觉迟钝

感觉迟钝是对外在刺激反应过低的行为表现，其行为特征是警醒度较低、反应较慢，例如日常生活中吃饭、穿衣会比其他幼儿花较多的时间完成。针对感觉迟钝的孩子，我们可先提供强度足够的前庭觉活动，以活化网状系统的警醒度，再加入各类感觉系统活动经验，使感觉反应更明确及活跃。

有关感觉调节障碍孩子的行为表现，整理如表7-1所示。

表7-1　　　　　　　　　　感觉调节障碍的行为表现

反应模式	感觉防御/反应过高	感觉迟钝/反应过低
行为表现	感觉逃避 1. 逃避的行为 ・活动度增加 ・不愿意与他人相互注视 ・会跑开，注意力不集中 ・出现像小丑般滑稽的行为 ・转移他人的注意力 ・说抱怨的话，例如"这很幼稚""无聊""很笨""我好累""我想走开" 2. 惊吓的行为 ・不愿意和人分开 ・不愿意尝试新事物 ・哭闹 ・黏人 ・说抱怨的话，例如"我不会""我不喜欢" 3. 对抗的行为 ・宣称势力范围 ・对自己或他人有攻击性行为 ・有爆发性的反应或情绪 ・说抱怨的话，例如"不要""你不要弄我"	寻求感觉 1. 自我刺激行为 2. 自我伤害行为 3. 多动或冲动 4. 退缩、不易与人互动 5. 沉迷在自我中心的世界

二 感觉调节功能障碍的治疗原则

治疗感觉防御的第一步就是减少压力，第 6 章已说明感觉调节障碍的神经生理问题，针对感觉防御的改善方案是使用各种放松安定神经的手法，促进副交感神经功能的提升。家长、老师应了解感觉防御的改善重点，谨慎安排幼儿的生活作息，以减少幼儿受到惊吓的压力及不能接受的感觉刺激。有的照顾者或老师以为"多练习就不怕了，多练习就习惯了"，其实有这类障碍的幼儿不宜多次体验害怕的情绪，因为这么做会加强交感神经，让副交感神经更无力平衡，效果反而适得其反。一般治疗感觉调节障碍的原则如下。

（一）使用个别治疗，降低神经警醒度的活动

1. 本体觉游戏、出力气的游戏，例如拔河、比力气、吊单杠。
2. 重压的触觉游戏，例如各式手法的按摩、拍拍、抱抱、挤压游戏。
3. 慢速、规律性、直线的前庭觉游戏（见图 7-1），例如摇摇马、坐推车。

图7-1 慢速、规律的活动，能降低神经警醒度及孩子的感觉防御

（二）前述游戏活动的剂量需参照下列原则

1. 调节游戏中感觉刺激的强度。例如本体觉，要用多大的力量抬起玩具箱，用力的程度代表不同的刺激强度。

2. 调节游戏中感觉刺激的发生频率。例如一天按摩 5 次或每 2 小时按摩 1 次，幼儿的需求频率需列入考量。

3. 调节游戏中获得感觉刺激的时间长度。例如荡 20 分钟的秋千是为了让幼儿得到足量且适当的刺激。

4. 调节游戏中感觉刺激的韵律和节奏。例如以 4/4 拍的节拍玩双人拉拉船的前庭觉游戏（参见第 2 章），或以 1 分钟 60 下拍打背部的速度为背部按摩。

5. 调整游戏中感觉刺激的种类与特质：是轻触觉还是重压觉、用力型本体觉，或是直线式前庭刺激、旋转式前庭刺激。提供感觉刺激时，要注意频率、时间和强度间的关系。通常强度较强的感觉刺激可能有迅速且持久的反应，因此，提供强度较强的感觉输入时，频率不能过高、时间不能太久。另外，不能用主观或是成人的角度为活动剂量判断基准。例如：成人觉得愉快的感觉，对孩子来说却过于强烈（例如在摇椅上摇）；相对地，有些大人觉得太强烈的感觉（例如旋转或快速跑跳的前庭刺激），孩子却觉得刚好或想要更强烈。

（三）使用"感觉故事"方案来改善幼儿的感觉防御

"感觉故事"（Sensory Stories）是一套由德博拉（Deborah，2005）教授提出的治疗感觉调节障碍的治疗手法。通常治疗师对个案已有一定的了解，并能针对个案因感觉调节产生的不适提出解决方法，并使其多次依照解决方法而练习。在个案也认同那些解决方法时，便能一起制作一本书。书的内容必须以第一人称叙述，并且是对个案有效之解决方法。

"感觉故事"需让个案时常拿出来以第一人称念出，使这些解决问题的方法能内化心中，让他在生活中再遇上同样的感觉统合问题时，知道如何面对及执行。

制作感觉故事书

若治疗师已与一位有触觉防御的小孩制作好一本属于个案自己的感觉故事书，内容将可能如下所示。

第1页：幼儿园老师叫小朋友排队走，去公园。

第2页：排队时小朋友会挤到我，使我不舒服。

第3页：所以我在排队时会穿上重重的背心，让我觉得自己准备好了排队。

第4页：我可以用大踏步的方式，用力走到队伍中。

第5页：我喜欢排在队伍最后一个，这样就不会被碰到了。

第6页：我可以离前面的人远一点（大概手臂伸直的距离）。

第7页：我站在队伍里时，可以多练习几次深呼吸，这让我能放松。

第8页：如果我被别人挤到、碰到，可以用两手臂紧紧抱住自己，给自己一个大大的拥抱。

第9页：嗯，真不错，我已经好好地排队了。

注意，此例子的第1~2页是故事的情境脉络，第3~7页是个案较早前已试过能解决他问题的方法，第9页是最后的结果，让个案深信以上内容。

三　感觉调节功能障碍的治疗策略

（一）触觉防御的治疗活动

触觉刺激是人类探索环境的重要途径，通过触觉刺激可帮助幼儿与环境互动、与他人建立关系。个体接受外在刺激，借由各种感觉系统将信息传输进大脑，接下来感觉系统会对刺激加以整合、调节且反应出来。若是触觉调节失调，会使个体对外来的触觉刺激产生防御现象，此即触觉防御。

对于触觉防御的幼儿来说，他们对触觉的反应较一般幼儿敏感，例如摸头发、穿衣服、洗澡、搔痒、剪指甲等日常活动，均容易让他们感觉不舒服，尤其轻触的动作亦容易引起其不适。孩子出现触觉防御时会出现愤怒、哭闹等负面情绪，或者不专心、好动、怕生、退缩等情形，间接影响幼儿生活自理能力及人际关系。一般触觉防御的治疗活动包括如下几种。

按摩式的重压触觉

1. 以 SPA 的方式温柔而持续地用手按摩全身，目的在于以用力触压的方式让幼儿感受外在压力的刺激，降低警醒度并且能够与周遭环境互动。
2. 捏手掌、捏手臂、捏双腿、按压背部、拍打肩部和尾椎部。
3. 用沙包轻轻拍打手臂和腿。
4. 压挤或拉伸四肢关节。
5. 葳尔巴格按摩—关节挤压方案（Wilbarger Protocol）：此按摩治疗手法必须由受过专业训练的作业治疗师实地教导后才能施行。读者若有兴趣，可与合格的作业治疗师讨论。

葳尔巴格按摩—关节挤压方案

葳尔巴格按摩—关节挤压方案的重压按摩之力道和方法程序，是一个精准正确的治疗手法。葳尔巴格（1995）和研究者强调这个正确的疗法，需经过专业训练的治疗师教导，并且正确地按照处方时间表实施，才能达到理想的疗效。

神经生理学家发现：按摩、触压可调整过度反应而敏感的神经系统，使其正常化。作业治疗师Ayres 博士发现许多共有的问题，并将这些问题归结为"触觉防御"。经过20~30 年的研究，与

Ayres博士一同工作的作业治疗大师葳尔巴格博士发明了一套有效的治疗方法，并将这些过度敏感的问题统称为"感觉防御（Sensory Defensiveness，SD）"，包括触觉及口腔防御、重力及姿势不安全感、听觉防御及视觉防御、社会性及学习。无论是智力正常、智力较高还是智力较低的孩子，都会因为这些问题而无法适应环境或有正常的行为表现。

治疗工具是一把外科医师手术前用来刷手的刷子，即"触觉刷"，有特定的型号与品牌（参见第78页）。葳尔巴格博士经过数十年的临床试验发现，触觉刷最容易让病人接受。若孩子的防御性极强，先将触觉刷放在桌上让他自己摸摸看，或先拿起触觉刷刷治疗师自己的手臂，再表情丰富地告诉他："非常舒服。"治疗的第一个步骤是拿触觉刷全面性地刷过全身，但由于腹部神经分布密集且距离内脏很近，因此肚子不可以刷。另外，脸也不可以刷，只刷手部、腿部、背部和臀部。触觉刷要很快速且有力地连续刷过这些部位，最好在1分钟内完成，这主要是希望在最短的时间内将所有的感觉接收器全部唤醒。

做完第一个步骤则紧接着下一个步骤。第二个治疗步骤是挤压关节，即上肢的肩、肘、腕关节两两对压10下，然后下肢的髋、膝、踝关节两两对压10下。完成四肢关节挤压之后，再将双手各放于幼儿双肩向下轻压10下，前胸及后背互相轻压3下。最后轻拉手指及脚趾末端以拉伸关节就可以结束按摩。

特别值得一提的是，在腿部关节挤压时，对年龄较大的孩子可要求他原地跳10下；手部关节压挤部分则在幼儿站立时，要求他把手肘伸直用力推桌面或双手抬至肩高处用力推墙10下。

方案步骤见图7-2。

图7-2 葳尔巴格按摩—关节挤压方案

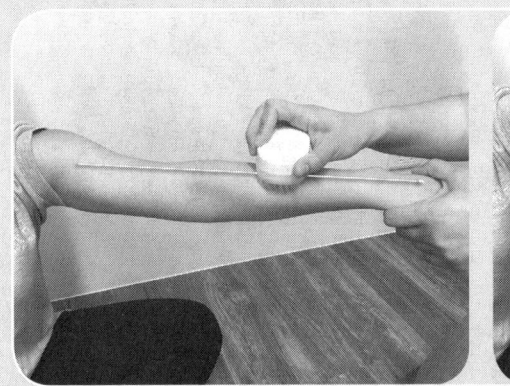

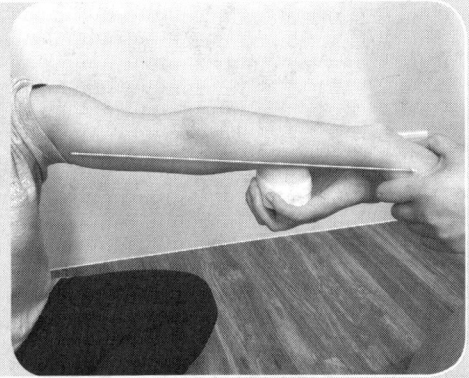

1. 从左手上臂刷到手掌，上下都要刷

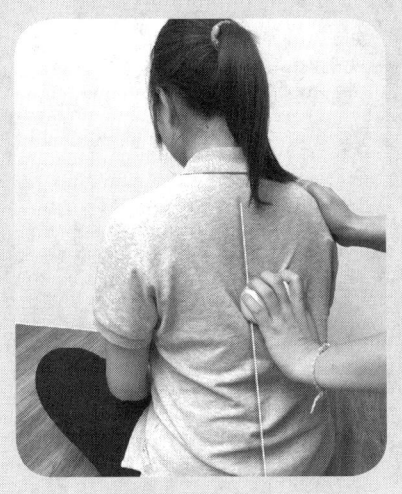

2. 背部由上往下刷　　3. 臀部到脚底由上往下刷　　4. 膝盖到脚底由上往下刷

154 解放聪明的"笨小孩":全新修订版

图7-2 葳尔巴格按摩—关节挤压方案(续)

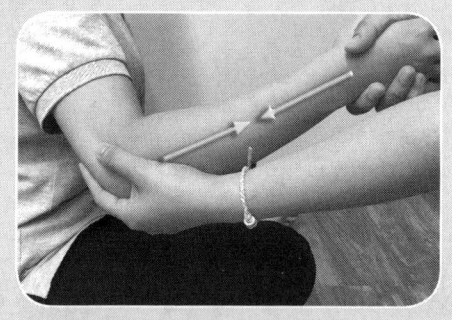

5. 肘关节和腕关节对压

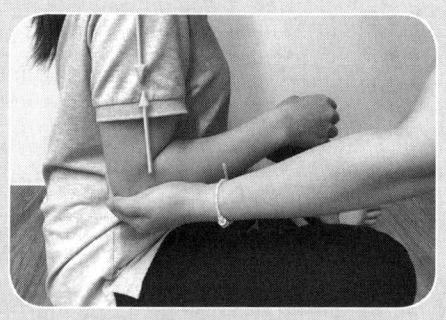

6. 肩关节和肘关节对压

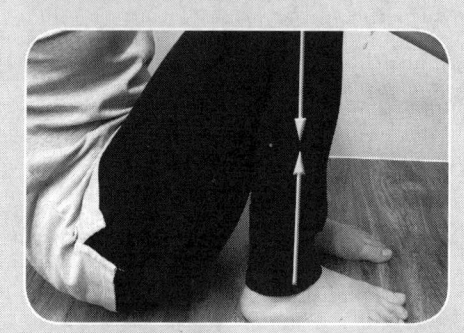

7. 膝关节和踝关节对压

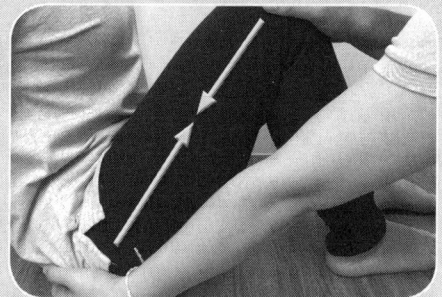

8. 髋关节和膝关节对压

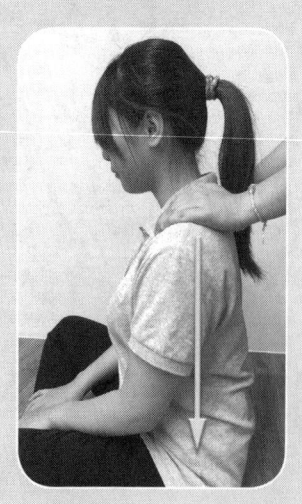

9. 双肩轻压

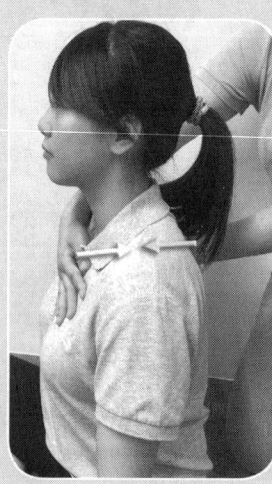

10. 前胸及后背轻压

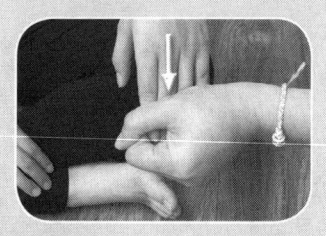

11. 轻拉手指末端

12. 轻拉脚趾末端

大量本体觉活动

由于本体觉或前庭觉的治疗活动对触觉防御的治疗助益颇大，因此在进行触觉防御的治疗活动时可施予大量本体觉活动，例如呼啦圈穿着比赛、老鹰抓小鸡、红绿灯、123 木头人、跳马、拔河、球类活动、床单气球伞、小丑、比力气、盖房子、乌龟爬行大赛等（相关本体觉游戏请参见第 4 章，前庭觉游戏请参见第 3 章）。

大量触压觉活动

除了出大力气的本体觉活动之外，必须再加入每日例行的重压活动，以确实执行本体觉和重压触觉感觉套餐，达到促进感觉调节功能的进步和情绪稳定的效果，例如自制小城堡、卷热狗、身体侦查游戏或自我按摩（触压觉游戏请参见第 3 章）。

（二）听觉防御的治疗活动

耳朵对外来刺激的反应就是听觉，若孩子对无害的声音过于敏感，出现防御现象则称为听觉防御。一般而言，我们仍可施予按摩式的重压触觉、大量本体觉活动和大量触压觉活动。此外，也可用紧身衣和触觉刷的重压所提供的触觉压力，来稳定或安抚听觉太过敏感的幼儿；亦可让幼儿坐在秋千上小幅度地慢慢摇动，来改善听觉过度反应孩子的行为。研究发现，听觉统合训练（Integrated Listening Systems，iLs；Therapeutic Listening，TL）可帮助幼儿调节对声音处理的失调现象。这是一种特殊的音乐治疗方法，通过聆听经过调制的音乐来刺激大脑皮层，进而达到改善行为紊乱和情绪失调的目的。

（三）重力不安全感的治疗活动

孩子对于头部姿势或支持面改变，容易有害怕或情绪幅度变化较大的反应，此称为重力不安全感。由于生活中的每分每秒都会受到前庭刺激的影响，孩子会因为重力不安全感而在日常生活中时常紧张。以下活动可以帮助幼儿改善重力不安全感的问题。

1. 重压觉和本体觉。这是利用触觉治疗的重压觉方案，例如三明治游戏、爬过布洞隧道、背或抱大狗熊玩具等，使幼儿神经趋向安稳、安静、放松的状态；利用出大力的活动增加本体觉输入，例如推重的玩具箱，穿戴重量背心、重量帽子，抬椅子，抱大球等，使幼儿神经趋向稳定，让幼儿做事情专心、有条理。幼儿放轻松、不紧张害怕后，才能专心区辨感觉刺激的正确信息，减少害怕的情绪，增加参与活动的动机，这都是经过感觉统合治疗后的效果。

2. 建立幼儿与治疗师的信任关系。面对重力不安全感的个案，以下有两个策略可帮助治疗师获得个案的信任。

（1）让孩子的脚放在地面上或靠近地面，这样孩子才能够随时或在他需要时立即停止活动。因此让孩子自己选择坐、趴在摇晃的秋千上。如此一来，他就可以在游戏中自己控制摇晃、控制速度。例如：荡秋千时幼儿双脚着地，能自己控制荡多快、荡多高；若幼儿受不了，自己可以控制且停住秋千。有些孩子会觉得治疗师伸手摇晃他们的时候是最安全的。另外，也可以用一些绳子做些活动的改变，让他们自己去摇晃。

（2）为了减少孩子害怕往后移动，治疗师提供的活动要相当和缓，治疗师要声调柔和、轻柔介入，选择稳定性最佳的道具和安全垫。例如：有大枕头、大垫子的环境能够让幼儿感到安全。只有在幼儿信任治疗师的情况下幼儿才能进一步接受较多挑战，最后自己也喜欢投入游戏中。

3. 双脚着地的游戏。例如：坐在跳跳马上面弹跳，双脚须用力着地、用力蹬，而不是双脚离地的状态；坐在滑板上用脚推地、滑动。

4. 选择接近地面的游戏。

5. 垂直上下弹跳：坐跳跳球弹跳、跳床、在吊有弹跳绳的秋千上弹跳。

6. 从很低的椅子上跳入地上的大棉垫中，再以垫子重压。

7. 优先使用前后摇动的长板秋千，侧摇的秋千和旋转秋千稍后再使用。

8. 坐在秋千上吹吹气玩具，用力吹和深呼吸时的本体觉刺激能够减轻前庭觉的不适和不安全感。

四 感觉防御及感觉迟钝的幼儿在教室的一般处置

1. 不把过度敏感的孩子放在别人容易从背后吓到他或从侧面撞到他的位置，所以这些孩子在教室中的座位尽可能靠边，排队时尽量排最后。
2. 减少和同学碰撞的机会。
3. 触觉防御的幼儿较难学习美劳劳作，治疗师可转换方式进行活动。例如：以视觉或听觉等其他感官刺激，来减轻其不适感及加强与外在环境的接触。
4. 预告会有消防演习的扩音器广播或音量大的声音，以减少幼儿受惊吓的频率。
5. 使用屏风以减少视觉分心的机会。
6. 教室墙壁上不要布置太多物品，避免增加视觉分心的干扰物。
7. 可让容易因声音分心的幼儿戴耳机，将其他声音削弱，让他仅能专注地听见老师的声音。
8. 站立上课可提供额外的肌肉、关节刺激，提升幼儿的注意力。在小教室，若无适当的课桌椅让孩子站着上课，可拿沙袋压在他的腿上或让孩子穿重量背心。
9. 同样的学习时间不要超过 15 分钟，等到他可以达到要求的时间之后，再将时间慢慢拉长。
10. 下课或午餐结束时，孩子玩得很高兴而情绪亢奋，可先让他踏步走、踩步走或双手张开变成大树状慢慢摇，稳定情绪之后再进入课堂学习。
11. 在教室中放置 3~4 个大豆袋或懒人袋，让孩子在上课时坐在里面并且身上再抱一个，前后平均的压力可帮助他安静下来。

12. 让感觉防御的幼儿当老师的好帮手，例如抬教具、拿绘本、搬桌椅、收本子等。

五 感觉套餐：感觉调节障碍在家及在校的治疗方案

（一）感觉套餐

感觉套餐是指提供幼儿一天所需的感觉刺激量，帮助孩子养成习惯，最后变成例行事务，就好像定时定量吃三餐一样，把促进大脑所需的感觉刺激活动，恰当地设计成方便、可行的例行性日常活动。唯有每日按时补给大脑所需的刺激，才能活化大脑皮质，让幼儿的感觉调节功能快速进步，这也是每位作业治疗师、老师与父母最热衷期盼的治疗效果。感觉统合神经发展成熟能让幼儿的行为和情绪稳定并提升其学习效率。

当幼儿被诊断出感觉统合障碍后，作业治疗师会依照问题的发展顺序来拟订治疗计划、设立治疗目标，在每次直接治疗后教会家长回家要做的治疗游戏。这套治疗计划可由幼儿园老师和幼儿的主要照顾者，依据在家及在校可行的时间流程，每天执行治疗计划。以下说明执行感觉套餐的注意事项。

1. 感觉套餐必须借由有经验的作业治疗师，针对特定幼儿的障碍问题，依据临床推理治疗流程来拟订治疗计划。

2. 感觉套餐的目的多半是调整幼儿的警醒度，让幼儿有稳定的神经动态、头脑更清醒而能专注学习。笔者也发现，感觉套餐从早晨开始使用，能调整肌肉张力以利于最佳姿势控制和提升动作效率。

3. 依据理想的清醒度（Optimal Arousal Level）和泽勒（Zentall, 1983）的理想刺激量理论（Optimal Stimulation Theory）说明，以及查克曼（Zuckerman）（1994）不断提醒父母、老师的论点，幼儿时常需要感觉刺激，以便达到最佳警醒状态。

4. 感觉套餐的设计因人而异，因为在这个幼儿身上行得通的方式及时间表，不见得在另一位幼儿身上也行得通；在小班行得通的方案不见得在大班也适合。一定要实际可行才是正确的感觉套餐，而且需要包括一整天各式各样最大可行的感觉餐量。

5. 一般原则是每 30 分钟学习后就需要 10 分钟的感觉游戏时间，以确保有最佳的注意力；若是孩子生病或有心理压力，就需要每 1 小时给一次 10 分钟的感觉套餐。

6. 感觉套餐的处方调配依每类感觉刺激的时效而定，触觉和本体觉的时效是 1.5~2 小时，每隔约 2 小时就需给一次触觉、本体觉套餐；前庭觉的时效很久，为 4~6 小时，若早晨给予足够的前庭觉刺激量，则可维持 4 小时以上的效果。

7. 笔者建议准备一份各种感觉的"菜单"，让幼儿有多样选择，可以从感觉菜单上"点菜"并执行感觉套餐游戏。

8. 新奇好玩的刺激能活化大脑、增进注意力，使孩子稳定安静下来。

（二）感觉套餐的餐点内容

促进安静、稳定的套餐

容易紧张、焦虑、害怕、生气、防御性强的幼儿，需要的感觉套餐是具有安抚、舒缓神经效果的感觉游戏，举例如下。

1. 泡温水澡。

2. 按摩、揉背、拍背。

3. 挤在睡袋内或躺在塞了许多枕头、布偶的小床上。

4. 裹在毛毯内。

5. 紧紧抱着。

6. 穿莱卡布料 / 弹性紧身衣裤。

7. 穿紧身背心 / 束腰。

8. 穿重量背心 / 重量披肩。

9. 紧抱小熊、背玩具大狗。

10. 伸展体操，例如低头触地再站起来（见图7-3）。

11. 用力推墙。

12. 把书包压在腿上。

13. "秘密基地"——安静角落。

14. 手指拔河。

15. 用有吸管的水壶或水杯喝水。

16. 啃咬咀嚼环、咀嚼条。

17. 以缓慢的、前后摇摆的方式荡秋千、摇摇椅、摇木马。

18. 听放松的音乐。

19. 闻舒服的香味、精油。

图7-3 低头触地再站起来

咀嚼环、咀嚼条

口腔防御的幼儿可借由啃咬咀嚼条增加本体觉刺激，促进调节功能，改善口腔过度敏感状态。许多幼儿喜欢咬玩具、咬衣服、咬手、啃指甲或磨牙，或随意捡起地上的东西放入口中咬，这是因为他们需要利用咬的出力、本体觉刺激来帮助自己的神经稳定。

咀嚼条是利用一段很有弹性的橡胶条（在复健器材店可买到）穿上咀嚼玩具（Chewy Tube，Chewy），做成一条咀嚼项链。幼儿可啃咬、用力拉扯、咀嚼这条咀嚼项链。使用咀嚼项链能够减少幼儿咬不适当的东西或自己的身体，减少病源入口的机会，但同时又可补充幼儿想要寻求的感觉刺激。

作业治疗师研究出使用咀嚼条的临床效果（Scheerer，1992）如下：由于咀嚼动作是三叉神经主导的，三叉神经主要传导的感觉神经连接在迷走神经（迷走神经位于主要副交感神经的神经核），因此，咀嚼动作可以降低心跳率（Heart Rate），让人稳定下来。同时口腔动作所包含的感觉动作神经——三叉神经、颜面神经、吞咽神经、迷走神经都连接至网状神经系统，因此对于调节注意力、警醒度有利，即咀嚼动作有利于提升注意力。另外，咀嚼的感觉动作神经也传导至边缘系统，亦影响了情绪反应。

在使用咀嚼条的研究中，有一幼儿改善了情绪，他在心情受挫时就咬咀嚼条，可减少许多冲动、攻击行为，让自己稳定下来。另有一位时常乱咬各种物品的5岁幼儿，在使用咀嚼条治疗6个月后，乱咬行为大为改善，而且在行为自我控制和挫折忍受度上都大大进步。而有位幼儿在使用咀嚼条当作其中一项感觉统合治疗活动之后，大幅改善了触觉防御及注意力，不再乱咬东西，人际互动也有进步和改善。

由于使用咀嚼条是重复、具有韵律且一致的动作，可以启动副交感神经，传送至网状系统的控制区，让人安稳（Farber, 1982）。充分的本体觉刺激可以降低触觉防御的效果（Dunn and Fisher, 1983），用本体觉活动可收到促进行为有条理、稳定且安静的效果（Anderson, 1986）。

常见的咀嚼条、咀嚼环见图7-4。

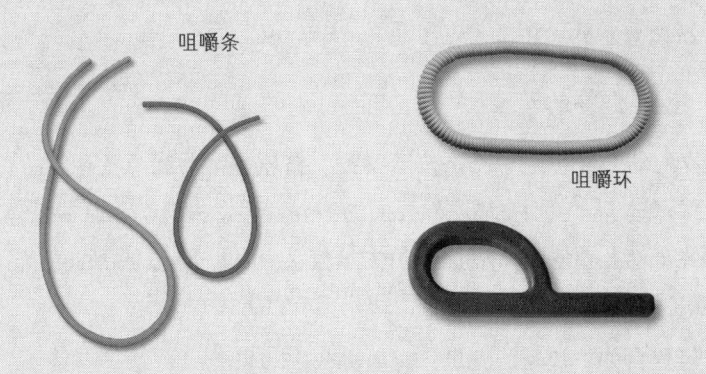

图7-4　咀嚼条、咀嚼环

促进注意力、有效率、有条理、有始有终的套餐

1. 所有出力、用大力气做的事和游戏，尤其以吊单杠、用力推—拉—提的工作最好。

2. 用力咀嚼的食物或非食物。

3. 用力吹的乐器如口琴、法国号。

4. 按摩棒、按摩笔、按摩玩具（例如会振动的玩具）。

5. 明显、规律的节拍融入每一个活动中。

提神醒脑、动作快、不拖延的套餐

1. 快跑、追逐。

2. 翻跟斗、翻单杠。

3. 跳跳球、跳跳床。

4. 快速荡秋千。

5. 喝冰水。

6. 脸上泼冷水。

7. 有强烈气味的物品，如薄荷精油、白花油。

8. 节奏快、音量大的音乐。

9. 色彩鲜丽的图片。

（三）感觉套餐的优点

4岁的幼儿经"葳尔巴格按摩—关节挤压方案"和感觉套餐的正确执行，第三天就有进步，包括主动吃幼儿园的午餐、愿意去上学（原本拒绝上学，因为老师要求幼儿要吃完午餐而害怕去学校），也能轻松去厕所排大便。根据研究，使用感觉套餐恰当且足够时，幼儿会有以下表现。

1. 轻松自如、快乐、满足、有动机、主动积极。

2. 注意力集中，认真学习，做该做的事、不做不该做的事。

3. 情绪、思考、行为都符合当下情境。

4. 不再懒洋洋、慢吞吞、拖拖拉拉，也不会忘东忘西、人来疯、情绪高昂、多动或容易生气、爱逗弄别人。

（四）感觉套餐的活动

改善感觉调节功能的每日例行感觉套餐，例如下列各活动。

1. 口袋中放沙包，穿重量背心、重量腰包，背上背包（内放水壶、厚故事书）。

2. 做清理工作时，请幼儿做推桌椅、玩具箱，搬重的玩具车等出力的工作。

3. 请幼儿假装当吸尘器，捡拾教室地上的碎纸、用剩的美劳物品。

4. 餐点时间提供幼儿用力咀嚼的食物，例如坚果、杂粮面包、生胡萝卜、小黄瓜、整根玉米等，用力咀嚼可加强幼儿的专心度，以提升学习效率（见图7-5）。

图7-5 啃玉米的动作让幼儿练习用力咀嚼，可加强专心度，提升学习能力

（五）教室环境的布置

教室中提供的环境，让幼儿能方便地得到定时定量的感觉套餐。

1. 安静角落：放置中小型纸箱，箱内放抱枕、玩偶及可用手指捏挤的玩具。

2. 小跳床、跳跳球、跳跳马。

3. 各类椅子及充气椅垫。

4. 咀嚼条、咀嚼环、吹气的玩具、吹奏乐器。

5. 用手出力的玩具，提供握、拉、推、挤的动作。

（六）感觉套餐计划表

表 7-2 为感觉套餐实例分享，并附上一空白表单（见表 7-3）供有需要的读者使用。

表7-2　　　　　　　　　感觉套餐计划表

姓名：王小宝
年龄：5 岁　　　　　　　　　　日期：2018/6/30

时间	日常生活作息	按摩治疗	口腔活动	感觉套餐活动	备 注
7:00	起床	葳尔巴格按摩—关节挤压方案		翻跟斗 听轻快儿歌	
7:30	早餐	口腔按摩	法国面包+柳橙汁		利用口腔咀嚼的本体觉运动、味觉的感觉刺激，帮助孩子清醒、增加警醒度
8:30	到教室上课前			跑步、荡秋千	给予前庭觉+本体觉的活动，以增加其警醒度，保持注意力参与活动
12:00	午餐	口腔按摩	五谷杂粮饭+芭乐		
13:00	午睡前	葳尔巴格按摩—关节挤压方案		压在重棉被下夹三明治	借由重压及触觉活动，降低紧张焦虑感，并活化副交感神经，使人安定、放松

续表

时间	日常生活作息	按摩治疗	口腔活动	感觉套餐活动	备 注
14：00	午睡后			在棉被上侧滚翻、跑步扑倒在棉被上	前庭刺激可帮助大脑活化、调节警醒度
15：00	点心时间	口腔按摩	蒟蒻、粉条、柠檬汁、用吸管吸布丁、硬饼干		
16：00	放学后			跑步、爬楼梯、小牛耕田、仰卧起坐、骑三轮车	给予全身出力的本体觉活动，以增加孩子情绪的稳定性及增加身体肌力和耐力
18：00	洗澡		吹泡泡	玩水枪	
19：00	晚餐	口腔按摩	可选择尺寸较大、质地较硬（需大量咀嚼）的食物，例如五谷杂粮饭、肉片		在正餐中加入需要大力咀嚼的食物，充分利用脸颊口腔附近68对肌肉群，增加口腔的动作控制能力
21：00	睡觉时间	葳尔巴格按摩—关节挤压方案		规律、慢速拍打孩子的背部或臀部，可一边轻声哼唱慢速的曲调	借由按摩、触觉活动及轻柔的声音、安稳的环境，活化孩子副交感神经，缩短等候睡着的时间

表7-3　　　　　　　　　感觉套餐计划表空白表单

姓名：
年龄：　　　　　　　　　　　　　日期：

时 间	日常生活作息	按摩治疗	口腔活动	感觉套餐活动	备　注

本章主要问题

1. 试说明感觉调节功能障碍的治疗原则。
2. 试说明触觉防御的治疗活动。
3. 试说明重力不安全感的治疗活动。
4. 试说明感觉防御及感觉迟钝的幼儿在教室内的一般处置。
5. 试说明感觉套餐的定义与治疗目的。
6. 试举例说明促进安静、安定的感觉套餐有哪些。
7. 试举例说明促进注意力、有效率、有条理的感觉套餐有哪些。
8. 试举例说明提神醒脑、动作快、不拖延的感觉套餐有哪些。
9. 试说明幼儿在使用感觉套餐后所呈现的正向反应。
10. 试说明如何通过每日例行的感觉套餐来改善感觉调节功能。
11. 试说明在教室中可提供或营造出何种环境，使幼儿可以得到定时定量的感觉套餐。

CHAPTER 8
感觉区辨功能障碍及治疗策略

1. 认识感觉区辨能力的重要性
2. 认识感觉区辨功能
3. 认识感觉区辨障碍对幼儿学习和发展的影响
4. 认识感觉区辨障碍的治疗策略

大脑所具备的感觉区辨功能，让我们对所接触的物品，能够知觉其形状、长短、大小、轻重、质地粗细、冷热和方向等，并有适当的行为反应。例如：手往口袋里摸一摸，在没有视觉引导下，可以从大小、轻重、触感不同且全是圆形的零钱堆中，找出正确的、需要的10元硬币（触觉区辨功能）；在客厅稍微坐一下，嗅到散发在空气中的浓郁奶香，不假思索就往厨房移动，伸手拿起桌上的浓汤，一接近汤碗，感受到散发在空气中的热气，很自然地，就缩回想端碗的手（这是味觉、触觉、前庭觉、本体觉等多感官区辨能力）。因此，能对环境中的感觉需求做出适当行为、动作反应，大脑中的感觉区辨能力实在不容小觑。以下就感觉区辨能力对感觉统合发展的重要性、功能，对幼儿学习的影响及治疗策略加以说明。

一 感觉区辨能力的重要性

感觉系统接受外在刺激后会进行感觉注册，感觉注册将信息传输至大脑，大脑的感觉处理神经会对信息进行感觉调节并且指示身体做出反应。若是感觉调节能力不佳，会出现以下两种状况（见图8-1）。

1. 过度警醒：行为呈现感觉防御，例如逃跑、害怕和抵抗的情形。
2. 低警醒度：缺乏感觉输入及注册，这样的孩子常常是一副无精打采或懒洋洋的样子。

触觉、本体觉、前庭觉三大感觉系统的感觉区辨能力，帮助个体选择身体姿势、位置和空间方向，也让个体对所接触的物品，能够知觉其形状、长短、大小、轻重、质地粗细、冷热和方向等，并引导肢体使用适当力道、恰当速度，完成合乎情境的行为反应。因此，感觉区辨能力佳者，会有正确的身体

CHAPTER 8
感觉区辨功能障碍及治疗策略 171

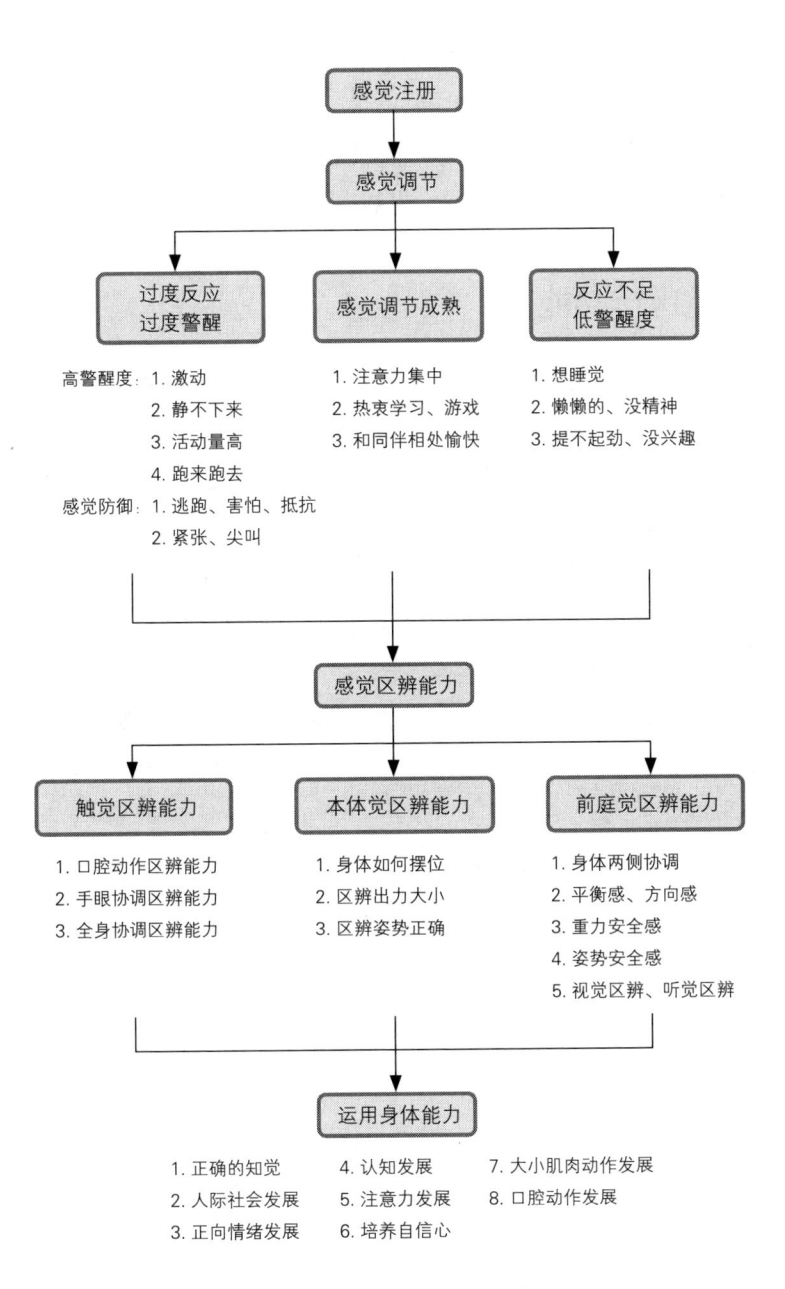

```
                        ┌─────────┐
                        │ 感觉注册 │
                        └────┬────┘
                             ↓
                        ┌─────────┐
                        │ 感觉调节 │
                        └────┬────┘
            ┌────────────────┼────────────────┐
            ↓                ↓                ↓
       ┌─────────┐      ┌─────────┐      ┌─────────┐
       │ 过度反应 │      │感觉调节 │      │ 反应不足 │
       │ 过度警醒 │      │  成熟   │      │ 低警醒度 │
       └─────────┘      └─────────┘      └─────────┘
```

高警醒度:　1. 激动　　　　1. 注意力集中　　　1. 想睡觉
　　　　　　2. 静不下来　　2. 热衷学习、游戏　2. 懒懒的、没精神
　　　　　　3. 活动量高　　3. 和同伴相处愉快　3. 提不起劲、没兴趣
　　　　　　4. 跑来跑去

感觉防御:　1. 逃跑、害怕、抵抗
　　　　　　2. 紧张、尖叫

```
                        ┌───────────┐
                        │ 感觉区辨能力 │
                        └─────┬─────┘
            ┌─────────────────┼─────────────────┐
            ↓                 ↓                 ↓
       ┌──────────┐      ┌──────────┐      ┌──────────┐
       │触觉区辨能力│      │本体觉区辨能力│    │前庭觉区辨能力│
       └──────────┘      └──────────┘      └──────────┘
```

1. 口腔动作区辨能力　　1. 身体如何摆位　　1. 身体两侧协调
2. 手眼协调区辨能力　　2. 区辨出力大小　　2. 平衡感、方向感
3. 全身协调区辨能力　　3. 区辨姿势正确　　3. 重力安全感
　　　　　　　　　　　　　　　　　　　　　　4. 姿势安全感
　　　　　　　　　　　　　　　　　　　　　　5. 视觉区辨、听觉区辨

```
                        ┌───────────┐
                        │ 运用身体能力 │
                        └───────────┘
```

1. 正确的知觉　　4. 认知发展　　7. 大小肌肉动作发展
2. 人际社会发展　5. 注意力发展　8. 口腔动作发展
3. 正向情绪发展　6. 培养自信心

图8-1　感觉统合示意

运用概念、良好的动作知觉、正向主动的社会情绪发展、适龄适性的认知参与和恰如其分的注意力，幼儿能肯定自己的能力，能自信地做最好的自己。若是对上述三大感觉区辨不佳者，则可能导致学习上的障碍类别。笔者以图8-1说明感觉调节与感觉区辨在感觉统合发展中的重要性供读者参考。

二 感觉区辨功能

感觉区辨功能的定义：能明确地辨识各种感觉的质、量、时间、空间上的准确度。当幼儿能精准而快速地知道感觉刺激的质、量、位置、大小或形状，幼儿便能形成正确的知觉度——视觉、听觉、触觉、力道知觉（本体觉）、方向知觉（前庭觉）等。

本体觉系统的区辨功能，让我们能够察觉动作执行时的空间方向、时间长短与力道大小，且时常和触觉系统共同合作，使我们感受到自己身体的位置和动作的速度，也借由外界的触觉刺激输入辨别自己身体的动作，进而能够自如地运用身体。当本体觉信息和前庭觉信息整合时，我们可以观察自己的重心如何改变、现在的姿势如何控制，并且可以执行较为复杂的动作顺序（例如跳舞、跑步跨栏）。

要认识及评估幼儿的感觉区辨能力，可以观察下列能力指标。

1. 幼儿对于感觉刺激是否反应慢或很慢才能明白这感觉刺激是什么。
2. 幼儿能否区分感觉的强弱和大小。
3. 幼儿能否正确辨认物体的触感（例如软硬、尖锐或圆滑）、位置、大小、方向、距离、速度等。
4. 幼儿能否精准无误地接收信息并且解释之，例如听清楚、看明白。
5. 幼儿是否强烈寻求某种感觉刺激，例如接触任何东西都要闻一闻、摸一摸。

简而言之，家长、老师们可以从幼儿每天的活动参与中，一窥幼儿感觉区辨能力的强弱。例如：观察进食时的咀嚼能力（属于动作控制与动作计划能力）、完成速度是否正常？穿脱衣裤时完成速度的快慢如何？对衣裤前后左右的方向是否清楚？对于口语指令的内容理解、执行速度，是否正确而适当？对玩具的选择、偏好、组合、收拾与整理，是否合乎幼儿年龄的能力和气质？语言沟通与人际互动技巧，是否构音清晰、遣词用句是否合乎情境？课堂中的各类学习课程，幼儿在注意力的选择是否过于专一或分散、注意力维持时间的长短是否正常？情绪起伏、表达与调整，能否收放自如、颇具弹性与兼顾情理？这些日常生活活动的选择、完成方式、所花的时间等，都是感觉区辨能力的应用。因此，家长、老师们可仔细地观察与了解，需要进一步确认问题时，记得与合格的作业治疗师讨论。

三 感觉区辨障碍对幼儿学习和发展的影响

感觉区辨不佳的幼儿可能出现以下五类症状。

触觉区辨能力不足或触觉反应过低的行为症状

1. 大肌肉动作笨拙、不协调。例如：进行丢接球时，无法轻松自如地移动步伐，双手顺利地把球接住，或发球时适时把球丢给对方。幼儿容易出现接不住球或接住的球容易掉落的窘况。手随着儿歌"头儿—肩膀—膝—脚趾"边唱边比画，动作笨拙或无法跟上节拍。

2. 精细动作笨拙、不协调。例如：玩拼图、乐高等积木需要双手操作的玩具时，容易掉落玩具部件或容易有组合困难；或幼儿习惯、坚持选择容易完成的玩具。

3. 无法指认被碰触或撞到的肢体部位。例如：孩子被东西撞到，因为感到疼痛而号啕大哭。老师问他："你撞到哪里？哪里会痛？"孩子指认痛处的地方并不是真正的伤处。或游戏过后，不清楚身体的碰撞、瘀青是如何造成的。

4. 用手操作的动作不协调。例如：拿笔、剪刀、筷子等器具容易掉落。

5. 口腔动作不协调。例如：模仿口腔动作，让舌头顶在上排牙龈上，幼儿无法完成。

6. 拉拉链、扣纽扣的动作慢。

7. 喜欢摸东西或到处摸。

8. 喜欢把物品放入口中。

9. 喜欢打赤脚。

10. 日常活动如穿衣服或袜子等动作不流畅。

11. 在豆豆箱中玩手指寻宝的游戏时，难以辨别物件。

12. 只用手触摸物件就无法说出物件的形状、质地或者名称。

前庭区辨能力不足或前庭反应过低的行为症状

1. 移动时保持平衡的能力不佳；跑步、走路容易跌倒。

2. 闭上眼睛就会站立不稳。

3. 不喜欢走平衡木，或走在不平的路面时平衡能力差（习惯绕路，避免走不平坦路面及避免失去平衡）。

4. 改变方向的能力经常跟不上同龄的孩子。例如：向左踏步走换成向右踏步走，幼儿常常混淆；或不喜欢快速折返跑的活动，例如"警察抓小偷""老鹰抓小鸡"等需要速度快或方向变换频繁的游戏。

5. 对速度的区辨能力不佳。例如：老师说"快快快""慢慢慢"，幼儿无法跟上老师的节奏速度；或常在快速进行的活动中跌倒或与人碰撞、擦撞。

6. 保护性的反射动作慢。例如：重心不稳跌倒时，自己伸出手支撑地板或保护自己维持平衡的动作反应较慢。

7. 坐或站立时，维持腰杆挺直有困难，常常习惯弯腰驼背或趴在桌上、瘫在沙发上，习惯倚墙站立。

8. 欠缺准确的知觉感。例如：对上下、左右、前后及移动的方向和速度的感知较差，容易迷路。

本体觉区辨能力不足的行为症状

1. 坐旋转木马时调整身体位置有困难，容易东倒西歪。
2. 动作协调差、动作不灵巧、容易弄坏玩具。
3. 攀爬绳网时无法正确地摆放双脚，会踩不稳或滑掉，或是容易停在某个定点。
4. 动作流畅度不佳。例如：进行开合跳时，手脚张开和闭合的协调度不佳。
5. 做缓慢而精准的动作有困难，如剪纸活动、工艺课程、书写作业有困难，或用积木搭盖"摩天大楼"时，无法精准放置积木的适当位置，以致"摩天大楼"倒塌。
6. 当身体姿势歪斜或位置改变也不能自觉，亦不能准确地察觉肢体位置，当碰撞他人时常不能自觉。
7. 模仿他人做出正确的动作有困难，而构音、语言表达、抄写活动等生活中的许多能力都是模仿学习而来。
8. 对于动作的方向、出力大小和投掷距离判断不正确。例如：写字或抱人时太用力，不知道如何调整至适当的力气（容易让人有动作粗鲁的感受）。

听觉区辨能力不足的行为症状

第 7 章曾叙述，当个体对无害的声音过于敏感而出现防御现象就是听觉防御。听觉区辨能力不足者，主要是对声源距离、声音语调、语气中所带有的情绪含义之分辨和理解力不足，或者无法区辨和理解 2~3 个步骤指令，做出来有困难。在有背景声音的情况下，听觉区辨能力不足的幼儿常会对主题声音的辨别产生困难。例如：幼儿于干扰的环境中，常会听不见或无法理解母亲对他说什么。

> **视觉区辨能力不足的行为症状**

1. 分辨字形、方向有困难，常会看成倒反的字形。例如：将 p 看成 q。
2. 序列图形的排序有困难。例如：给幼儿一些图片，幼儿能根据事件发生的情境顺序排列图片；第一张图片应是呈现事件第一步骤所发生的事，第二张图片用来表达第二个情境，依此类推，最后一张则是故事结尾。若是视觉区辨能力不佳的幼儿，则会对于排列图片顺序有困难。
3. 在视觉测验中可能会产生以下困难。
   （1）形状区辨：在类似形状中找出完全相同的形状。
   （2）区辨前景和后景：在背景图形中辨识主题形状，例如重叠的三角形，圆形，香蕉、鞋子、汤匙和椅子图形，幼儿能用视觉辨识这几种物品。
   （3）视觉—空间关系：辨认出已被旋转或隐藏位置的图形。例如：直立的花瓶被旋转 90 度成了平躺的花瓶，幼儿仍然能够辨认这是花瓶，或辨认出在后排还有一块黄色积木。
   （4）视觉完形：看到图形的一部分即能够联想到完整图形。例如：看到被树叶遮住只露出尾巴的小鸟，即能够看出来那是一只小鸟，或知道哪一个图形跟上图一样。

四 感觉区辨障碍的治疗策略

感觉区辨能力不佳，将导致幼儿在生活自理能力、语言沟通与人际互动能力及动作执行与认知学习上，有轻度至重度的学习困难。如前所述，感觉区辨能力不佳时会出现以下两种状况。

1. 过度警醒：行为呈现感觉防御，例如逃跑、害怕和抵抗的情形。

2. 低警醒度：缺乏感觉输入及注册，这样的孩子总是一副无精打采或懒洋洋的样子。

因此，感觉区辨能力的治疗策略是优先提升警醒度；感觉区辨障碍常肇因于幼儿对于前庭觉、本体觉、视觉的整合不良；要让孩子能够清楚而正确地接收环境中的信息，脑神经需具备适当的警醒度（警醒度是神经系统的状态，能够影响个体感受外界环境、做出适当反应的速度及效率）。简单来说，若是警醒度处于刚好的状态，孩子便能够有效地察觉自己和环境中的刺激，并且对刺激做出适当的反应。例如：仔细听清楚课堂老师所说的话，看同班同学在做什么且跟着一起进行。所以针对感觉区辨能力不足的孩子，在执行治疗活动前，大部分的状况都是需要观察孩子神经警醒的程度，以确保他们可以对环境刺激做出合适的反应。

至于调整孩子的警醒度，必须依循两项原则来进行活动。

1. 提升警醒度，活化大脑。

此时善用旋转且速度较快的前庭刺激活动（例如用力向上跳、荡秋千、翻跟斗、跑步、折返跑、快速上下台阶、倒立……）（见图8-2）、用力型的口腔动作活动（例如咀嚼牛肉干、口香糖、大声数数、吃质地较硬的蔬果……），或提供具辛辣、冰凉、酸甜口感的食物，节奏快且音量大的重金属、摇滚曲风的乐曲，或光线明亮、醒目的色彩。

2. 降低警醒度，增加情绪的稳定性。

活化副交感神经，使人安定放松，达至情绪稳定的效果。此时需要提供慢速、出力型的本体觉活动、伸展动作和触压觉活动（例如拔河、伸展四肢、瑜伽、按摩、穿紧身衣），或提供清淡口感的食物，节奏慢且音量轻柔的轻音乐或舒眠曲风的乐曲，或光线柔和、自然的色彩。

图8-2 提升警醒度的活动

a. 用力向上跳的动作能刺激前庭觉，提升警醒度

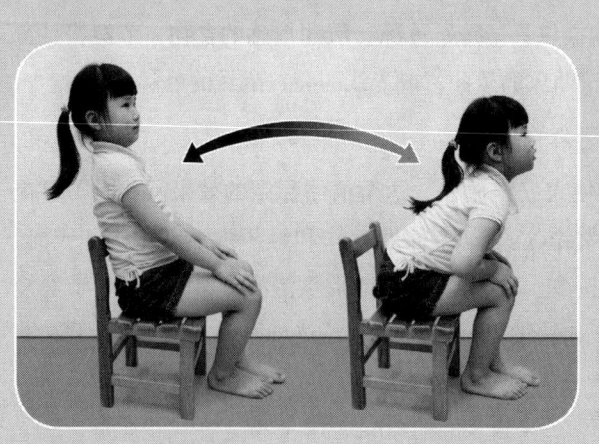

b. 上半身前后摇晃能够刺激前庭觉

c. 上半身呈8字形摇摆刺激前庭觉

d. 踮脚尖可以提升幼儿的警醒度

（一）执行感觉区辨障碍治疗活动的原则

1. 提供足够强度的感觉刺激来唤醒感觉神经。通过强烈的前庭觉刺激，例如翻跟斗、跳高、快速折返跑，或强烈的本体觉刺激，例如用力拉、摇甩、吊单杠、摔跌在大垫子上等，来增加身体知觉度的区辨能力。

2. 在感觉活动中每个感觉经验之后，需告知且向幼儿说明这个感觉知觉动作。例如跳高、双脚跳、左右摇、踮脚尖，治疗师需给予幼儿清楚的反馈："你用双脚跳，真棒！用双脚一起跳，再跳一次。"再次确认幼儿正确的感觉知觉动作。

3. 增进各种感觉刺激活动的反馈。例如：投掷沙包打击目标，目标被击中的同时有声音反馈，以便加强正确本体觉的反馈效益，学习到正确的本体知觉度。

4. 给予幼儿各种机会，去体验同类型但有点不同的感觉经验，让他区辨不同的身体知觉，再精细区辨各种感觉经验和知觉动作。例如：跳过30厘米高的障碍物与跳远的感觉区辨及动作灵巧度；或趴在滑板上滑动，再换姿势躺在滑板上滑动，比较两者不同的感觉经验。

5. 强化游戏活动的乐趣。老师的声调起伏和生动活泼的肢体动作是非常重要的，这些不仅增添了游戏乐趣，也提升了幼儿学习的动力。

6. 观察幼儿在哪些调节刺激下，会提升警醒度及行为组织力和学习力。使用孩子所需的感觉活动作为"感觉套餐"，以达到适当的警醒度，为幼儿的中枢神经"准备阶段"做充分预备。这类准备通常会导引幼儿至安定又专心（Calm and Alert）的神经状态，对于感觉区辨学习过程较为有效。

（二）针对不同感觉区辨障碍的治疗分类

前庭觉、本体觉区辨障碍的治疗

若前庭觉和本体觉区辨功能发展不成熟，则会导致幼儿姿势不良、姿势控制差。为促进躯体姿势挺直及姿势控制，此时可加强前庭觉、本体觉区辨能力，具体包括如下。

1. 翻跟斗、侧滚翻、吊单杠。

2. 跳跳床、跳跳马、跳房子。

3. 以单脚跪姿玩游戏。

4. 以高跪姿玩游戏。

5. 趴在地上，以手肘撑地的姿势玩拼图、弹珠、弹瓶盖。

6. 前后摇晃、用力大笑。

一般原则是为幼儿提供强烈的前庭觉及本体觉刺激（Koomer and Bundy, 1991），例如增加跑步、跳高、跳房子、荡秋千等游戏的时间长度和强度，那么幼儿所接收到的前庭觉和本体觉会更加明确和清楚，进而分辨前庭觉和本体觉的信息，并且改善姿势、减少跌倒等情况的发生。在游戏活动中我们可以增加感觉刺激的强度，例如通过前庭刺激旋转的活动，以360度的快速旋转动作刺激前庭觉；或给予感觉刺激的频率，例如一天荡多回秋千所输入前庭觉的总量刺激增多；或荡秋千30分钟增加感觉刺激的接收时间长度。运用这三者（强度、频率、时间）的增强机会来制造强烈感觉输入、注册及解读整理，以便幼儿清楚、正确地明白这个感觉知觉度，使感觉区辨能力更为成熟。

触觉区辨障碍的治疗

一般原则是提供各类轻重触觉以及前庭觉的活动经验（Koomer and Bundy, 1991），因为前庭觉刺激能够提神醒脑，使大脑接收信息更清晰、明确，接着治疗师或老师施以各类触觉活动，才能提高幼儿知觉度和分辨能力。例如：摸摸袋内找出指定形状的积木或玩具、找出埋在豆豆箱内的小玩偶。

视觉、听觉区辨障碍的治疗

一般原则是先提供强烈的前庭觉活动，提升大脑接收信息的能力，再提供各类视觉辨别或听觉辨别活动，由浅入深，逐步渐进练习。前庭觉刺激对加强视觉和听觉区辨有很大的助益。例如：先做完连续翻跟斗和转圈圈的游戏，之后再让幼儿仿说或听指令做出正确动作；先玩侧滚翻的游戏，之后再让孩子仿搭积木或抽取数字卡。这两个例子都是利用翻跟斗的旋转刺激，来加强幼儿的听觉辨别能力。

1. 改善视觉接收的策略。

（1）养成由左至右、由上至下的视觉搜寻习惯。

（2）阅读时用手指指着字。

（3）使用量尺，放在正在阅读的那一行字下面。

（4）闭眼睛，适当休息。

（5）简单、有组织的环境，易于视觉搜寻。

2. 改善视觉注意的策略。

（1）分段落。

（2）先浏览大纲，再进行细部阅读。

（3）做出反应前，先浏览全景。

（4）减少或调整容易分心的因素。

（5）减少刺激、放慢脚步、适当期待与重复检视。

3. 调整环境、增加视觉刺激的策略。

（1）调整光线。

（2）调整桌面高度或倾斜型桌面。

（3）使用便利贴。

（4）整理黑板版面。

（5）一次提供一种视觉刺激。

（6）使用隔间隔绝多余视觉刺激。

（7）用色笔画重点。

（8）使用黑色系当背景。

（9）利用纸张覆盖不相关视觉文字刺激。

（10）调整座位。

（11）完成数学作业时，鼓励将数字做直式排列。

（12）在作业纸上放大字体。

（13）要孩子用手指出重点。

（14）适当使用计算机教学。

4. 增加视觉空间的策略。

（1）使用图示。

（2）写作业时用箭头或视觉提示，表示开始或结束的范围。

（3）使用倾斜板，增加方向感。

（4）用手指控制阅读速度。

（5）适当使用计算机教学。

5. 增加形状、字母、数字的认知学习策略。

（1）用触觉（沙、水彩……）、本体觉（笔加粗、加重量、加大体积……）、听觉（念出来）、味觉、嗅觉等多感官学习渠道。

（2）从简单开始，再逐渐增加难度。

（3）运用画画、着色、黏土活动，增加形状视觉空间探索。

本章主要问题

1. 试以图示描述感觉区辨能力对幼儿感觉统合发展的重要性。
2. 试说明感觉区辨的功能。
3. 试举例说明感觉区辨障碍对幼儿学习和发展的影响。
4. 试举例说明感觉区辨障碍的治疗策略。
5. 试举例说明执行各感觉区辨障碍治疗的原则及活动。

CHAPTER 9
运用肢体障碍及治疗策略

1. 认识运用肢体障碍
2. 认识运用肢体障碍对日常生活和游戏能力的影响
3. 认识运用肢体障碍对学习表现、语言能力的影响
4. 认识运用肢体障碍对感觉统合发展的影响
5. 认识如何促进运用肢体功能
6. 认识促进运用肢体功能的治疗活动

每个父母和老师，都乐于见到孩子能够主动、快乐地参与游戏活动，但是有一些幼儿无法与同龄幼儿一样，在参与游戏的过程中享受轻松愉快的游戏氛围。

小贞每次看到同学一分钟可以跳绳50下，都心生羡慕，因为他自己最多只能跳5下，而且还是不连续的。为了能跟上同学的脚步，小贞请妈妈教他，但妈妈教了他很多次，小贞不是左右手的速度不一样，就是绳子落地时双脚会慢一拍，所以他每次跳绳都很受挫。

妈妈在教小贞跳绳时，刻意让他在旁边观察自己的跳绳动作，并请小贞用观察的方式说出如何才能成功地跳绳。妈妈觉得很疑惑，因为小贞说的每个步骤都是对的，也就是说他都能理解，但动作就是跟不上。

最让妈妈担心的是小贞的同伴关系，因为小贞每次下课跟同学玩《红绿灯》的游戏时，都因为慢半拍而被抓到当"鬼"，并且他当"鬼"时，只会跑直线，所以抓不到一直转弯的同学。久而久之，同学们都不喜欢跟他玩游戏，因为只要跟他同一队，就一定会输。最近小贞开始有了不想上学的想法，这让妈妈既困扰又心疼孩子的无助。

为何小贞面对这些活动的学习，会衍生出这么多挫败感？幼儿无法顺利地使用双脚，学不会跳绳，也无法轻松地跑步、玩球类运动，无法灵活地运用肢体，无法开心地玩玩具，即属于感觉统合障碍中的运用肢体障碍。当孩子每天面对这些困难挫败，多少家长及老师为此伤透脑筋。因此，我们要先认识何谓运用肢体障碍，以及这类障碍会如何影响幼儿的生活与学习。如此一来，家长、老师才知道如何提供适当教导并帮助幼儿快乐学习。

一　认识运用肢体障碍

感觉统合障碍中最主要的两类是"运用肢体障碍"与"感觉调节障碍"（Bundy 等，2002）。运用肢体障碍指幼儿在计划一系列动作的工作及排序上有困难，尤其是在学习新的动作或不熟练的工作时困难度明显增加。例如：自己穿衣服，首先要把一只手穿入袖子，再把外套甩过对面肩上，另一只手臂向后找到袖口钻进去，再把前面拉整齐，找到拉链头，对齐凑好，拉上拉链，这一连串动作若没有计划和效率，就会费时费力又穿得不整齐。再举洗澡的例子：要先去找换洗衣物，进入浴室放好干净衣物，再放洗澡水，调整水温，然后脱下衣物放入洗衣篮，再进入浴缸，淋湿头发，拿洗发精、揉搓头发、冲水，再用沐浴乳揉搓身体、冲水，走出浴缸，用大毛巾擦头发、擦干身体，从挂钩上取下衣裤穿上。

单是上述两个日常生活行为便需要计划一连串的动作，虽然我们不需要费心就能做好这两件事，但对有运用肢体障碍的幼儿来说，进行穿衣、洗澡的活动时，他们必须停下来，想一想每个动作的细节才能大功告成。当被要求放慢完成速度或稍稍更改活动的小细节，他们就容易分不清动作顺序、手忙脚乱、动作笨拙，因此运用肢体障碍会影响幼儿学习与掌握新活动，严重者还会影响生活自理能力。

二　运用肢体障碍对日常生活和游戏能力的影响

运用肢体障碍常在以下几方面影响发展能力。

（一）大肌肉动作

上体育课、上唱游课、玩游戏等都需要运用到大肌肉动作，例如抛接球、跳跃、跑步、唱歌、活动筋骨的动作。大肌肉动作会运用到较大面积的肌肉，需要和骨骼、关节互相配合。如果有运用肢体障碍，幼儿则会在这些课程或游戏中产生挫折感。

（二）小肌肉动作

例如组合玩具、纸笔活动、画图、劳作，这些活动都需要手部精细动作的彼此协调与流畅。我们会教导学龄前的孩子写字、画图、操作玩具……这时我们会发现有的孩子对于握笔感到困难，写字完成速度慢或无法流畅地画出线条和图形等。此时我们教孩子把笔放在前三指（拇指、食指、中指）最适合的位置，以及笔在手上轻松省力的使用动作流程，就会减少他的困难。动作计划能力会影响幼儿学习笔画的顺序、安排书写格式及位置。拥有这项能力，幼儿就能够快乐地进行画图和写字等使用工具的活动。

（三）生活自理能力

此处生活自理包括穿衣、梳洗、清洁。我们在洗澡、穿衣时需要有良好的动作计划能力。试想，如果我们无法安排妥当洗澡的顺序会发生什么事？有可能你会浪费许多时间在这些事上，有可能你会在做一个动作前就花了许多时间思考，甚至刷牙、洗脸、如厕这些生活自理的事都需要运用到肢体动作。若我们在运用肢体上出现问题，将对生活造成诸多不便。

（四）口腔动作

肢体动作也会影响声带、嘴唇、舌头、牙齿等肌肉关节的运用，若有运用肢体障碍则会出现咀嚼困难、吞咽食物不灵巧、讲话口齿不清等情况。

（五）建构能力

例如堆积木等玩具，能促进幼儿的思考和堆、叠、排列的动作及空间组合等能力。若有运用肢体障碍的孩子，则在玩建构玩具时没办法按照图案拼搭积木，而仿搭积木、做乐高模型对他们而言也很困难。

运用肢体障碍常见的困难情境

1. 日常生活自理动作协调差,动作也较慢,例如穿衣服、拉拉链、绑鞋带等。
2. 唱游跳舞时常跟不上节拍,模仿动作能力不佳。
3. 游戏时对需要闪躲或追逐的反应较慢。
4. 学骑脚踏车有困难,不易连贯踩踏。
5. 学习攀爬类的活动(例如攀爬绳网或攀岩)有困难,手脚移动的协调性差。
6. 学习新的体能活动有困难;可能需要大量的示范,看别人做很久之后才会模仿,或需要肢体协助后才能学会动作。
7. 玩手脚并用或全身肢体协调的游戏有困难,例如跳马背、爬绳网、攀爬架、跳过圈圈、螃蟹走路等。
8. 对于需要时间顺序和空间预测能力的动作有困难。例如,跑步跳过障碍物,无法连贯及顺利地跑跳或是跳起来;拍打气球时无法在适当的时间点往下拍;丢球或丢飞盘时投掷不精准、接不到球或飞盘。
9. 跌倒时不会伸出手保护自己。
10. 走路或活动时常碰撞到东西。
11. 拿东西容易倒出来或掉在地上。
12. 需要两手合作的动作(例如一手拿碗、一手用筷子)有困难。
13. 左右混淆、做不出跨中线的动作,例如用右手梳左侧头发。
14. 握笔姿势僵硬。
15. 仿画或自由画比同龄幼儿困难,需花费更长的时间才能完成。
16. 必须有图示才能较容易地组合积木,若是没有图示,自己组合起来会有困难;无法照着图片做出相同的拼组,会有缺漏、方向不正确的建构。
17. 使用剪刀、胶水和其他工具做劳作时动作较慢。

三 运用肢体障碍对学习表现、语言能力的影响

运用肢体障碍的影响层面非常广泛，包括如何开始工作、如何按顺序工作、如何结束工作（例如收拾书本、玩具、书包），同时也会影响学习效率。由触觉区辨能力不足引起的运用肢体障碍，影响幼儿的粗大动作、精细动作和口腔动作，并且对幼儿的身体知觉、动作概念皆产生负面影响。有的幼儿若是无法做到这个动作、在做这个动作时经常碰到挫折，可能就容易放弃或生气，让爸妈和老师感到头痛。面对这样的情形，爸妈宜耐心地提出动作原则，并且先从幼儿感到有成就感的事做起，当然，不要忘记时常给予鼓励。

另外，可多用游戏培养幼儿运用肢体动作的能力，以使日常生活中的动作和学习皆能顺利完成。有的孩子或许刚开始学习跳跃或精细动作时常发生困难，但是每天若施以适当的感觉统合游戏，很多孩子会慢慢地进步。笔者鼓励家长不要放弃孩子，只要你有耐心和毅力陪伴他，相信能渐渐看到孩子的改变与成长。

（一）低肌肉张力和关节不稳定

由于前庭觉功能不足引起的运用肢体障碍涉及低肌肉张力（指肢体在被动或不随意主动的关节动作上所产生的阻力）和关节不稳定（Gurfinkel、Cacciatore、Cordo、Horak、Nutt, and Skoss, 2006），这两方面足以导致幼儿对写字、用剪刀等精细动作控制表现不佳，以致功课写得慢、写不完、拖拖拉拉且费时良久才能把功课写好。

（二）空间及形状认知

由于前庭觉区辨能力不足引起的运用肢体障碍影响空间及形状的认知，孩子在按照图样拼图、自由拼图或搭积木、模仿画图、按笔顺写字等活动有困难。

（三）语言流畅度

另外一个层面的影响则是语言、说话的流畅度；口齿清晰度也和运用肢体障碍有关。发音是一连串的动作，因此提升动作计划、排序的基本能力，能

够促进个体发音及语言的能力。

四 运用肢体障碍对感觉统合发展的影响

有运用肢体障碍的幼儿在感觉统合方面发展不良源自以下几方面。

1. "身体地图"（Body Scheme）发展不佳。身体地图即幼儿知觉自己内在肢体各部位确切的空间位置。要加强身体地图的发展，首先需要加强触觉和本体觉的基本能力及前庭觉的空间感。
2. 动作计划的粗大动作能力发展不足。为了加强计划、顺序及组织能力，必须仰赖练习多次的本体觉活动。

运用肢体能力的基本发展需奠基于三个阶段。

（一）注意玩具、器具或运用身体的"概念"（Ideation）起始

概念的起始，意指大脑中做出行动或动作计划之前，需先对接收到的感觉信息（例如视觉、听觉、嗅觉、味觉、触觉、前庭觉、本体觉）有良好的感觉注册功能及适当的警醒度，接着才进入第二阶段的动作计划能力。例如：眼睛注意到悬挂在天花板的秋千，此时整个人只注意到秋千而忽略周遭不相关感觉信息，大脑足够清醒地注意这个秋千，仔细端详后思考："这条绳子是怎么回事？""喔，原来是一个会摇的秋千啊！"

缺乏"概念化"阶段或能力的幼儿，时常呈现的反应是不会主动玩、不会探索新玩具及新玩法，宁可看别人玩，自己也不参与，将所有玩具用相同方式重复执行，从观察一个活动跳到观察另一项新活动，却无法真正参与其中。

（二）动作计划能力（Motor Planning）

将上述想"玩的概念"或"活动"分解成有顺序、细小的步骤，才能有效率地完成游戏或活动目标。这阶段所需的基本能力是时间的排序能力、良好的身体知觉、在心中预演这个活动的过程与步骤，以及动作完成后的知觉反馈能力。例如："这个秋千怎么玩呀？""我要怎么坐上秋千？"要回答这些问题，

需要一步步地计划且有效率地执行步骤，这就是动作计划能力。

（三）执行动作或起始活动

执行动作计划时，由知觉反馈不断修正，精进动作的精准程度，做出标准优美的动作。

五 促进运用肢体能力的活动

此阶段的目标是增进幼儿计划、排序和组织信息的能力，让幼儿能学习独立组织和排序信息而非重复练习。如果老师使用的学习策略是一个指令一个动作，幼儿就无法学习起始（Initiation）的能力，应当鼓励幼儿主动、积极地对活动有参与、起始的概念，让幼儿自己想办法，主动尝试采取可能的方法来解决。例如：吃布丁的时候，故意将汤匙收起来（幼儿固定使用或常用的工具），但是旁边可放置口径粗细不一的吸管，让幼儿想办法自己解决。

为了让幼儿保持主动参与的动机，我们在与幼儿游戏时需确保游戏的难易度适中。通过改变游戏或活动的动作速度、目标物大小及位置，将这个游戏或活动修正得更为简单（或更为困难），以适合孩子的运用肢体能力。例如：阿宝的妈妈要和阿宝玩跑步接着跳过"城堡"（枕头）的游戏，若阿宝一直撞倒"城堡"，妈妈可以减少枕头的数量或找小一点的枕头来降低难度，让阿宝更容易跳过枕头；之后阿宝愈来愈熟练了，几乎每一次都跳过"城堡"，妈妈除了可以增加"城堡"的高度外，也可以将气球悬吊起来，让阿宝跳过"城堡"时拍到气球，这样不仅增加了难度，也增添了游戏的乐趣。

以下是促进运用肢体能力活动的基本原则。

1. 利用好玩有趣的游戏或活动引发幼儿的学习动机（概念化）。因为新奇有趣的快乐感觉会启动脑的边缘系统（自我反馈机制），让孩子更积极参与、更全心投入。

2. 促进感觉注册能力（依幼儿的感觉偏好，选择适当的活动增加感觉注册能力），唤醒身体知觉，以帮助启动肢体能力。

3. 促进成熟的姿势控制和屈肌（腹肌、大腿的肌肉群），伸展肌群、加强肌力。

4. 促进身体地图发展，加强触觉区辨能力和本体觉功能。

5. 计划游戏步骤。建议先排出 2~4 个粗步骤的顺序，接着编排游戏的细步骤。

6. 促进游戏的概念，说明这是什么游戏、怎么玩。

7. 促进行为的组织性和条理性，例如教导幼儿收拾玩具、用具、书包、柜子，并且懂得物归原位。

8. 增强反馈的输入。游戏之后带幼儿回顾整个游戏过程：这个游戏需要什么材料？游戏过程中有哪些动作、如何进行？规则和路线是什么？借由这个过程，可以让幼儿脑内更清楚地组织活动架构，下次也可以让幼儿自己准备游戏。

9. 做好游戏前的准备。在游戏之前告诉幼儿要做些什么，请他帮忙预备材料、安排场地（若幼儿选择不适合的物品，需请幼儿先想想使用后会产生什么不好的结果，或者请他想想有没有更好的选择）。这个过程让幼儿懂得选择与分辨。

10. 给予幼儿一段时间自己设计和思考游戏或活动，让全家人进行。

11. 加入别人的游戏时，必须遵守游戏规则，如果要修正规则应当提出建议想法，学会如何与人协调。

12. 在游戏中遇到困难要想办法变化、改用新方法。例如：人数不够怎么办？场地不够宽敞怎么办？想要打棒球却没有球棒怎么办？

13. 认识及适应环境。

（1）鼓励幼儿用不一样的方法活动，例如用单脚跳的方式进入教室。

（2）鼓励幼儿模仿新动作、从事新活动及新工作。

（3）鼓励幼儿在旧游戏中增加一点新玩法，逐步增加新的步骤。

（4）鼓励幼儿把旧活动转移到不同的环境与时间执行。

（5）增加新的游戏方法，并且用语言说出游戏的过程玩法。

（6）鼓励幼儿自动自发做事或游戏。

六 促进运用肢体功能的治疗活动

促进身体地图发展能力

1. 过五关。计划如何使用自己的身体做出各种动作，例如蹲下、爬越、跳远等。

2. 跳绳。感知自己的动作位置，预期一系列时间顺序而做出正确的动作。

3. 团体游戏。听懂且确实遵守游戏规则，例如老鹰抓小鸡、捉迷藏等。

4. 依循地图的步骤或线索玩寻宝游戏或大富翁。

5. 球类游戏，例如篮球、躲避球、桌球等。

6. 玩假扮游戏或刺激丰富想象力的游戏。

7. 增加肢体位置知觉度的治疗活动，包括拍打、按摩四肢，以及吟唱关于身体部位的歌谣加上唱游动作等，能够加强重压触觉和本体觉活动，强化身体知觉度。

8. 乳液按摩、徒手按摩或使用毛巾揉搓肢体等，都是重压型触觉活动。其目的乃是加强肢体位置、界限的感知能力。

9. 关节拉扯，例如吊单杠、拔河、用力推桌子。对手掌、手肘、手腕、肩关节等部位施力挤压，帮助幼儿对关节活动度更明确地觉知。

10. 大力气、使劲地活动都能够促进身体知觉、神经整合，以及促进身体地图的精确成熟发展，例如像看演唱会一样跟着歌曲声举起手来大力摇摆（见图9-1）。

CHAPTER 9
运用肢体障碍及治疗策略　195

图9-1　促进身体地图发展能力

a. 双手高举，大力摇摆，能促进身体地图的发展

b. 小帆船出发了：用手挤压出气的瓶子（例如番茄酱的瓶子），让气流促进小纸船往前走

c. 转圈圈投掷：此游戏必须拿捏投掷时间点及方向的精准度，运用到肢体各部位及眼睛与肢体的手眼协调性

促进口腔运用能力

1. 擤鼻涕。可以告诉幼儿我们现在要学用鼻子喷气的喷火龙，来练习擤鼻涕的动作。
2. 吃饭用唇抿汤匙，而非用牙齿刮汤匙上面的食物。
3. 吹蜡烛。
4. 玩吹气游戏，例如吹泡泡、吹棉花球。
5. 吹奏乐器，例如口琴、笛子。
6. 使用口腔按摩棒、电动牙刷等。
7. 模仿嘴唇、舌头动作的游戏。
8. 用舌头舔汤匙上的花生酱、蜂蜜酱、巧克力酱。
9. 玩"飞吻"的游戏，练习嘴唇用力互抿后瞬间放开发出的声音。

10. 玩舌头出声的游戏。

促进时间序列双侧协调能力

1. 开合跳。

2. 跳绳。

3. 骑单车。

4. 荡秋千。

5. 跳高。

促进视觉区辨能力

1. 平面空间的建造。

（1）点和点相连。

（2）仿画。

（3）拼图。

（4）写字。

2. 三度空间的建造。

（1）照图样组合积木。

（2）照图样建造组合模型。

促进日常生活自理能力

1. 穿衣：取出衣服，分辨前后，将衣服前面向下放置，之后将下摆拉起，双手套入袖洞，双手打开下摆及领口，将头伸入衣服至领口钻出，最后轻拉衣服下摆并整理好。

2. 收拾玩具，整理放回原位。将玩具放回原本放置的盒子或箱子，再将盒子或箱子放回固定的收藏位置（玩具柜或玩具架上）。

3. 帮忙摆碗筷。明确当天有几个人要一起吃饭，需要几个碗、几双筷子、几只汤匙等，并且能够将其摆放得井然有序。

4. 自己整理书包。能够看明白日课表，选择需要的物品；自己准备手帕、卫生纸、水壶等。

促进精细动作能力

1. 模仿手指动作的游戏。手指比出用手枪、胜利、小狗汪汪叫等动作。
2. 手指套橡皮筋，做出简单形状如星星、热气球等。
3. 绑鞋带。
4. 给娃娃梳辫子、绑头发。
5. 给娃娃穿衣服、扣纽扣。

本章主要问题

1. 试说明运用肢体障碍影响哪五种发展能力。
2. 试说明运用肢体障碍常出现在哪些困难情境。
3. 试说明运用肢体障碍对幼儿学习表现、语言能力的影响。
4. 试说明运用肢体障碍如何影响感觉统合发展的基础能力。
5. 试说明如何促进运用肢体的功能。

CHAPTER 10
婴幼儿感觉处理障碍及睡眠与饮食障碍治疗策略

1. 认识婴幼儿感觉处理障碍
2. 认识自我调节
3. 认识睡眠障碍的感觉统合治疗策略
4. 认识饮食障碍的感觉统合治疗策略

饮食障碍

睿睿断奶后就一直很挑食，软烂的不吃，质地太硬的也不吃，每餐都要吃一两个小时，一口饭含在嘴里很久才愿意咽下去。看到他的体重一直不增加，儿科医生很关注。妈妈除了担心他营养不足外，还担心每次亲戚见面都说她没有好好照顾孩子，但实际上，妈妈想方设法地将食物烹调成他能入口的质地，但剩下的食物总比吃进去的多。

睡眠障碍

亮亮刚出生时因为母乳性黄疸照了三天蓝光，在出生后的前三周他的睡眠质量都很稳定，无论是亲喂或瓶喂，都能安心入睡，一入睡便是两三个小时。但在后续回诊测验黄疸指数时，由于亮亮处于半睡状态，护士在未告知的情况下直接将针扎了下去。当时，亮亮吓了一大跳，他很大声地哭了，而采血的护士又急忙在扎针处揉了几下，结果亮亮哭得更响亮了。虽然后来亮亮被妈妈顺利安抚，但当天下午回到家后，妈妈发现亮亮睡眠的时间变短、哄睡后无法放在床上等。为了让亮亮的睡眠充足，妈妈尽量以抱着的方式来让亮亮入睡。即使如此，亮亮在白天的睡眠仍不稳定，且慢慢变成浅眠，而睡眠质量最好的时候却是亮亮要趴睡在爸爸妈妈身上，这时他才有安全感。妈妈不确定亮亮是上回扎针受到了惊吓，还是他本身的问题，她突然觉得好像是在照顾两个不同的亮亮，十分辛苦，换了许多方式，一直不见改善。

一 婴幼儿感觉处理障碍

0~5 岁的婴幼儿发展项目中，除了大肌肉动作、精细动作、语言、生活自理的发展有显著的成长和进步外，还有一项对幼儿发展、生活质量的向度影响更大。依据2016年美国《0~5岁婴幼儿心理卫生及发展障碍诊断分类》(Diagnostic Classification of Mental Health and Developmental Disorders of Infancy and Early Childhood) 一书中所介绍的婴幼儿障碍诊断分类,"感觉处理障碍"(Sensory Processing Disorder) 已经被正式列入诊断分类中。能列入《0~5岁婴幼儿心理卫生及发展障碍诊断分类》的条件是这些感觉处理障碍的症状,足以影响婴幼儿家庭的正常生活。这种障碍症状的影响包括如下几点。

1. 引发婴幼儿的不适感。

2. 影响婴幼儿的关系建立。

3. 限制婴幼儿参与发展性的活动或日常活动。

4. 限制家庭成员参与每日例行活动。

5. 限制婴幼儿的学习能力及新技能的发展,或干扰了发展进程。

由此可见,医疗界已正视感觉处理功能的重要性,希望于早期检查中能发现婴幼儿的失调问题,能及早提供有效的治疗。

在《0~5岁婴幼儿心理卫生及发展障碍诊断分类》中,"感觉处理障碍"包括如下。

1. 感觉过度反应障碍（Sensory Over-Responsivity Disorder）。

2. 感觉反应低下/不足障碍（Sensory Under-Responsivity Disorder）。

3. 其他感觉处理障碍（Other Sensory Processing Disorder）。

另外,影响婴幼儿发展的睡、吃、情绪问题也被列入障碍分类:睡眠、饮食、哭得太过度障碍（Sleeping, Eating, and Crying Disorder）及其他感觉处理障碍。

（一）婴儿睡眠障碍

1. 入睡障碍（Sleeping Onset Disorder）。

2. 夜晚醒来障碍（Night Waking Disorder）。

3. 浅眠障碍（Partial-arousal Sleeping Disorder）。

4.前儿童期恶梦障碍（Nightmare Disorder of Early Childhood）。

（二）婴儿饮食障碍

1.吃太多。

2.吃太少。

3.不正常饮食障碍。

（三）婴儿哭得太过度障碍

（四）婴儿其他感觉处理障碍

二　自我调节障碍的分类

自我调节（Self-Regulation）是指神经功能帮助自己安稳下来，调整情绪的波动、不安，能忍受延迟满足的情境。这种神经功能常借下列行为而达成：大多数幼儿会用吸手指来帮助自己安定下来，这就是一种自我调节发展的方式（Degangi，2000）。

自我调节神经功能可以让人保持"心平气和"，达到情绪和人际互动的健康状态；可以保持生理的内在稳定（Homeostasis）、行为举止的适当合宜，以及头脑最佳清醒状态。这是神经发展具备健全功能的基础。

自我调节是婴儿最早的发展能力，呈现在调节自己的警醒度、吃与醒的规律性。自我调节的能力是由神经生理的成熟度和照顾者的及时反应恰当，以及婴儿对环境的反应整合而成的。

常见的自我安抚动作，例如婴儿想睡觉时吸拇指，利用自己有的感觉动作经验——吸吮动作达到让自己逐渐安静以至睡着；大一点的幼儿在不安、害怕时，也会用吸手指来安抚自己的情绪。幼儿使用的自我调节策略，例如不喜欢洗脸的感觉，他会在脸被洗时闭紧双眼，以头用力扭转开来取代大哭。幼儿具有自我调节能力，可学习并通过感觉动作策略来达到自己的平稳状态

（Degangi，2000）。

研究指出，自我调节障碍可分成两类。

（一）感觉刺激反应过度

感觉刺激反应过度的婴幼儿经常呈现下列行为。

1. 容易害怕和过分小心。

婴幼儿常表现出过度害怕、紧张、焦虑的样子，以致环境中一点点的声音、动作都会吓到他们，所以他们多半喜欢固定而规律的生活，不喜欢人、事、物的转换。例如：有的婴幼儿对于有陌生人出现（陌生的视觉刺激），会表现出哭泣和扭动，对照顾者以外的人的拥抱（触觉刺激）感到惊吓，或坚持照顾者以婴儿习惯的姿势（只习惯某类前庭刺激）喂奶。

2. 容易出现反抗、负面行为。

年龄较小的孩子常常爱哭、难带养，大一点的孩子则常常易怒、固执、追求完美。这类孩子经常同时出现触觉防御或听觉防御。

（二）感觉刺激反应不足

感觉刺激反应不足的婴幼儿经常呈现下列行为。

1. 退缩、不易和人互动。

婴幼儿不主动探索环境、不主动和人互动，经常没表情、没兴趣做任何事，容易疲劳。他们对于环境中的感觉刺激和社会互动常常没什么反应，甚至看起来很忧郁的样子。

2. 沉迷在自我中心的世界。

大一点的幼儿可能呈现沉迷在自己的想象和幻想世界中，同时也有容易分心、注意力不集中的现象。想象感觉刺激不足的幼儿，则如同听障幼儿感受不到声音的美妙，视障幼儿体会不出云彩的变化。因此听障幼儿善用视觉信息，认识多彩多姿的世界；视障幼儿的触觉系统、听觉系统则是主要的学习渠道。

3. 动不停和冲动。

如果大脑对前庭觉、本体觉或触觉等感觉刺激有调节障碍，婴幼儿常会表现出不顾危险的冲动行为、注意力短暂与攻击性或破坏性行为，活动量大，没事东摸摸、西碰碰。他们会借由过度寻求前庭觉、本体觉或触觉等感觉刺激，让大脑获得调节注意力、情绪所需的感觉活动。研究指出，0~3岁幼儿若呈现上述自我调节障碍，日后发生学习问题和情绪问题的比例相当高。所以，幼儿园教师和保姆们若早期发现孩子有自我调节障碍的症状，应尽快告知父母或照顾者带孩子到医院，借由作业治疗师详细评估，确认感觉调节的问题症结之后，尽快采取早期治疗，预防将来可能出现的学习或情绪问题。

三 睡眠与饮食障碍的治疗

自我调节障碍中的饮食与睡眠障碍，常影响幼儿的生活质量，进而造成与家人互动的压力，因此饮食和睡眠障碍值得优先着手治疗。

自我调节障碍的婴幼儿有15%~38%常常在半夜醒来、不易入睡，这对于爸妈而言是一大难题。自我调节障碍的幼儿常常需要很长的时间才能睡着（Degangi，2000）。吃饭也常成为一大挑战。自我调节障碍的幼儿常拒食、易吐，拒吃某类质感的食物，常造成母亲的沮丧、亲子关系紧张，日后更会有社会情绪问题。

（一）睡眠的重要性

睡眠为我们提供"好东西"，为我们的巅峰演出做好身心准备。睡眠是伟大精细的工程，绝不迟钝也毫不被动（Mass, Wherry, Axelrod, Hogan, and Bloomin, 1998）。

睡眠中的大脑很重要，它会调节消化系统、心血管及免疫功能，活化我们的体能。睡眠中，大脑会贮存、重组、提取记忆库中的信息，建立清醒后的认知能力。

典型睡眠周期

分为六个阶段，每个阶段都有特殊的脑波频率，都有不同的睡眠功能。简单来分，可分为慢速波熟睡期与快速波动眼期。

1. 慢速波熟睡期。

能够消除疲劳、促进生长。科学研究上，此阶段是维护健康的利器，原因如下。

（1）恢复与生长。在第四阶段（熟睡期），供给肌肉的血流量增加，使辛苦一天的身体能够休养生息。当白天激烈运动后，深睡期会明显拉长；除此之外，代谢活动此时降到最低，是组织生长与修补的最佳时机。脑垂体在深睡期会达到一天分泌量的最高峰，幼儿与生长期的青少年需要大量、充分且不受打扰的深睡来协助成长。

（2）增强免疫力。天然的免疫物质——肿瘤坏死因子（Tumor Necrosis Factor）、内淋巴素（Interleukin）在深睡期分泌量都会上升，因此充足睡眠会让身体的灵敏度、精力或是一般健康状态明显改善。

2. 快速波动眼期。

具有以下功能：①记忆的贮存与存留；②记忆的整理与重组；③增补神经传导物质，帮助学习，保持记忆力。这是睡眠中最精华和重要的部分。睡太少、睡不好都会大大影响学习效果、思考力、记忆力和功能表现及情绪稳定。

总之，睡眠会影响个体记忆力，学习后的长期记忆一直在深睡期运作。睡眠不足及睡眠质量差将大大影响幼儿的学习成效。研究显示，有充足的睡眠、良好的睡眠质量，学习的记忆力会大幅进步；相对地，睡眠不足、缺乏快速波动眼期睡眠者，则会出现记不住学习过的功课之现象（Maas et al.，1998）。另外，睡眠中断、睡睡醒醒，将使大脑无法将短期记忆转移至长期记忆中心。动眼期睡眠时，脑中的大量活动表现为记忆储存及重整、分类信息及修复补充神经传导介质。如果缺少动眼期睡眠，人类的心智能力会大幅下降。

帮助入睡的策略

幼儿的睡眠障碍包括无法入睡、要很久才能睡着、浅眠、半夜容易醒来、午觉睡不着等，以下是帮助入睡的策略。

1. 运动。

运动后体温升高，使人全身放松、心情愉快，较容易入睡且睡得深、睡得熟。改善幼儿睡眠的方法是在下午 3~5 点让孩子运动、玩耍，酣畅淋漓地流汗，到了晚上就会睡得比较好。

2. 饮食。

饮食摄取要均衡。健康饮食包括充足的五谷、青菜和水果；晚餐尽量不要吃太多或摄取不容易消化的食物，尽量以碳水化合物为主。

3. 减少压力。

紧张、焦虑、压力大都会影响睡眠。幼儿若有感觉调节障碍便时常处在压力下，必须接受作业治疗以缓解压力。放松策略包括按摩、深呼吸、音乐、瑜伽、泡澡等。

（二）睡眠时间需要多久

年龄不同，睡眠的需求量也不同。以下是美国国家睡眠基金会神经疾患及中风国际机构（National Sleep Foundation，National Institute of Neurological Disorders and Stroke）所提出的睡眠需求量（Amen，2010）。

- 1~3 岁幼儿需要 12~14 小时。
- 3~5 岁幼儿需要 11~13 小时。
- 5~12 岁幼儿需要 10~11 小时。
- 13~19 岁青少年需要 9 小时。
- 成人需要 7~8 小时。
- 老年人需要 7~8 小时。

幼儿到底要睡多久？维斯布朗（Weissbluth）在他的著作《健康的睡眠习惯，快乐的孩子》(Healthy Sleep Habits, Happy Child)一书中指出，他在搜集2000多例幼儿睡眠的研究中，所得到的资料分析和别的学者在英国、日本所得相似，显示大多数幼儿的睡眠量如表10-1所示。

表10-1　　　　　　　　　各年龄层幼儿的睡眠量

一天总睡眠时间		夜晚睡眠时间	
4个月	15小时	4~11个月	11小时
4~11个月	14.2小时	1岁	11.5小时
1岁	14小时	2~3岁	11小时
2岁	12.8小时	4岁	11.2小时
3岁	12.5小时	5~7岁	11小时
4岁	12.4小时	8~9岁	10.5小时
5~7岁	11小时	10~11岁	10.1小时
		12岁	9.8小时

资料来源：Weissbluth, M.(2003). *Healthy sleep habits, happy child*. New York: Ballantine Books.

现在孩子的睡眠已经比30年前减少1小时以上，各式各样的原因都可能造成孩子少睡，例如课后活动太多，作业量太大，爸妈纵容，手机、电视、电玩影响等。已有研究证实，脑部直到21岁都还在发展且均发生在睡眠之时，因此少睡对孩子各项发展会造成严重的伤害，而孩子缺眠的坏处会比大人严重千百倍，例如影响学业表现及情绪稳定、肥胖、多动，甚至造成脑构造的永久性伤害。现今许多青少年的性格问题、心情不好、消沉提不起劲、暴饮暴食等，可能是长期睡眠不足的症状。

以色列特拉维夫大学的睡眠研究学者艾维·萨德（Avi Sadeh）博士的研究证实，少睡 1 小时损失 2 年的认知能力发育。布朗大学的莫妮卡·勒布乔亚博士也发现，单是在周末把上床时间挪后 1 小时，就会造成智商数减少 7 分。维吉尼亚大学保罗·苏拉特博士的研究证实，少睡 1 小时使小学生语文测验的分数减少 7 分，而这个伤害的程度竟然跟铅中毒不相上下！

功能性核磁共振（fMRI）的技术，让学者进一步了解睡眠不足对脑部伤害的机制。其一是睡眠不足造成神经细胞丧失弹性，使其无法形成新记忆所需的神经键，这是孩子在疲倦时无法记住老师刚刚教授过的知识的原因。其二是睡眠不足会减损身体从血液取用葡萄糖的能力。葡萄糖是身体的基本能源，若缺少葡萄糖将导致前额叶皮层受到显著伤害，进而影响其专司的"执行功能"（Executive Function），也就是统合思绪完成目标、预测未来、感知行动后果等。因此，疲倦时难以抑制冲动，无法进行读书、做功课等抽象活动，思绪阻塞无法变通。而这两种机制受损都将削弱孩子白天的学习能力。

睡眠影响学习的另一项原因是睡眠的每个阶段在记忆储存上均自有独特角色。睡眠时，大脑会把白天学到的转移到效率较高的储存区。"慢速波熟睡期睡眠"是入睡后不会做梦的第一阶段，语言学习的新生字在此时期由海马回合成。"非快速波动眼期睡眠"（non-REM sleep）为第二阶段，处理语言学习时口齿正确发音的动觉记忆。"快速波动眼期睡眠"（REM sleep）则处理牵涉感情的记忆。

未成年人的睡眠本质与成人极不相同，因为他们有四成以上的睡眠时间为慢速波熟睡期睡眠，是成人的 10 倍，因此儿童与青少年是否睡眠充足会影响其生字成语、九九乘法、历史年代等知识记忆的效率。大脑在白天虽然也进行记忆的整合工作，但记忆的巩固与强化却需在夜间进行，只有在睡眠时才能牵涉新的联想，产生新的推论，进而导致第二天有好的思维。

睡眠与肥胖的关系

近年来值得关注的议题是睡眠与儿童肥胖的关系。伊夫·康特（Eve Caunter）博士发现把睡眠与肥胖连接起来的"神经内分泌连贯现象"，意思是睡眠不足会增加"饥饿激素"（Ghrelin），同时减少与其对立而专门抑制食欲的"瘦体素"（Leptin）之分泌。睡眠不足也会增加可体松（Cortisol），也就是压力荷尔蒙的分泌，其浓度升高会导致情绪不稳等状况，且刺激人体制造脂肪。此外，睡眠不足亦使人类"生长荷尔蒙"中断分泌，进一步影响脂肪分解。

其他科学家的众多研究结果均指向同一方向，即平均而言睡得少的孩子比睡得多的胖！睡不足 8 小时的孩子肥胖症概率是睡足 8 小时孩子的 300%，睡眠 8 小时与 10 小时之间则是剂量反应（Dose-Response）关系。

综观上述，《国际肥胖症期刊》（*The International Journal of Obesity*）的编辑亚特森（Richard Atkinson）博士相信，儿童缺眠与肥胖症的相关研究，其成果已累积到"大家都应该警觉"的地步了。

康奈尔大学心理学教授吉姆·马斯（James Maas，1998）在《睡眠的力量》（*Power Sleep*）一书中指出，人类的最佳状态是需要每晚 10 小时的睡眠为基础。研究发现，若想让大人、小孩能身心健康、表现优异，优质睡眠是不可或缺的条件。位于底特律的亨利福特医院睡眠障碍中心研究专家蒂莫西·罗埃尔斯（Timothy Roehrs）和托马斯·罗斯（Thomas Roth）指出，睡 8 小时的人再多睡 2 小时之后头脑清晰度提升，觉得更有活力、思绪更灵光，思考力和创造力也都获得提升。所以只睡 8 小时还不足以让我们的潜能达到最佳表现，如果睡不好、睡不够，就更容易出现不专心、犯错、生病和意外等情形。

（三）睡眠障碍

有睡眠障碍的幼儿行为表现出难以入睡，包括晚上很晚才能入睡、躺在床上 30 分钟以上不能睡着、午睡不易入睡及半夜易醒来、需要大人陪伴才能入睡或半夜醒来会找爸妈等。睡眠障碍与自我调节功能、神经系统调节睡与醒的机制成熟度及情绪调节功能有关，例如焦虑、紧张、害怕的调节不足及无法忍受与妈妈分开、一个人的孤单感，都会让孩子情绪不稳而不容易睡着。睡眠不足会严重影响注意力、学业成绩和情绪、人际关系等。爸妈千万别认为少睡一点没关系，每天定时定量的睡眠对大脑、心智发展影响重大。

幼儿正常发展的自我调节功能、安抚自己的机制常在睡前呈现，像是摸小被子、吸手、吸奶嘴等情形。以下介绍睡前父母可以执行的事项及促进神经调节的活动，以帮助幼儿安然入睡、一夜好眠。

睡前安抚策略

若是幼儿难以入睡，则需做睡前安抚策略。当孩子已经疲劳但是自己无法睡着，我们要协助他进入放松、平静的神经状态。安抚的意思是减少不舒服、减少哭闹，进入安静、安稳的状态。如何让孩子舒服、放松一点？世界各地的手法都颇为类似，例如抱着孩子让他感受你的体温、你的爱和带来的安全感；也可以搂着或靠紧他躺着，用手围绕或轻压在幼儿身上。这一类身体接触都是运用感觉统合中重压触觉方法来帮助幼儿放松、进入睡眠的状态。初生婴儿常用吸母奶、吸奶嘴帮助自己入睡，这种策略是利用感觉统合中的口腔动作及重复固定动作的方法来达到调节神经的安抚效果。抱着轻轻摇晃是自古以来最常用来协助婴幼儿入睡的手法；踱步、慢慢地走来走去的韵律及摇晃，就是利用感觉统合中规律的前庭觉造成的安定神经之效果，令孩子睡着。

每天睡前的例行活动

如同安抚步骤一样，睡前例行活动要提早开始，不能等到孩子累到哭闹时才进行。在下列睡前例行活动中可以挑选出你和孩子喜欢的项目，每天按照顺序执行。

1. 用温水泡澡。
2. 包在大毛巾中擦揉、裹紧。
3. 穿上舒适的睡衣。
4. 压在大堆枕头、棉被下，说说今天的好宝宝，或今天所发生的好事情、妈妈感谢的事、宝宝感谢的事（有些孩子喜欢被包得紧紧的感觉）。
5. 泡澡后帮孩子轻柔地按摩。
6. 亲亲、抱抱孩子。
7. 把玩偶挤在床内和宝宝一起睡。
8. 大一点的孩子也许喜欢很多只玩具动物和娃娃围在床周，自己挤在中间睡。
9. 轻声哼唱催眠曲、摇篮曲。
10. 拍背、拍屁股至腰中间部位。
11. 准备入睡前要减少刺激：减少声音和降低音量、调暗灯光、不再玩了、不再动来动去。
12. 卧室要安静；可使用窗帘让房间光线变暗。

午觉不要睡太久

白天的午觉不要睡到下午 4~5 点，睡太晚或睡太久的午觉会影响晚上的睡眠。

适当的日晒

白天的环境及生活形态宜有适当的日晒，研究指出白天晒日光 2 小时会改善睡眠障碍。

白天有适当的活动，入夜减少激烈运动

白天的适量刺激包含体能活动、音乐唱游，以保持幼儿白天的清醒及活跃程度；入夜后则减少刺激，不要在晚上逗弄孩子，让孩子玩得过度兴奋，晚上应当使其安静平稳以促进入睡。

傍晚后让幼儿安静下来的活动

1. 轻柔、规律地前后摇，用抱姿左右摇晃。
2. 按摩、挤压肢体，重复、规律、缓慢的动作。

轻柔摇晃助睡眠

水床或气垫床的轻柔摇晃有助入睡。

睡前听音乐

入睡前聆听海洋、微风等大自然轻音乐，能够遮盖家中其他噪声帮助孩子入睡。

睡衣床单的材质

睡衣和床单的质料也需注意，以免因质料引起幼儿不适。

每周至少一次感觉统合治疗

睡眠失调属于调节障碍，积极的感觉统合治疗至少每周一次，加上葳尔巴格按摩—关节挤压方案，配合感觉套餐的出大力本体觉活动和触觉活动。老师、家长、作业治疗师的团队治疗须落实。有些全职妈妈每天认真执行触觉、本体觉活动，1周后即可改善幼儿睡眠失调的状况。

（四）吃饭慢、挑食、含饭、易吐等进食问题

有口腔防御（参见第 6 章）或自我调节障碍的幼儿常令爸妈在用餐时间非常头痛，影响亲子关系、家庭气氛、人际关系及孩子上幼儿园的适应问题。因为口腔过度敏感属于感觉统合中的口腔防御障碍，积极的感觉统合治疗至少

每周1次，并由家长回家执行葳尔巴格的口腔按摩及葳尔巴格按摩—关节挤压方案，配合感觉套餐的出大力本体觉活动和触觉活动。借由老师、家长、作业治疗师三方面落实，吃饭的问题必可改善。

对于太挑食、吃太慢、含饭、易恶心、想吐的吃饭问题，有下列建议。

1. 首先观察并记录孩子吃饭的问题是否与感觉系统相关，例如换固体食物很困难，仍需吃糊状食物。

2. 吃饭时间及环境。吃饭时间必须是照顾者或陪幼儿吃饭的人轻松、不急躁的时间，而且幼儿是清醒的状态；必须是轻松、愉快、安静的用餐气氛，没有电视或容易引起分心的外在干扰。

3. 吃饭的座椅安稳舒适。座椅有扶手，椅面用布垫，幼儿双脚着地或踏在板子上。

4. 让幼儿自己吃，他较能接受多一点不同质感的食物。孩子自己用手抓取食物也是练习手眼协调的好机会。

5. 因为幼儿不喜欢在吃饭时别人帮他擦脸或擦嘴巴，可让幼儿自己擦嘴巴。

6. 使用葳尔巴格按摩—关节挤压方案，再加上葳尔巴格口腔按摩（必须由受过训练的治疗师或老师执行）。

7. 使用婴儿牙刷按摩牙龈，或鼓励幼儿自己用洗净的手指做口内牙龈按摩。

8. 脸部的按摩和游戏，例如用手拉脸做鬼脸、捂住脸玩躲猫猫、手捂嘴巴做飞吻动作等。

9. 嘴唇、脸上贴贴纸游戏：随意在幼儿嘴唇、脸上贴贴纸，然后请他们自行撕下贴纸。

10. 口腔出力的活动，例如用力吹可吹的玩具、用力吸吸管、吸布丁。

葳尔巴格口腔按摩

葳尔巴格口腔按摩的步骤如下。

1. 将双手清洗干净。
2. 食指伸入幼儿嘴内，以食指指腹前半段按压口腔上排牙龈内侧，牙齿后面牙肉1厘米左右，来回横向按摩3下。
3. 食指及中指指腹压下排牙牙面（两侧犬齿之后），压3次。
4. 重复步骤2。
5. 重复步骤3。

汉斯楚（Hanschu，2000）建议若是怕幼儿咬妈妈（或老师）的手指，就先按摩牙齿外侧的牙龈，按摩1周，以及用拇指、食指夹捏按摩嘴唇1圈，再做手指伸入牙齿后方的口内按摩动作。

笔者临床经验中，感觉套餐包含幼儿的按揉脸部游戏，再加上牙龈按摩及嘴唇按—夹—拉的动作，这些活动可以减少幼儿口腔过度敏感的问题。当口腔敏感度减低之后，再使用葳尔巴格口腔按摩，就不用担心幼儿会咬妈妈（或老师）的手指，或按摩时生气的问题了。

注：因为幼儿有触觉防御的症状，按压的力道及速度都必须控制得宜以免适得其反，故葳尔巴格口腔按摩必须由受过感觉统合专业训练者教导才可执行。

实例分享

大女儿从婴儿时期就是心思细腻的孩子，但事实上打从出生开始她就是个"难搞"的孩子。从出生起直到六七个月大，不论白天还是晚上她总是睡一两个小时就会醒来，偶尔可以睡满4个小时。她可以睡满4小时对我而言就像天大的奇迹，总会让我高兴一整天。

7个月之后，虽然她的睡眠时间拉长，但因为长牙了就开始了磨牙，并自此每夜磨个不停，我遍寻医师也束手无策。除此之外，每晚到了就寝时间就是我最头痛的时候，因为她非常难入睡，总要我抱着或用袋鼠背巾背着，边绕家里的餐桌边哼歌安抚，每每要绕上30~40分钟才能见效。如果要她自己入睡那根本是不可能的事，因为她会因此而哭闹直到吐得满地满床才罢休。另外，半夜惊醒哭泣的情况每晚总要发生一两次，直到3岁左右频率才稍减。

除了睡眠的问题之外，在生活上的琐事也让我很头痛。她细腻而敏感的心思还真不足以形容。她非常挑剔食物，颜色不好看的、质地太柔软的、有特殊气味的，她都不想吃。除了这些不肯吃的东西外，她今天爱吃的，明天也不见得喜欢，所以准备她的食物非常令人头痛。另外，她对于大动作的活动特别小心翼翼，从学步开始直到在公园玩大型游乐器材，她都是先仔细观察分析，有把握了才会做下一个动作，不会像同龄的孩子一样横冲直撞、乱跑乱跳。长辈朋友称赞她是个稳重守规矩的孩子，当时我也因此庆幸自己的孩子乖巧又聪明，殊不知这其实是她感觉统合失调的表现。因为这些"难搞"症状每天发生，久而久之就习惯成自然，我以为这是孩子天生的气质，应该会随着她长大慢慢改善，直到她满4岁开始上幼儿园，情况不但没有好转反而急转直下。

记得刚开学时她的表现十分良好，别的小朋友哭得一塌糊涂，她反而开开心心地上学，大方主动又配合，颇受老师的称赞。2周后噩梦来了，早上她哭着不肯上学，晚上又噩梦连连、踢床、大哭大叫、磨牙的情形持续整夜，一定要我睡在身旁牵着她的手才安心。我和她的睡眠质量大受影响，导致白天情绪精神不佳，能够承受的压力更低，晚上更难入睡也睡得更差并陷入恶性循环中，后来甚至出现不断洗手的强迫性症状。

当时跟老师沟通推测，因为她就读的是十分严谨的私立小学附属幼儿园，对孩子的要求较高，虽然她从来没被老师指责处罚，但老师在处罚别的小朋友时她都看在眼里，无形中对她造成极大的压力；加上大班的小朋友对她不太友善，常常恶言相向，杞人忧天的她累积的压力一次性释放，并一发不可收拾。这期间除了帮她转到适合的学校外，婆婆、妈妈、朋友等提供的各种解决方案与偏方都试过了，却不见明显的改善，直到因缘际会寻求作业治疗师的协助，情况立即有了180度的转变。

当时进行的疗程并不复杂，包含每周1次感觉统合治疗，回家配合进行2~3样运动，使用触觉刷刷身体和每晚拍臀部位置约5分钟。这样的活动才进行3天，磨牙和做噩梦、踢床、哭泣等情形就停止了，1周后她主动要求回她的小床睡觉，从婴儿时期以来不曾消失的夜晚哭泣情形几乎没有再出现过，简直像变魔术一般神奇。当时适逢寒假，开学后她即将到新学校就读，让我们如临大敌，一直担心旧事重演，因此事先和园长、老师沟通多次，还想好了对策。没想到她适应得非常好，老师们说看不出她有任何问题，甚至园长说她是全校最开心的孩子。之后她在班上一直是老师的得力助手，不仅协助照顾其他小朋友，还参加学校的舞蹈社，在圣诞节和毕业典礼时担任主角，一点都不怯场，而且动作优美，获得满堂彩。

大女儿现在刚升上二年级，每天吃得多、睡得好，虽然瘦但是身高是班上前三名。她偶尔还是容易紧张，耐力和动作协调也差强人意，但在校各项表现都还不错，一年级上学期获选优良儿童，下学期当选全校模范生，老师很称许她、器重她，同学们也喜欢跟她相处。由于她的治疗课程还持续进行，我常常被其他家长问道："她看起来很好呀，为什么来上课呢？"这时我就会认真地从头到尾把这段心路历程说给他们听，希望他们对自己、对孩子、对治疗有信心。困难终将克服，孩子的潜力无穷，一定会出现令人惊喜的转变！

CHAPTER 10
婴幼儿感觉处理障碍及睡眠与饮食障碍治疗策略

0~3 岁的婴幼儿发展项目中，除了大肌肉动作、精细动作、语言、生活自理发展外，另外一项关键发展则是感觉统合。婴幼儿自我调节功能出现障碍则容易有吃睡不正常、动作计划能力缺失、注意力控制能力不佳、情绪表达功能缺失等症状。当孩子出现睡眠和饮食障碍，可借由感觉统合的治疗与训练，例如加强触觉和本体觉刺激，来改善睡眠与饮食上的问题与困扰。

实例分享中的孩子原本也是个"难搞"的孩子，每天晚上睡一两个小时就会醒来，一晚能睡满 4 小时对爸妈而言就是个奇迹；而且有明显的触觉防御现象，对于衣物颜色、质料、气味等都非常挑剔，和班上同学的相处也常常出现摩擦。因此家长把孩子带来给作业治疗师做感觉统合治疗，每周 1 次，回家配合进行 2~3 样运动再辅以触觉刷刷身体，进行 3 天之后这个孩子已经可以安稳入睡、不会做噩梦，晚上也不会哭泣不停，足见孩子的改变是明显且具体的。

另外，在笔者接触过的个案中，小玄是个 4 岁的孩子，患有中度孤独症，在治疗前入睡困难，不仅在幼儿园无法午睡，而且晚上睡觉前妈妈必须开车到处绕绕才能使他睡着，否则会躺在床上哭闹，即使 2 小时后都无法入睡。小玄接受治疗初期穿上重量背心和紧身衣时会大哭大叫，甚至躺在地上摔自己、打头，因此治疗师施以较多的触觉与前庭觉刺激，例如到公园做攀爬的运动、将球投入桶中等。经过 2 周的密集治疗，妈妈表示小玄的睡眠情况已有改善。如今小玄已可在幼儿园睡午觉，并且晚上不需要妈妈开车出去绕就能安稳入睡，他在学校午睡达 30~40 分钟，晚上可借由大人拍背安抚或按摩，或躺在布秋千中摇晃大约 30 分钟而睡着。经过 14 个月的治疗，小玄妈妈表示小玄已经可以借由在家维持跳床运动来稳定自己的神经系统，不需特地到公园或运动场运动，睡觉时可以自己躺在床上睡着，即使睡不着也可以静静躺着不哭闹。从原本午睡睡不着的状况进步到能睡足 30~40 分钟，以及晚上能够在 30 分钟内入睡，可见感觉统合的治疗有助改善婴幼儿的睡眠障碍。

另外，我们也可借由感觉统合治疗帮助孩子改善吃饭慢、挑食、含饭、易吐等进食问题。2 岁的小如在接受治疗前相当挑食，有明显的口腔防御问题。

她几乎不太吃正餐的饭食,只喜欢喝鲜奶,且每餐均要配合喝一杯鲜奶才能将那餐饭吃完;不喜欢吃青菜和肉,只要吃到青菜和肉,就会在口中咀嚼后吐掉或者说吞不下去就不吃了。她吃饭前会先看看食物的颜色、闻闻味道后才小口地尝一下,一餐饭要喂 2 小时。使用感觉统合治疗方案后,小如在治疗室即可吃完妈妈带的一小盒饭菜,治疗 3 个月后的小如进食量明显增加,体重亦大幅增长。

另一位小朋友小明在初上幼儿园不久即拒绝上学,因为老师要求小朋友吃完老师分好的均衡午餐,但是小明有口腔防御,咽不下青菜,每到晚上便会做噩梦:"不要吃,好可怕!"于是小明妈妈求助作业治疗师。笔者悉心教导治疗 1 周后,小明妈妈高兴地告诉笔者小明已经可以吃青菜而且愿意上学了,老师也说小明可以自己吃完全部午餐了。有如此快速的进步是因为用对了感觉统合治疗方案,以直接治疗加上小明妈妈在家认真执行每天定量的感觉套餐而收到治疗效果。

从上述实例可知,感觉统合治疗对婴幼儿的饮食障碍问题具有明显的改善效果。

本章主要问题

1. 试以美国《0~5 岁婴幼儿心理卫生及发展障碍诊断分类》说明婴幼儿调节障碍的症状。
2. 试说明自我调节有哪些分类及症状。
3. 试说明睡眠对婴幼儿的生长与个体发展有何重要性。
4. 试说明当幼儿出现睡眠障碍时,我们可借助哪些安抚步骤和睡前例行事项进行改善。
5. 试说明吃饭慢、挑食、含饭、易吐等进食问题的改善策略。

CHAPTER 11
孤独症幼儿的感觉统合障碍及治疗策略

1. 认识孤独症诊断的标准和孤独症的发展特质
2. 认识孤独症幼儿的感觉统合障碍
3. 认识孤独症幼儿的感觉统合治疗策略
4. 认识孤独症幼儿的自我刺激行为及相关治疗方案
5. 认识孤独症幼儿的情绪障碍及感觉统合治疗

孤独症幼儿带给父母及老师的挑战，大概是各种障碍类别中最大的。研究显示，孤独症者的大脑体积与一般人不同，小脑也出现异常；由于小脑主掌感觉、动作、语言等功能，这会影响他们在这些方面的表现与能力。每个孤独症幼儿通常会出现行为重复、兴趣狭隘等特征，但状况各有不同。有的孤独症幼儿可能天赋异禀，在某项才华上表现突出，例如被誉为天才画家的李柏毅在艺术天分上备受国际瞩目，但他们可能会在某方面的感觉能力较差。每每看着孤独症幼儿强烈的情绪表达、无法安抚的情绪，或出现眼神空洞、四处游荡、生活自理上有触觉防御的情况，例如强烈排斥刷牙洗脸，身为老师、父母的我们多么希望能够更深入了解他们的问题根源，找出改善的好方法，能让他们在行为与认知发展上更顺利。

孤独症幼儿的神经发展中，感觉统合的缺失对他们的影响非常大；感觉调节障碍会影响其情绪、注意力，且抗拒日常生活自理；运用肢体障碍会影响他们的社会性模仿及人际之间的互动，并且出现固着、重复的行为。

现今的感觉统合治疗已融合了许多著名的孤独症治疗课程，例如丹佛治疗模式（Early Start Denver Model）、地板时间治疗模式（The Floor Time Model）（Greenspan and Weider, 1997）和SCERTS模式（Prizant, Wetherby, Rubin, and Laurent, 2003）。这些权威的学者专家在设计上述治疗课程时，已经和作业治疗师通力合作，结合了感觉统合策略制作《全盘治疗手册》（*Comprehensive Treatment Manual*）（Rogers and Dawson, 2010）。由此可见，作业治疗在上述这些以儿童为中心、以游戏为主的著名治疗中具有相当大的影响力。

孤独症案例一

小琪生气时就会大叫，出现打头等自伤行为，啃咬非食物的物品，也无法入睡，情况相当严重。这些状况让家人非常辛苦，要带他出门困难重重，又常常要忍耐旁人的指指点点，甚至是排斥。但最辛苦的，还是他自己。

在玩游戏时，他坚持固定性玩法；在生活中，他挑食、害怕施工的声音、抗拒刷牙、排斥别人碰触。

孤独症案例二

希希从小就不太好带。婴儿时期，他常常睡不好，对衣服质感非常敏感。进入小学，他的固执的行为使自己的情绪起伏波动很大。例如他有数学课专用的笔，若不见了，他就不写数学作业，一定要找到才能继续写；又如，一年级下学期时某任课老师突然辞职，学校只能每天换不同的代课老师，这使他不想上课。生活中他常常因为诸如此类的事，与同学或妹妹吵架。每次争执如不得他意，他就会崩溃大哭持续一个多小时。只要计划改变，他就会跳脚。

固执的行为也影响了他在学校的人际交往，导致他越来越不想上学，每次上学前都会在妈妈面前躺在地上、抽搐痛哭。在这一两个小时内，妈妈不停地告诉他，理解他为什么不想上学，要如何跟同学相处才能变成朋友，想方设法地让他去上学，但最后让步的是妈妈。最后，妈妈不得不辞去工作，让希希休学。

本章介绍关于孤独症的测量标准、行为分析和感觉统合治疗方案等，期望借此帮助幼教老师或父母早日发觉幼儿的异常行为并及早使其接受治疗。

一 孤独症的诊断标准

（一）克兰西氏量表

克兰西氏量表（Clancy Behavior Scale）共有14项评量项目，为美国克兰西（Clancy）于1969年编写，适用于2~5岁的幼儿。此量表是根据幼儿最近1个月内的情况，在题目右方的空格内打勾，不要漏掉任何一题，时间约为10分钟（见表11-1）。根据宋维村医师等人的诊断结果，中文版克兰西氏量表可以筛选出84%的孤独症幼儿。

表11-1　　　　　　　　克兰西氏量表

幼儿行为	从不	偶尔	经常
1. 不易与别人在一起相处			
2. 听而不闻，好像聋子			
3. 强烈反抗学习，例如拒绝模仿说话或动作			
4. 不顾危险			
5. 不能接受日常习惯之变化			
6. 以手势表达需要			
7. 莫名其妙笑			
8. 不喜欢被人拥抱			
9. 活动量过大			
10. 避免视线接触			
11. 过度偏爱某些物品			
12. 喜欢旋转东西			

续表

幼儿行为	从不	偶尔	经常
13. 反复怪异的动作或玩耍			
14. 对周围人事物漠不关心			
× 加权	0 分	1 分	2 分
总　　分			

计分方式:"经常"得 2 分,"偶尔"得 1 分,"从不"得 0 分。总分超过 14 分者即有孤独症倾向,超过 24 分者则确定是孤独症幼儿。

举例:翔翔在选项中出现"偶尔"的项目有 4 项,出现"经常"的项目有 10 项,其加权后总分为 (4×1)+(10×2)=24 分,超过 24 分,则确定是孤独症幼儿。

(二)美国《精神疾病诊断与统计手册》

根据美国精神医学学会(American Psychiatric Association,APA)于 2013 年出版的《精神疾病诊断与统计手册》(第五版)的内容,"孤独症类群障碍症"的诊断名称包括孤独症谱系障碍,包含孤独症、亚斯伯格症和其他广泛性发展障碍(PDD not otherwise specified)。

近几十年来,孤独症的发生率快速增加。

1. 美国疾病管理局的研究报告显示,美国 2011—2012 年学龄儿童的孤独症谱系障碍发生率达 2%(大约每 50 位儿童中有 1 位为孤独症类群障碍症)(Blumberg 等,2013)。

2. 英国的孤独症类群障碍症盛行率研究是由著名的教授巴伦·科恩(Baron-Cohen)等提出,他们指出,每 10000 位儿童中就有 157 位孤独症类群障碍症(大约每 64 位儿童中有 1 位为孤独症类群障碍症)(Baron-Cohen et al.,2009)。

3. 韩国的孤独症类群障碍症盛行率研究显示：每10000位儿童中有264位孤独症类群障碍症（大约每38位儿童中有1位为孤独症类群障碍症）（Kim et al., 2011）。
4. 依据中国台湾地区健保数据库（1998—2010年）的比较资料，孤独症类群障碍症与注意力缺失多动症的共病率相当高，接近40%，是一个很需要关注的医疗方向。另外，与孤独症类群障碍症共病的问题是焦虑症。孤独症类群障碍症的焦虑主要为非特定焦虑（Unspecified Anxiety）和强迫症（Obsessive Compulsive Disorder）。

孤独症是指"社交沟通与互动缺损"及"局限、重复的行为，兴趣或互动特异性"。孤独症类群障碍症的诊断标准请参见表11-2（American Psychiatric Association，2013）。2013年DSM-5®诊断孤独症类群障碍症时，第一次清楚标明"对感觉刺激过高或过低的反应性"是孤独症类群障碍症患者中感觉症状的一部分。

表11-2　　DSM-5®孤独症类群障碍症（ASD）诊断标准

A. 社交沟通与互动
1. 社交—情绪相互性有缺损，范围总结：
・异常的社交接触方式，以及无法进行正常有来有往的对话
・较少分享，情绪或表情变化幅度小
・无法引发社交互动或有所反应
2. 使用于社交互动的非口语沟通行为有缺损，范围总结：
・口语及非口语沟通整合不良
・眼神接触及肢体语言异常，或理解及使用手势有缺损
・完全缺乏脸部表达及非口语沟通
3. 发展、维持及了解关系有所缺损，范围总结：
・调整行为以合乎数种社交情境有困难
・分享想象性游戏或交朋友有困难
・对同伴缺乏兴趣

续表

B. 局限、重复的行为，兴趣或互动
1. 以刻板化的或重复的动作来使用物品或语言 ・以简单的刻板动作将玩具排成一列或者轻弹物品 ・仿说由于特质所致的词组 2. 坚持千篇一律，对惯例死板地奉行，或使用仪式化的口语或非口语行为 ・对于细小的变化极度沮丧，难以接受改变 ・每天走固定路线或吃同样的食物 3. 高度局限的、固定的兴趣，且强度或焦点异于常态 ・强烈的依恋或全神贯注于特定的物品 ・过度局限或持续重复的兴趣 4. 对于环境中的感官刺激，反应过度或过低，或者有着不寻常的兴趣 ・对疼痛/温度明显漠不关心 ・对特定的声音或材质有厌恶反应，过度地嗅或碰触物品 ・对光线或动作有视觉上的迷恋
C. 症状必须在发展早期就存在，但直至社交需求超过有限能力前，可能不会完全展现；或者可能被后来生活中习得的策略所遮蔽
D. 于临床上，这些症状会造成社交、职业或其他重要领域方面功能的减损
E. 这些困扰无法以智能不足（智能发展障碍症）或整体发展迟缓来做解释。智能不足与孤独症类群障碍症常合并发生；要做智能不足与孤独症类群障碍症的共病诊断时，社交沟通能力必须低于一般预期发展的整体水平程度

（三）国际疾病分类与诊断系统

WHO 的国际疾病分类与诊断系统第十版（ICD-10）将"儿童期孤独症"归类为广泛性发展障碍，其定义为在 3 岁以前至少表现出一项下列领域方面的迟缓或不正常的发展：

1. 社会沟通应用上的语言理解和表达方面；

2. 选择性的社会依附或交互性的社会互动发展方面；

3. 功能或象征性游戏方面。

除上述诊断特征外，还有一些常见的、非限定的问题表现，例如：恐惧症、睡眠和吃饭困扰、易怒气质及（自我导向的）攻击行为。

二　孤独症幼儿的感觉统合障碍

孤独症类群障碍症儿童中，有感觉处理障碍的发生率，各家研究所得不一，从40%到大于90%都有（Smith et al., 2015），"Denver Model"的创建者沙利·罗杰斯（Sally Rogers）团队甚至提出孤独症类群障碍症儿童的感觉异常盛行率为80%~90%，而感觉异常这个问题影响异常行为的发生（Roger and Oznoff, 2005）。因此，寻求治疗感觉处理障碍是孤独症类群障碍症儿童最常见的治疗项目之一（Schaaf et al., 2012）。

89位孤独症类群障碍症儿童的感觉统合及肢体运用测验评估结果显示，孤独症儿童在动作模仿、前庭两侧整合、身体感觉知觉度和对感觉刺激的反应这些向度上有明显困难，而且感觉统合及肢体运用的困难严重影响社会参与度（Smith et al., 2015）。

（一）感觉注册障碍

1. 孤独症幼儿可能无法同时运用多种感觉刺激，包括触觉、听觉、前庭觉、本体觉、味觉、嗅觉、视觉。
2. 叫他的名字没有反应。
3. 延迟反应。
4. 无法正确解读、区辨、整合信息。

（二）感觉调节障碍：触觉防御、听觉防御、重力不安全感、寻求特定感觉刺激

孤独症幼儿有感觉统合障碍的比例非常高（例如触觉防御、听觉防御、重力不安全感、寻求特定感觉刺激），其中触觉防御、听觉防御的发生率最高。

这类障碍类别导致孩子焦虑不安、情绪不稳甚至有自我伤害的行为。许多学者认为，常见的重复固定行为和自我刺激属于感觉调节障碍的行为，具有安抚情绪的效果。触觉防御影响日常生活，例如影响吃、穿、梳洗、如厕、睡眠；视觉防御容易造成眼神接触不佳、无法与同伴进行肢体互动，影响人际互动；听觉防御影响注意力及情绪的调节；重力不安全感影响游戏活动，例如害怕溜滑梯、荡秋千及翻跟斗。

（三）孤独症幼儿的感觉调节神经功能失调所引起的行为症状

1. 喜欢转圈、跑跳、斜眼看人，这是前庭觉的需求。
2. 经常踮脚尖走路，这是本体觉的需求。
3. 喜欢触压、撞跌、揉身体部位、抠东西，这是触觉的需求。
4. 行为僵化、缺乏弹性、变化，有固着性行为。
5. 转换情境（人、事、物）有困难。
6. 类化能力差，无法举一反三。
7. 寻求重复固定的动作。

（四）运用肢体障碍（动作计划不良）

孤独症幼儿常有的动作障碍有缺乏主动性，口腔动作和面部表情的发展缺失，在多步骤和复杂动作、新动作的学习上有困难。孤独症幼儿的运用肢体障碍或动作计划能力不良，包含以下几方面。

1. 不会玩玩具、游戏，学习新玩法有困难，倾向固定玩法及走固定路线等。
2. 动作笨拙，模仿能力发展不佳，不会模仿动作及面部表情，与同伴互动的参与度低。
3. 语言障碍，口腔动作（面部表情）发展缺失。

著名的孤独症治疗"地板时间治疗"的创始人格林斯潘和韦德（Greenspan

and Wieder, 1997）分析了 200 名孤独症幼儿，发现 95% 的孤独症幼儿呈现感觉调节障碍。加州大学洛杉矶分校医院的 Ornitz 教授多年研究孤独症患者，其指出至少 74.5% 的孤独症幼儿有明显的感觉调节障碍，以致他们无法与人互动（Ornitz, 1989; Ornitz, Lane, Sugiyama, and de Traversay, 1993）。

4. 缺乏探索新事物的能力。
5. 口腔动作运用障碍。

美国南加州大学作业治疗小组研究什么是孤独症幼儿最明显的感觉统合障碍，研究中使用标准化测验，即感觉统合与运用肢体测验，施测于 20 位孤独症儿童与 20 位正常儿童，平均年龄 8 岁 1 个月。测验结果显示，最明显的区别在于口腔动作运用——幼儿模仿嘴部动作的能力。此结果和过去的研究结果一致，后者同样指出孤独症儿童在模仿动作上有显著的困难（Rogers et al., 1996; Smith and Bryson, 1994）。正常婴儿能模仿他人面部表情，所以能体会他人的心意和理解肢体动作的意义，但孤独症幼儿缺乏"察言观色"的能力，也较缺乏同理心，故游戏能力及表达情绪感受的能力较一般幼儿差。

近年来，研究者发现"镜像神经元"是语言演化的一大基础，孤独症幼儿的镜像神经元缺失，以致模仿他人动作的能力差、了解别人肢体语言的能力也不佳，因此造成社会互动的一大障碍（Arbib, 2007）。

所谓镜像神经元（mirror neuron）是一组特别的脑细胞，其功用是在我们看到他人的动作时，自己脑中即刻重现相同动作，就像自己也在做同样动作一般。我们能够立刻对别人的动作甚至做这动作的原因心领神会，以至理解别人的意图和情绪。这与"感同身受""同理心"的发展有关联，能促进更深层的沟通（Rizzolatt, Fogassi, and Gallese, 2006）。

三 感觉统合治疗对孤独症类群障碍者的疗效

天普大学菲弗（Pfeiffer）教授等（2011），以 33 位 6~12 岁诊断为孤独症的孩童，用随机控制研究法做了感觉统合治疗疗效研究。结果显示感觉统合治疗组的孤独症孩童治疗后减少了自闭重复固定行为，这项成效证明感觉统合治疗对孤独症的核心症状有改善的可能。另外，感觉统合治疗组显示出在感觉处理、动作技巧和社会功能上有进步。

这项研究的方法是在 6 周时间内做 18 次密集感觉统合治疗，实验方法中的感觉统合治疗是根据爱尔丝的治疗原则：有意义的治疗活动，包含加强适量的触觉、前庭觉、本体觉；孩童主动参与，以及适当的互动反应（Bundy，Lane，and Murray，2002）。每一位孩童至少有 1 次治疗是做录像记录，以考核实际上治疗符合感觉统合治疗原则。10 项感觉统合治疗原则包含如下（Parham et al.，2007）。

1. 治疗室安排成可以诱发孩童参与的环境。
2. 确保环境的安全性。
3. 提供感觉活动的机会。
4. 可以促进孩童进入和维持理想的警醒度。
5. 仔细地安排每一项治疗活动是对孩童恰到好处的挑战。
6. 保证治疗活动是能让孩童成功完成的活动。
7. 引导孩童行为的自我调节功能。
8. 创造好玩有趣的情境。
9. 和孩童一起挑选活动选项。
10. 孩童和治疗师共同建立合作的治疗关系。

而另一项研究是由 Schaaf 教授团队提出使用个别化的感觉统合治疗法，依照每位孤独症类群孩童的个别治疗目标所做的临床推理治疗。经过 30 次感觉统合作业治疗，孩童们在社会化项目、生活自理及自主性方面都有显著进步，其个别治疗目标（Goal Attainment Scale）也有显著的进步（Schaaf et al., 2015）。

四 孤独症类群障碍症患者父母的愿望和感觉统合功能相关

托马斯杰斐逊（Thomas Jefferson）大学教授 Schaaf 分析了 160 个孤独症类群障碍症患者的父母所列出的治疗目标（也就是他们的愿望），其研究分析结果显示：①患者父母的第一愿望是患者的生活自理能力进步，其次是社会参与度和游戏能力进步；②上述愿望目标的影响因子最多的是感觉过度反应或感觉反应不足，其次是肢体运用功能和前庭双侧整合功能（Schaaf et al., 2015）。

父母亲的愿望目标和感觉统合因子相关

1. 小文的妈妈希望小文能自己刷牙1分钟，1天至少完成1次。这项目标的达成会和小文的感觉调节功能相关，如果小文的口腔防御不改善，这项目标就很难达成。

2. 丁丁的爸爸希望丁丁能和其他小朋友一起玩上5分钟，并且在每周5次此类活动中有3次达成。这项目标的达成会和丁丁的身体知觉度和动作计划能力有关。如果丁丁在身体知觉度和动作计划能力方面有所进步，那么他和小朋友一起时，玩的能力就会进步。

3. 小咪的妈妈最大的愿望是让小咪睡眠进步，一晚能连续睡上5小时。这项目标的达成会和小咪的听觉调节功能和触觉调节功能进步相关，降低听觉防御和触觉防御会让连续睡眠质量进步。

4. 毛毛的爸爸希望毛毛吃饭的时候会自己拿汤匙吃10分钟，这项目标的达成会和毛毛的手部触觉辨别功能的成熟进展相关。

> 此研究发现，感觉调节中的过度反应或过少反应问题是最常见的感觉统合因子。同时，感觉反应度异常影响行为的自我调节，因而使孩子参与生活、学习的能力降低。这就是父母要求做感觉统合治疗的原因。

五 孤独症幼儿的感觉统合治疗策略

（一）促进面部或口腔模仿动作能力

利用感觉统合治疗能够改善调节功能，对感觉刺激接收度及反应至正常范围，能正确解读、区辨、整合信息而顺利学习，自我调节达到安定、稳定的情绪。孤独症幼儿在感觉统合的运用肢体障碍中，面部或口腔模仿动作能力差，影响范围如下。

1. 不会和小朋友一起玩，因为看不懂他人面部表情所代表的意思，表情语言的沟通不畅影响了幼儿的社会性发展。
2. 孤独症幼儿缺乏面部表情的沟通，降低了双向沟通时的质与量，不易让人了解他的心意或需要更长时间的沟通。

（二）促进眼神接触

孤独症幼儿社会互动的另一项障碍：目光接触少、不敢看人。神经学专家解释，孤独症幼儿回避目光接触的症状和对声音过度敏感、对触觉过度敏感的反应类似，这个现象与杏仁核异常、情绪调节的障碍有关。杏仁核是调节情绪的门户，当感觉信息传到杏仁核，它针对每个感觉刺激的重要性而引发情绪反应；当杏仁核异常，目光接触的刺激所引发的自主神经系统反应会让孤独症幼儿心跳加快，就像面对危险一样紧张，孤独症幼儿自然会逃避这样的压力和不舒服的感觉，而将眼睛转向别处。

加州大学圣迭戈分校脑与认知研究中心提出上述见解，并与伊利诺伊州埃尔姆赫斯特学院的赫斯坦教授合作，研究"孤独症的情绪反应"，他们正在研发一种能减轻孤独症幼儿压力及焦虑的辅具。目前临床上，作业治疗师使用辅具紧身衣加压在孤独症幼儿身躯上，以缓解孤独症幼儿的压力和焦虑（Ramachandran and Oberman，2006），实验证实效果良好。

感觉统合的重压触觉方案，是用来缓解幼儿因压力、焦虑而造成的目光回避，与穿紧身衣的原理有异曲同工之处；除了上述深压触觉的辅具或刺激外，基础的情绪调节功能也需依赖本体觉输入，以改善神经调节功能。

临床上，当孤独症幼儿在感觉统合游戏中感到轻松、愉快时，他的眼神接触会大幅增加，社会互动及主动性也会大幅提升。这个经验指出，促进孤独症幼儿眼神接触、社会互动、主动性增加，必须从促进情绪调节功能着手。

幼儿从紧张、焦虑、不安的交感神经状态，改善至平衡的自律神经调节，才能在轻松、愉快、安心的副交感神经状态下衍生出适当的社会互动。在感觉统合治疗的原则中，可使用本体觉游戏改善情绪调节功能，触觉游戏能让孩子放松，促进社会互动、沟通和游戏能力的发展。

（三）促进大脑神经系统的安定、清醒、有条理

治疗的首要目标是协助幼儿进入以下状态：

1. 安稳、安静的神经状态（calm）；

2. 清醒、觉醒，大脑能接收处理信息并正确反应的神经状态（alert）；

3. 有条理、有计划、能自我控制行为的神经状态（organized）。

（四）促进感觉注册功能及感觉调节功能

动一动、摇一摇能够促进头脑清醒，神经传导信息更清晰、明确，听觉、视觉更敏锐，大脑能有效地接收外界传递进来的信息。以下活动可作为参考。

1. 抱起来摇。

2. 在腿上摇。

3. 摇木马、摇椅、跳跳球、跳跳马、秋千、溜滑梯、翻滚。

4. 唱游或律动。

5. 跑或跳。

(五)感觉调节障碍的治疗策略

按摩能促进神经安定、心情放松平静、容易入睡、体重增加；出力运动可促进调节功能进步，使吃睡规律，适应能力进步，更能自我控制，进而过上安适的生活。活动内容如下。

1. 触觉、重压治疗。

(1) 徒手按摩。

(2) 葳尔巴格按摩—关节挤压方案。

(3) 其他按摩游戏：压三明治、包春卷、滚热狗、压大球。

2. 出力运动的本体觉。

(1) 爬、站、走、跑、跳。

(2) 吊单杠、爸爸站立时在爸爸身上爬山。

(3) 拔萝卜。

(4) 拉车、骑车。

(5) 走楼梯。

(6) 口腔作用力活动，如咀嚼、吸、吹的动作或游戏。

(7) 使用感觉套餐，将幼儿所需的感觉刺激列在每日的时间表上，少量多餐的例行计划是最有效的治疗方案。

(六)促进身体知觉，学会运用肢体

1. 增加身体知觉度。

幼儿需要对感觉输入有较佳的体感觉处理能力，并且对自己的身体有较佳的操作认知。将体感觉与身体操作结合在一起，并且了解两者的关系（身体动作概念），便需要较佳的感觉区辨能力及动作计划能力。

2. 学会运用肢体的能力。

举例来说，小宇只喜欢玩卡车，无法参与团体活动，我们则利用卡车让小宇用不同的方式玩游戏。首先用秋千当作得到卡车的媒介，让小宇自己摆荡秋千拿取放在高处的卡车，多玩几次后他便开始喜欢这些肢体上的挑战，并且主动将卡车放在障碍物中，运用肢体通过障碍物找到卡车。

3. 由简单的玩法进步到多步骤的玩法。

例如，小宇喜欢荡秋千、坐在秋千上前后摇荡的简单玩法，我们则可以借由他喜欢的荡秋千提升到多重步骤的不同玩法。治疗师可以在秋千的前方2米处放置一个大纸箱，里面摆放一只玩具熊，并准备一篮玩具三明治、面包、水果，放置在秋千旁的板凳上。游戏开始时，告诉小宇现在要玩"大熊早餐时间"的游戏。于是，当小宇荡起秋千，他可以伸手抓一个三明治，当秋千荡高时看准大熊的位置，投入大熊的纸箱中，送三明治给大熊吃。

4. 增加主动性和接受新玩法。

为达到上述目标，在感觉统合治疗中，加强促进肢体运用的策略及治疗方案，借由强烈的体感觉，亦即触觉和本体觉游戏，使幼儿得到身体的正确感觉反馈而产生明确的身体知觉，进而能有效运用肢体，达到"很会玩""很好玩"的治疗目标。

运用肢体障碍治疗策略

1. 鼓励动作模仿。

2. 触觉辨别活动。

3. 使用身体的多样化游戏。

4. 弯曲身体的活动游戏。

口腔动作运用障碍治疗策略

1. 口腔、脸部按摩。

2. 吹或吸的玩具、游戏。

3. 模仿面部表情。

4. 咀嚼、啃、咬的食物清单。

（七）建立友伴关系，促进非语言沟通

1. 建立关系。

借由孤独症幼儿喜欢的感觉游戏，幼儿在轻松、有趣、快乐的情境中被鼓励，诱发出共同注意力，促进孤独症幼儿建立友伴关系和非语言及语言的沟通，加深人际互动、社会技能。作业治疗师也会利用社会认知（social thinking）、社会故事（social story）治疗方案，使孤独症幼儿的人际关系更进步。

2. 促进非语言沟通。

（1）面对面，让孩子看到你的脸。

（2）脸部表情尽量夸张丰富。

（3）来来回回地互相模仿。

（4）肢体语言的对话。例如，两人相距较远时，以招手及比OK的手势表示"请你过来，好吗？"。

（5）多一点肢体语言，增加肢体对话的长度。

- 多利用幼儿喜欢的感觉活动。
- 由幼儿引导游戏制造互动的时机。
- 用"玩的"阻碍法或故意制造状况。例如，假装挡在幼儿面前，并且让他说出"请让我过！"；或让幼儿推开阻挡在面前的门，以制造互动的时机。
- 利用幼儿的喜好（动机、兴趣）和喜爱的动作模式促进互动。
- 增加动作的复杂性（多个步骤）促进互动。

- 多运用所有可能的感官知觉活动。
- 生动、有趣的表演。

（八）促进社会互动和游戏中的主动性

幼儿主动自发的能力可促进自我调节功能，在解决问题的过程中建立自信。从父母（大人）给出指令、示范的直接教学法，渐渐移转成非直接教学的策略——预告及回顾，让幼儿学习独立自主，练习表达自我，与他人建立关系。以下策略提供参考（Williamson and Anzalone，2001）。

1. 事先预告：去户外郊游前，告诉幼儿要去什么地方玩，可能看到什么人、事、物及游具、玩具，小朋友和老师可能会玩什么游戏、在什么时间野餐、在什么地点吃，然后几点钟坐车回家。诸如此类的预告，会让幼儿心中有个蓝图。在当日的情境中，幼儿因心中已有概念所以不会不知所措，以致没有动作计划、无法主动参与。

2. 回顾已发生过的事，以利于幼儿统整经验、细节，作为下次主动性的动作。

3. 准备及收拾工作：让幼儿主动参与负责活动的准备步骤及清理工作。

4. 故意忘记：父母或老师故意把一件事的重要部分忘记，鼓励幼儿主动寻求那忘了的部分。例如：点心时间给幼儿一杯布丁，但没有拿汤匙给他，在这样的情境下让幼儿主动去找汤匙或主动要求大人给他一只汤匙。

5. 改变步骤：将幼儿已习惯的事情改变步骤。例如：把一件幼儿喜爱的东西放在他看得到但拿不到的地方，鼓励他想办法拿到这件物品。

6. 主动寻求帮忙：创造机会，让幼儿主动寻求帮忙。例如：将幼儿喜爱的玩具放在一个透明玩具箱中，幼儿看得到但无法自行打开玩具箱，便创造出机会让幼儿必须主动找老师，用语言或非语言表达"请帮忙""帮我打开"。

7. 看—停—想：许多幼儿由于感觉调节障碍或运用肢体障碍，在游戏中常有反应慢的情况。我们要尊重幼儿的反应时间，不要急着帮他做或一直催促。大人要仔细观察幼儿目前是什么处境，并停下来等候。发明"地板时间治疗"的 Greenspan 医师一再强调："等候—等候—等候。"等候幼儿自己明白状况，想出动作计划，慢慢自己做。这是给幼儿机会主动行动的基本法则。而"地板时间治疗"又可简称为 DIR （Developmental, Individual Difference, Relationship-Based Model），顾名思义是因为儿童的活动通常在地板上进行而命名，强调平衡的交互动态游戏，而非成人主导的方式。治疗者会先观察儿童之行为表现，并跟从儿童既有的游戏或玩法，从中制造互动的机会，借此提升儿童的反应，建立信任度，促进其感觉与情绪的发展，建立各项基本技能。

8. 提示"预备—开始"：许多无法立即开始一系列动作的幼儿，常是因动作计划能力失调，无法就一连串动作计划及排序。因此他们需要一些提示才能有效地开始动作，以及接续动作。常用的一些提示语例如："预备—开始""然后呢，下一步要做什么呀"，并轻拍他的手提醒他可开始动手做。

教学中尽量加入本体觉的活动机会，并以各种不同的姿势，例如站、跪、趴或坐在球上，不用局限在桌前的学习姿势。多利用本体觉出力活动和触觉重压活动，帮助他们进入安定的状态。教师对与孤独症幼儿的互动尽量多鼓励、少要求；多邀请、少强迫；多给幼儿一点时间了解情况再反应；多利用视觉卡、图片来帮助幼儿了解、学习；让自己成为幼儿喜欢亲近、觉得安心的人；和幼儿互动时要全心全意在他身上。

六 孤独症幼儿的自我刺激行为及相关治疗方案

孤独症幼儿经常出现自我刺激行为，父母、老师常常想制止这些异常行为，但是分析自我刺激行为的感觉成分，让我们发现孩子其实是借由这些看起来不甚恰当的行为来做自我疗愈。他们寻求某些特定感觉刺激是对他们的神经发展有益处的，只是因为孤独症幼儿的行动能力有限，身体模仿动作及会玩的种类太少，所以常常只用单一的重复动作来满足其神经需求。因此，若要改善孩子的自我刺激及自我伤害行为，一定要先了解他的行为动作所得到的感觉刺激是哪些，以及这些刺激的目的为何，才能引导他用更合宜的行为来取代不好的行为。例如下述行为所对应的感觉刺激。

1. 摇晃身体：前庭觉、本体觉。
2. 旋转、转东西：视觉、前庭觉（旋转性）。
3. 甩手腕：本体觉。
4. 撞头：本体觉、重压觉。
5. 咬东西：本体觉、触觉。

（一）自我刺激行为的感觉统合分析

自我刺激或自伤行为可以给我们两个线索：第一，孩子需要哪些类型的感觉输入来帮助他安静及组织其大脑；第二，孩子对压力的反应行为总是发生在没有从事目的性活动时，就像许多人在无聊时会乱涂鸦或咬指甲一样。因此在处理自伤或自我刺激行为时，除了分析其需求或造成原因之外，需再进一步以社会性、可接受的方式提供感觉刺激，最后再引导其参与目的性活动，才能真正达成大脑感觉统合之目的。

事实上，自我刺激或自伤行为可视为一种"沟通"方式，幼儿借由这些方式表达需求或压力，因此当行为发生时，我们可从以下几个角度分析其行为意义。

1. 在活动或环境的改变上是否太突然或不可预期？
2. 是否幼儿所期待的事情没有发生？
3. 幼儿的反应是否受器材（具）或活动的性质影响？
4. 该行为是否因房间嘈杂或拥挤而发生？
5. 家中、学校的人或环境是否发生任何改变？
6. 该行为是否在某位工作人员出现时才发生？
7. 该行为是否在孩子没事做时发生？

若行为的出现的确存在某种模式时，接下来要问在这种特定情况下，幼儿的行为究竟表达什么。有可能是："我需要更多感觉输入。""我很累！""我不想做这个。""我不了解。""我很烦！""请关注我。""不要吵！"因此我们可以在一种行为所表达的意义和引发行为之后，借改变情境和对幼儿有利的方式来回应他的"沟通"验证假设；若无效，则再尝试另一种假设。

（二）改善孤独症幼儿的自我刺激行为

直接治疗方案

　　1. 放松、安定的治疗。

（1）按摩：葳尔巴格按摩—关节挤压方案、紧身衣、三明治游戏。

（2）关节压挤与伸展运动：瑜伽、吊单杠、重复固定的动作，如在身体背部与四肢做揉、压、盖印章等动作。

（3）规律、小幅度地摇晃：荡秋千、摇木马或摇椅、趴大球摇晃。

　　2. 促进注意力及神经信息传导的治疗。

（1）快速动作、旋转等前庭觉活动，如倒立、翻跟斗、跳舞。

（2）刺激前庭觉和本体觉，例如跑步、跳跃。

间接治疗方案

　　分析幼儿自我刺激的行为，用一个强度更强的同类感觉刺激，且是社会可以接受的方案行为取代，举例如下。

1. 喜欢将东西放在嘴巴里的孩子就多给予他咀嚼等大量的触觉刺激。
2. 喜欢手上拿、握、捏东西的孩子就多给予操作精细动作的活动。
3. 用手上揉一个青蛙玩具取代摸生殖器。
4. 让手拨有琴弦的乐器如尤克里里、吉他，取代手指敲敲敲。
5. 咬硬的食物如杠子头、贝果、玉米、咬吸管、咀嚼条、咀嚼环等，取代咬手、咬玩具。

改善环境

1. 可预期的、结构化的情境。
2. 视觉提示表。
3. 辅具：重量背心、紧身衣、气垫椅、T形椅、咀嚼条、咀嚼环。

使用大脑体操中纾解压力、促进正面情绪的方案

1. 喝水（water）：水分不够使脑神经化学传导物质无法正常运作，导致功能不良。水分占大脑的90%（Dennison, 2006）。佩特拉·托尔布里兹（Petra Thorbrietz）也在其著作《专注力：帮助孩子更轻松学习》（Konzentration: Wie Eltern ihr Kind Unterstüzen Können）一书中说："念书时必须喝很多水。"保持不缺水状态是健脑的基本要素，经常喝水是大脑体操的第一步。

2. 大脑开关（brain buttons）：大脑开关的动作是按揉锁骨（在胸骨上方）下方的两点，左右揉搓，用一手的拇指、食指按搓此两点约1分钟，另一手掌按盖在肚脐上。

3. 交叉动作（cross crawl）：交叉动作是以左手碰右膝，再用右手碰左膝，如此交替进行。这是同时启动左右脑的过中线交叉动作。

4. 库氏挂钩（Cook's hook-ups）：库氏挂钩的第一部分动作是左脚踝放在右脚踝上，左手在上方，两手腕交叉，手掌心相对，手指交错扣好，然后闭眼、深呼吸1分钟。第二部分动作是双脚平放分开，两手指尖相

碰，连续放松深呼吸 1 分钟。挂钩动作能让心情快速调整，变得不生气、不伤心。

5. 正向触点（positive points）：双眼平视前方，用两手按压发际线与眉毛中间的位置，按压这个点，让人不再担忧，可以开始行动，减少害怕、紧张的时间。

大脑体操按压的正确位置及图示，可参考《大脑体操：完全大脑开发手册》。

七　孤独症幼儿的情绪障碍及感觉统合治疗

许多研究指出，孤独症幼儿的大脑结构异常发生在杏仁核，杏仁核的异常使他们常处于害怕、紧张的压力状态，而出现重复、固定的行为。本体觉的刺激可以促进情绪的调节稳定，降低压力荷尔蒙，使人感到平和安宁；重压的触觉刺激可以使幼儿感到放松、愉快，所以常用此两种刺激改善孤独症幼儿的情绪障碍及行为问题。

本体觉的活动包括各类大肌肉出力运动、瑜伽、体操、律动和口腔动作游戏、小肌肉运动，辅具方面可以使用重量背心；重压触觉的活动包括葳尔巴格按摩—关节挤压方案，各式按摩、挤压关节的游戏，辅具方面可以穿紧身衣等。

重量背心的治疗效果

本体觉的治疗辅具如重量背心，其研究效果如下。

1. 增加目光接触。
2. 增加注意力持久度。
3. 更听从指令。
4. 增加持续坐在位子上的时间。
5. 增加专注的时间。

6. 减少打人、玩手、摇晃的行为。

7. 降低过度活动量。

触觉治疗的效果

使用辅具紧身衣、按摩的效果如下。

1. 降低焦虑、增加注意力、改善睡眠。

2. 减少固着、重复行为。

3. 减少多动、自我刺激行为。

口腔动作的治疗效果

使用辅具咀嚼条的效果如下。

1. 减少咬衣服、咬手、咬指甲等行为。

2. 减少冲动行为、攻击行为。

3. 增加注意力。

实例分享一

小华是一个被诊断为孤独症的 5 岁半男孩,由于他在生活处理、参与游戏、动作发展方面的能力及表现比同龄小孩差,也具有多种感觉统合障碍的行为,因此父母带着小华寻求作业治疗师的协助。

很多生活处理的项目都让小华的父母感到困扰。小华对衣料材质很挑剔,无法接受衣服的标签和毛衣的材质;对于各种食物的接受度不高,尤其排斥泥状或软嫩的食物(例如布丁、果冻、苹果泥);不会主动表达要上厕所,仍需要包尿布。除此之外,父母也对小华看东西转动的行为感到奇怪。小华在生活中喜欢看电风扇的转动和马桶冲水时的漩涡,喜欢转动玩具车的车轮,并会持续 1 小时无法中断;若父母要求小华停止或玩别的玩具,小华则会情绪不稳、生气大叫。

> 小华还对环境中的声音敏感，听到较大声响（如喇叭声、救护车鸣笛声）会捂耳大叫、情绪失控，且出现捶头的行为。
>
> 平时父母带小华外出或在家玩游戏时，发现小华的动作发展较慢，容易跌倒、碰撞人或物品，因而经常受伤，体力很差时常会躺趴着或坐着玩游戏，容易累；在较多人的环境中，会出现尖叫、乱跑及甩手等自我刺激行为；经常叫他名字时没反应，眼神接触少，尚无法与父母或同伴互动玩耍。
>
> 目前父母感到最困扰的是，带小华外出用餐或到朋友家做客时，小华时常情绪不稳、大哭大叫，父母面对这种情形都不知所措。

感觉统合的评估

作业治疗师通过父母所填的感觉统合问卷以及与家长会谈的内容，了解到小华各项发展能力存在问题及缺失：在饮食、穿脱衣服活动中，挑剔食物口感、衣物材质，为触觉及口腔防御表现；小华喜欢旋转的玩具、荡秋千、跳跳床，显示寻求前庭刺激的输入；而喜欢球池、豆豆箱则显示需要触觉的感觉输入。

借由临床观察，作业治疗师发现小华有时荡秋千之后，会不断尖叫、大笑无法停止，治疗师推论小华无法调节大量的前庭刺激输入，因而产生警醒度过高的行为。除此之外，小华游戏时的玩法单调，大多时间会找车轮或可转动的物品，不知道如何运用自己的身体，操作玩具及爬上爬下、荡秋千多需治疗师协助，动作计划能力不佳及缺乏游戏能力；因低肌肉张力、肌力及耐力，在治疗室中多呈现趴姿、躺姿、W形坐姿，平时也喜欢倚靠着人站或坐，无法久坐或走路；肢体控制及知觉动作能力不足，容易跌倒，大幅度动作明显落后；对人的脸部表情、声音反应没有兴趣，只有在秋千上摇晃时，偶尔会注意治疗师的表情。

针对小华父母最困扰的问题，治疗师发现当小华处在嘈杂环境（如人声嘈杂的餐厅）中，或环境中有尖锐大声的声响（救护车鸣笛声）时，会有尖叫、大哭及全场乱跑的行为，因此治疗师推论小华因有听觉防御问题而无法有效调节听觉输入。

感觉统合的治疗介入与进展

针对小华的感觉寻求与感觉防御，在个人治疗中，治疗师给予以感觉输入与处理为基础的活动，来改善因感觉防御产生的自我刺激行为；针对触觉、口腔及听觉防御，治疗师给予大量的深压觉输入，例如触觉刷、穿布洞、大棉被压三明治、全身按摩等，以降低接受触觉、口腔及听觉输入时的焦虑紧张感；除了深压觉外，治疗师也给予大量出力的本体觉输入活动，例如小牛耕田、踩墙倒立、匍匐前进、趴在滑车上拉绳子、爬上斜坡等，增加血清素的分泌，改善整体感觉调节能力，进而调节整体神经警醒度，增加行为的组织性。

当小华整体感觉调节能力改善，且可维持在适于学习的警醒度时，治疗师以触觉输入增加身体知觉度，并以大量本体觉活动提升身体知觉度与动作计划的能力，进一步加强粗大动作。在 5 次课程之后，当治疗室内儿童较多时，小华由一开始在治疗室内全场乱跑的情形，已进步到在治疗师拍背、按压全身并轻声安抚下，可快速恢复情绪继续攀爬架子、穿过布洞，且可以自己爬上圆盘秋千，对前庭刺激的需求也较先前改善。荡了 5~10 分钟秋千后，小华即可在治疗师引导下，情绪平稳地爬下秋千，并转换为其他活动。在治疗室内攀爬架子与绳网时，小华也不需治疗师一一摆位手脚了，跑上跑下斜坡也不像先前容易跌倒，爸妈也表示小华在日常生活中跌倒的频率下降许多。

居家活动

治疗师与小华的父母讨论日常生活中可给予深压觉与本体觉的活动，例如每 2 小时便以触觉刷刷身体、爬楼梯、背书包和水壶、穿重量背心上学、拖拉玩具箱；除了身体活动外，也建议父母在小华吃饭前，在小华可接受的限度内，徒手按摩小华的脸颊、嘴唇与口腔，并且让小华多吃硬食，如法国面包、五谷饭、芭乐、苹果、天然蒟蒻干等，增加口腔出力力量，改善口腔防御的问题。

除此之外，治疗师也与父母讨论预防及减少刺激过量的方法（例如尽量避免在高峰时段至大卖场），并在必须到人声嘈杂的环境（如到餐厅用餐）中前，先给予大量深压觉与本体觉输入的活动，以增进小华至嘈杂环境时的感觉调节；而当感觉刺激过量、小华吵闹不安时，协助小华使用自我调节的方案安定下来，并拍拍小华的背，用力拥抱小华，让小华的情绪恢复稳定。

在治疗师与父母的合作下，现在小华一家外出用餐时，小华大部分时间已可以情绪稳定地用汤匙自己吃饭；当声音刺激输入高过小华可调节的量时，他也可以在父母的按摩、拍背、大力拥抱下，情绪快速地恢复至稳定状态。

实例分享二

小毛是一位 3 岁被诊断为孤独症的男孩，医师告知妈妈小毛的各项能力都发展迟缓，应尽早接受早期疗育的复健治疗，提升小毛各方面的能力。于是，妈妈带小毛接受作业治疗师的评估及咨询服务。

妈妈在照顾小毛的过程中，发现小毛时常发呆出神，反应速度很慢，情绪起伏大；接近不熟悉的人、事、物容易紧张焦虑，一直找妈妈牵手或拥抱；环境的适应性较低，需要很久的时间才敢在新环境中自由活动、探索环境。小华很害怕高度、速度和小幅度的摇晃，下楼梯时很紧张，会将妈妈的手抓紧；平时动作速度很慢，不喜欢粗大动作的活动。另外，妈妈对小毛不会说话、目前仍时常流口水、只会发某些固定单音的问题很担忧，而且小毛对语言的理解差、对生活中的语言指令都听不懂，妈妈不知道该怎么处理他的这些问题。

小毛的吃饭、睡觉和生活处理的问题，都让妈妈伤透脑筋，认为每天简单的生活琐事都像世界大战。小毛有严重的偏食问题，很排斥吃青菜，只喜欢吃重口味的食物，若是吃到不喜欢的食物则会吐出来、不再进食，饭粒粘在嘴唇边都没有感觉。小毛的睡眠质量很差，睡前需要花费 1 小时才能睡着，睡着后若妈妈起身或有声音，都会马上惊醒、哭泣，需要妈妈花费很多时间安抚才能再度入睡。小毛很害怕剪指甲、剪头发的活动，也很排斥莲蓬头喷水喷到身体上的感觉，每次洗头都会大哭大叫、难以安抚。

妈妈表示虽然有上网搜寻关于孤独症的信息，但是自己对治疗的了解仍有限，所以希望作业治疗师可以评估并厘清小毛的问题所在，告知家长未来在家应该要怎么处理才能改善状况。

感觉统合的评估

作业治疗师借由感觉统合问卷和与家长会谈的过程，发现小毛多种感觉系统敏感，害怕剪指甲、剪头发、排斥莲蓬头为触觉防御的表现；挑食的问题则为口腔防御的表现；很害怕高度、速度则为重力不安全感的问题。

在生活中表现的环境适应能力差、睡眠质量不佳，是由于小毛的自我调节能力不佳，神经时常处于紧张焦虑的状态而无法放松。

在临床观察的过程中，小毛完全不敢自己探索治疗室的环境，一直紧拉着妈妈的手，很害怕治疗师接近自己，于是作业治疗师请妈妈带领小毛在治疗室内游戏。治疗师发现小毛对任何会晃动的物品都会害怕，不敢靠近秋千。即使妈妈抱着小毛，小毛也不敢伸出手攀爬上梯子。治疗师观察小毛的行为表现，发现小毛的感觉敏感造成他神经紧张焦虑，由于重力不安全感的问题而减少了做粗大动作的频率。

感觉统合的治疗介入与进展

作业治疗师评估了解小毛整体的问题及能力后，给予以感觉输入与处理为基础的活动，并向妈妈解释触觉防御、口腔防御、重力不安全感的行为，而且小毛需要大量的触觉治疗，才能改善各项感觉系统的敏感问题。在治疗课程中，治疗师让小毛在妈妈的陪伴下使用触觉刷刷身体、执行徒手按摩、使用大玩偶或重棉被压身体、爬棉被山洞。

另外，对于适应新事物能力不佳及易紧张焦虑的问题，则需要大量触觉及本体觉活动，才能让小毛整体神经放松，增加大脑血清素的分泌，平衡自律神经的调节状态。于是，作业治疗师也在治疗课程中加入大量本体觉活动，例如让小毛穿重量背心、搬运大玩偶、爬过厚棉被堆、小牛耕田、拉双手仰卧起坐。

第二、第三次课程开始时，小毛可以接受治疗师的接近及碰触，与治疗师的互动也增加了，会注意治疗师所拿的玩具，有时候会主动想要靠近查看或碰触。治疗师开始针对口腔动作控制及口语发展迟缓问题执行治疗介入。由于小毛时常感觉不到嘴唇边的食物、口水会流出来，所以需要借由口腔附近触觉和本体觉活动，增进口腔附近皮肤、肌肉的知觉度。治疗师在触觉活动部分，会使用震动的玩偶或按摩器靠近小毛的脸颊和嘴唇，或是使用手掌、手指在小毛的脸颊、上下唇外部点状按压或揉捏；在本体觉活动部分，则会让小毛多练习用力咬硬料的食物、用力吹纸球、用吸管吸布丁。

执行治疗 1~2 个月之后，小毛可以接受并开始喜欢侧滚翻、跑步、上下楼梯等本体觉结合少量前庭刺激的活动。由于小毛的感觉输入过低，时常有发呆出神、放空的情形，即大脑神经的警醒程度过低，所以需要前庭刺激提升警醒程度，才能有利于加快学习及执行各项活动的反应速度。此外，对于小毛听从指令及语言理解较差的问题，也需要大量前庭刺激，加快大脑间信息处理的速度、刺激听神经、增加左右脑间的联系，以改善听觉理解，增进语言表达能力。治疗师也会依从小毛对速度、高度的接受适应程度，来调整活动给予的前庭刺激强度和时间长度。

居家活动

在居家活动方面，治疗师建议妈妈尽量运用在家时间执行亲子治疗活动，因为小毛需要大量的触觉活动，所以平时可以每小时给予触觉刷刷身体一次，睡前可以增加替小毛拍背、拍屁股和徒手按摩的时间，以利于整体神经稳定、放松；也需要陪伴小毛做本体觉活动，增进小毛的整体神经调节能力。除了可在家或外出时执行治疗师曾做过的治疗活动（例如小牛耕田、拉双手仰卧起坐、吊单杠、攀爬游乐器材）之外，在家中的时间可以融入家庭生活或家事的活动，例如外出采买时请小毛帮忙使用背包背购买的物品，或是提购物袋、搬运洗衣篮、推动或搬起椅子、擦桌子、擦窗户、拧毛巾抹布等。

治疗师也建议妈妈在家时可以借由观察小毛的表情、反应速度，判断小毛当下的警醒程度如何。当小毛出现发呆晃神、动作速度慢的情形，可给予前庭刺激的活动，让其大脑神经清醒、活跃起来。在家可执行的活动如床铺上侧滚翻、妈妈抱起小毛左右摇晃、趴在大球或棉被堆上前后摇摆（但若小毛显示紧张或害怕的神情，则需要立即降低摇晃的幅度和速度）。在口腔防御问题及饮食的部分，治疗师则建议妈妈可以持续给予小毛口腔按摩，可徒手在嘴唇周围和脸颊给予揉捏及重压，若小毛可接受软毛牙刷或妈妈将手洗干净后的口腔内徒手按摩，则可用软毛牙刷或手指在小毛的牙龈上点状按压、在脸颊内侧面按压，以利于口腔内外侧的敏感度降低，并同时改善口腔的知觉度。另外，治疗师也建议妈妈增加小毛所吃食物的种类，可以增加有口感、较硬的食物（例如芭乐、青菜不需切得太细碎），可借此提升小毛用力咀嚼的机会，充分利用脸颊口腔附近 68 对肌肉群，提升口腔的本体觉以及咀嚼时利用到的第七、第九、第十对颅神经，增加迷走神经（vagal tone）副交感神经活力。

八　安定及舒缓的治疗方案

斯蒂芬·博格斯（Stephen Porges）教授为降低个案焦虑的状况，在 1994 年提出"多重迷走神经理论"，由伊利诺伊大学 Brain-Body 中心的神经生物学家，精神科、内分泌、心理学专家一同研究，如何利用迷走神经的感觉及动作神经分支来启动社会互动系统功能，达到调节自主神经中副交感神经活化，缓解焦虑、害怕，也增进沟通能力。

经过超过 20 年的实验和研发，这套理论形成一套具显著疗效的治疗工具——安定及舒缓的治疗方案（Safe and Sound Protocol，SSP），并由 iLs 公司在 2017 年推出上市。其临床实证研究如下。

实证研究一

实验参与者包括 6~21 岁的孤独症患者 78 人、正常人 68 人。此临床实验发现 SSP 能有效改善孤独症个案的听觉过度敏感，提升情绪控制能力、聆听能力，以及能使个案更愿意主动说话、行为变得更为稳定。

实证研究二

实验对象为 146 位孤独症患者，此次临床实验再次确立 SSP 能缓解听觉过度敏感的症状，使患者能专心聆听他人，并开始产生愿意主动分享的行为（主动的社会互动行为）。

实例分享三：SSP 与孤独症个案的成效

个案一：

小杰从小非常不好带，可以用"磨娘精"来形容：挑食，从不午睡，身高、体重都低于正常标准；经常无缘无故地发脾气，不爱运动，身体笨拙；经常跟父母顶嘴，自主意识很强，不喜欢听从教导，被老师贴上"问题学生"标签；常常因无法遵从指示遭到老师严厉的斥责，且缺乏同理心，跟同学相处时经常发生冲突，自己却不知道问题所在，导致几乎没有朋友，每日孤单独行。

小杰在学习上虽然可以举一反三，但因为缺乏耐心，常常没办法专心练习，导致学习进度缓慢。在完成了一周的SSP课程后，小杰的成效让妈妈非常惊讶，他的睡眠变好、食欲大增，每日心情极好，情绪问题得到很大改善，学校的老师也跟妈妈反映他最近变乖很多，还结交了不少朋友。

个案二：

安安在成长过程中经历过许多情绪低谷，为了了解并帮助自己能够控制情绪，期望走出不愉快的过往，他决定大学时读心理系。大学四年，安安在自我了解上虽然已有很大进步，但有时仍因为社交能力差而无法面对自己愤怒的情绪，也不知该如何处理这些情绪，很容易因过度压抑最终崩溃。

情绪低落时，面对报告、考试，安安都觉得自己一定完成不了报告、考不好试，就连平时最爱的唱歌，都没有勇气站在舞台上。负面思维常常吞噬着安安，他做任何事都提不起劲，每次都是崩溃后，在朋友的相继协助下才得以完成报告。看到自己无法独立完成报告或无法让团队加分，他更忧郁，就这样变成了恶性循环。

他告诉自己要好起来，为此积极地看精神科医生，按时吃抗焦虑及镇静的药，来舒缓心情。但有时睡前他脑中的思绪及情绪停不下来，导致他无法安稳良好地睡眠，他常做恶梦甚至失眠。

安安开始进行SSP五天疗程。在第一天的治疗过程中，他非常想睡觉，这是以前不曾发生的。当晚，他就能够迅速进入睡眠。

治疗的第二天，早上安安刚好要去一个不熟悉的环境。以往，安安只要想到踏入一个陌生的地方，就会焦虑到拉好几次肚子，但这天不一样了，虽然他没有百分百的不焦虑，但心情轻松了许多，拉肚子的次数明显降低。

治疗的第三天，平时不多话的安安，居然跟女友滔滔不绝地讲了三个小时的话，期间对于某些事情的焦虑感也降低许多。这些变化直到女友跟安安说"你今天不太一样"时安安才发现。

治疗的第四天，安安的睡眠质量持续良好，能一觉睡到天亮，有深度睡眠，起床后精神非常好，不像之前难入睡、睡睡醒醒或愈睡愈累。对于老师给的新报告主题，也不像以前那样总觉得自己做不到，而是跟同学讨论如何进行。

　　治疗的第五天，安安持续跟同学讨论报告内容，对社交场合的焦虑明显降低，也没再发生拉肚子的状况。

　　做完SSP过了两个多月，即将毕业的安安有许多近期需要完成的事情，有别于以往，现在安安能以正向的心态去一一完成，若当下无法完成，就告诉自己"没关系，明天一定可以完成的"，也不再觉得会做不好事情、会失败了。

　　个案三：

　　一位妈妈一直处于很紧绷的状态，她的脸色及态度都显现出她长期承受着很大的压力，让人看了很心疼。当她完成第一天的SSP治疗后，明显感觉她整个人变得轻松了，会主动和人聊天，言谈内容较正面，原先那种紧绷的防卫情形消失了。

　　完成第二天治疗后，看得出她的压力及焦虑感减少许多，在分享自己的家庭情况及自己所面临的各种困难和压力的过程中，她不再有愤怒、生气的情绪，而是表现出接受并面对困境的正面态度。她在谈到自己教养孩子的相关话题时，表达了正向与积极的观点，脸上不时堆满灿烂的笑容。

本章主要问题

1. 试说明孤独症幼儿的社会互动发展异常症状。

2. 试说明孤独症的沟通异常症状。

3. 试说明孤独症幼儿的感觉统合发展障碍。

4. 试说明孤独症幼儿感觉调节障碍的治疗策略。

5. 试说明孤独症幼儿运用肢体障碍的症状，及该障碍对个案生活自理及社会互动有何影响。
6. 试说明孤独症幼儿感觉统合治疗策略。
7. 试说明如何改善孤独症幼儿的自我刺激行为。

CHAPTER 12
在学校如何实施感觉统合教学

1. 认识感觉统合帮助大脑处于"准备学习"的状态
2. 认识过度警醒或过度敏感的处理
3. 认识教室内可以促进神经系统"安静"或"警醒"的设备
4. 认识感觉统合失调的行为及感觉统合治疗的益处
5. 认识自伤及自我刺激行为与感觉统合活动的关系
6. 认识使用感觉刺激后的注意事项
7. 认识如何在一天的课程中，安排幼儿的感觉需求
8. 认识影响学习的感觉和动作因素

孩子的智力正常甚至中上，但是为何出现常在教室中像游魂似的四处游走、上课发呆、答非所问、不爱写功课或发脾气、咬手指、撞墙等行为问题？面对这些学习过程中的突发状况，遇到这样的学习情绪失控状态，老师们该如何帮助孩子克服学习困难，让孩子发挥学习潜力？

老师的任务是提供适才、适性的教学课程，期待幼儿都能依据合适的学习目标而有所进步，但前提是幼儿的大脑要处于"准备学习"的状态。因此，老师进行教学前，必须让孩子的大脑"就位"（准备），让他情绪稳定，并且不干扰同学的学习，让他有社会性的主动表现。其实这些学习前的准备策略是本书写作的目的与讨论范畴，本章将通过有效的作业治疗活动及感觉统合教学策略，帮助教师实施有效的课堂学习，并让孩子享受学习乐趣。

另外，本章也探讨如何在特殊教育领域中融入感觉统合的概念，让老师确实运用感觉统合的概念，协助孩子发挥最大的学习潜能，让老师在教室中协助特殊幼儿找到适合自己的学习方式，使他们能够快乐地成长。简而言之，如果老师知道如何营造温暖、正向的学习环境，找到孩子独特的学习方式，相信一定能帮助这些看似学习困难的孩子重新找回学习的方法与乐趣。

经过前述章节的介绍，读者应了解感觉统合治疗的广泛与复杂，不是所有特殊幼儿都适合运用同质性的感觉统合治疗活动。坊间常标榜的感觉统合的治疗（对墙推球、冲滑板、荡秋千……）只是感觉统合活动的一部分，并不代表感觉统合治疗（因为个案问题不一，治疗方式就迥然不同）。只要老师对感觉统合有正确的观念、技巧与方法，就可以就地取材、因地制宜，因应孩子大脑的需求，提供适合孩子的感觉统合活动。

在感觉统合的治疗中，我们常施予知觉动作训练（例如前庭觉配合视觉，本体觉加上听觉与视觉等），当幼儿对知觉动作课程中的活动有学习困难时，学校的作业治疗师可为老师提供咨询服务，通过对幼儿感觉统合发展的评估与分析，为老师提供作为课程设计与实施的建议，这亦是作业治疗师在学校中应承担的任务之一。兹就学校实施感觉统合教学之原则，说明如下。

一　感觉统合帮助大脑处于"准备学习"的状态

大脑如果处于理想的警醒范围内，则个体的注意力适当并且有合宜的行为表现。一般人在一天的时间中无法维持相同的警醒度，通常早上10点及下午3点左右，是警醒度普遍下降的时间，所以，小学生升旗后做早操运动，第二节下课后还要做课间操，而外国人则有喝下午茶的习惯，这都是通过肢体活动与口腔动作（前庭觉、本体觉、温度觉、味觉与嗅觉），使大脑处于理想的警醒范围内。在大脑警醒度较低的时段，站起来四处走动（前庭觉活动）、伸伸懒腰（本体觉）、和人交谈，或吃零食、点心（口腔动作），通过刺激肌肉关节、头部的前庭系统与口腔动作的活动，让警醒度再次提升，使个体回到良好的学习状态，具备解决问题的最佳状态。

举例来说，家长常抱怨的孩子吃饭慢吞吞、写功课的时间拖太长等，通常是注意力不佳、警醒度不佳的行为症状。如果家长或老师不了解孩子的大脑是处于低警醒状态而要求他必须完成功课才可以离开座位，不可以常常离座去喝水、上课不要与同学说话，就忽略了孩子的大脑需要前庭觉、本体觉或口腔动作来调节警醒度的需求，而只以语言约束或要求，则未考虑孩子大脑对调节警醒度的感觉信息需求。这种不恰当的行为约束与规范，反而让孩子寻求其他方式，例如开始东张西望或拿着笔发呆，进而对学习产生抗拒心。

因此，面对注意力较差的幼儿，例如只能在静态学习活动中维持10或20分钟专注度的幼儿，时间一到立刻给他正当的理由离开座位（如起来喝水、上厕所、帮老师准备教材等），借助这些富有感觉刺激的活动重新调整神经系统，让他能够继续有效学习。

基于大脑可以学习的观点，可将时间慢慢加长，即使只是增加了30秒，也是一点点慢慢累积式进步。从感觉统合的角度来解释，即当大脑神经系统无法保持在适当的警醒度时便需要提供前庭觉、本体觉等活动，借助肢体活动带来丰富的刺激，调整大脑保持在理想的警醒范围内，才能有效率地学习。

了解警醒度和学习表现之间的关系及神经系统如何调整警醒度之后，我们就可以依据幼儿的个别差异制定"感觉动作目标"（sensorimotor goals），每个目标呈渐进式的阶梯状（见图12-1）。

提供合宜的感觉刺激 → 达成"安静"和"警醒"的状态 → 感觉调节 → 恰当的反应 → 部分主动的参与 / 持续的专注 → 有目的的活动

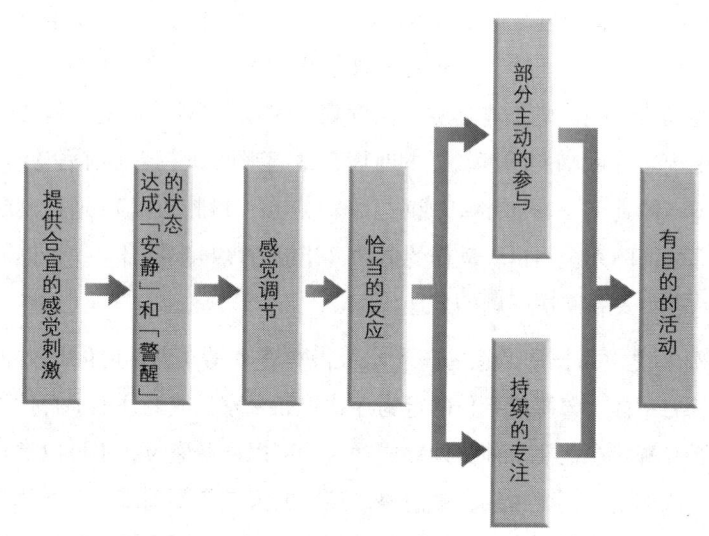

图12-1　学生个别化教育计划（Individualized Educational Program，IEP）感觉动作目标进阶

提供合宜的感觉刺激

大脑神经系统如果对听觉、视觉、触觉等刺激有过度敏感的反应，就会使用"战或逃"（fight or flight）的原始策略，如此一来，脑部高层次的认知系统无法将注意力集中于该处理的信息。换句话说，大脑必须时时防备着，想办法逃避他害怕的声音（例如电话铃响），让他不舒服的视觉刺激（例如鲜艳的颜色），或害怕他人擦身而过所引起的触觉刺激。神经系统像个漏斗，若优先处理害怕紧张的情绪，就无法同时处理更高阶领域的认知或动作计划学习。

达成"安静"（calm）和"警醒"（alert）的状态

"安静"与"警醒"是相对于之前所提的"过分警醒""过分敏感"或

"警醒度太低"之比较，进入最理想的安定、安稳、安静且清醒、觉醒的神经状态，维持在这种理想状态才能让外界的感觉刺激顺利进入，协助大脑感觉统合。

感觉调节

感觉统合的步骤分为两个阶段。

1. 注册、登录阶段。

   即感觉刺激进入。若神经系统无法达成注册及登录两个阶段，外界的感觉刺激就无法进入。孤独症者共有的问题即无法登录，"有听没有到"，进入的刺激无法产生"意义"，也就无法产生行为反应。他们可能在感觉认知方面出现警醒度不足而寻求较强的刺激，或对感觉过度敏感而有嫌恶的表现。研究指出，孤独症者对于视觉的学习方式优于听觉，因此在教学上宜给予具体化的视觉性教材，好让他们进入学习状态。

2. 选择性反应阶段。

   当同时有数个刺激进入时，大脑只能对一个刺激产生反应。例如：上课时同时听到外面的车声、人群的喊叫声、电风扇的转动声和老师讲课的声音，但只选择听老师讲课的声音（又称瓶颈理论），即只对有"意义"的刺激产生反应。接下来则是理解处理输入的感觉刺激，再和过去的经验做比较，以做出适当的反应。

恰当的反应

在当下的情境中最合宜的反应。引导幼儿将注意力集中于特定的人、事、物。能将目光转向老师脸上、老师指在黑板上的手或将听觉导向老师的声音等，意即"导向自己注意力的能力"。

持续的专注

保持注意力集中于该注意的地方，排除分心的干扰，维持注意力在理想的范围内，能持续完成学习，并有目的性地做出适当的动作或行为反应。

部分主动的参与

部分主动参与环境的互动，配合情境回应老师、同学对他的邀请，参与团体活动或从事生活自理的项目。对于幼儿来说，能主动探索环境，自主性地对周围事物产生好奇，并把玩各种玩具。对于学龄儿童来说，能主动参与学校内各项活动、主动完成老师交代的功课。

二　对过度警醒或过度敏感的处理

过度敏感、防御性过强可分为触觉、听觉、视觉及动觉过度防御等四种，害怕动和姿势变换即动觉过度防御的症状之一。在我们的感觉神经传导中，轻触、痛和痒属于同一传导路径，压、振动、肌肉关节的感觉则是另一个传导路径，由此神经生理的现象可以解释为什么许多触觉过度防御的孩子经常不停地告状，因为他们的神经系统对触觉刺激的解释错误，将"碰"到他们解释为"打"他，所以他们常常提心吊胆，害怕别人不小心又"碰"到他们，必须和他人保持相当的距离，造成其呼吸的频率、血压、心跳的速率都较一般人高，出汗较多，耗费许多能量在不必要的紧张害怕中，随时处于"备战"或"准备逃跑"的状态中。

第 7 章所介绍的葳尔巴格按摩—关节挤压方案可有效改善过度警醒或过度敏感的情况。葳尔巴格按摩—关节挤压方案是在 2 分钟内使用触觉刷进行快速、持续重压的按摩手法，再接着施行简短的关节挤压。每 2 小时重复做一次葳尔巴格按摩—关节挤压，可促进神经安定及调节功能，进一步改善过度敏感、过度反应等感觉调节问题。

整个治疗过程虽然简单、容易操作且耗费的时间极少，但对改善过度敏感、防御性过强的问题有戏剧化的效果。举例来说，1 岁的小男孩小天被诊断为"存活困难"（failure to thrive），他不肯进食，连泥状食物都无法接受，只喝母奶而造成体重过低；又因为触觉过度防御，不能将他贴近身体抱在胸前，而必须"举"离一臂之远，并且他只能仰躺，不愿意趴着，不会翻身、坐、爬，多数时间不停地哭，睡眠时间短而浅，有严重的情绪问题及发展迟缓。经过葳尔巴格女士每 2 小时帮小天做一次治疗，5 天之后发现他每天的平均睡眠时间提升为 8 小时，并愿意吸吮奶瓶，也因为能忍受腹部接触地面，可以自己主动翻身而呈现显著的进步。因此，在班级中若有问题相同的幼儿，除了作业治疗师为其制订治疗计划外，更需要班级老师配合每 2 小时将整个治疗方案做一次才能得到明显的疗效。

除此之外，尚有许多活动对神经系统过度敏感的幼儿有实际的帮助，例如涂抹乳液或痱子粉，再施以全身按摩；也可以让幼儿做三明治或夹心饼干游戏；或是幼儿玩当热狗被大垫子夹住的游戏；在秋千或摇椅上缓慢而规律地摇晃也适合这类幼儿。还有像肌肉关节用力的活动也是选择之一，例如推拉东西、提重物。以上这些活动都是班级老师配合学校的作业治疗师，运用感觉统合的概念，为幼儿在教室中所做的感觉统合治疗。在教室中放置合适的感觉统合器材，让幼儿因生理上的需求"主动玩"，而不是被动训练，对大脑中树突的形成有很大的帮助。这也是感觉统合治疗和其他治疗方法最大的差异点，因此观察、理解、分析、解释幼儿的行为，再设计适合他的活动是作业治疗师的主要工作职责。

三　教室内可以促进神经系统"安静"或"警醒"的设备

在了解不同类别的刺激将对神经系统造成不同的安静或警醒的影响之后，就能理解为什么将哭闹不休的幼儿抱起来慢慢摇晃之后，孩子的情绪可以逐渐稳定下来；而有些孤独症幼儿很小就学会倒立，是因为他们觉得倒立时的前庭刺激可以让他们更容易保持清醒。若能在教室中放置某些感觉统合器材，例如跳床、小秋千、大豆袋或懒骨头、大球，在安静角放一个箱子，内有抱枕、绒毛布偶，相信当老师运用感觉统合概念处理幼儿的情绪困扰或问题行为时，必能更加得心应手（见图 12-2）。

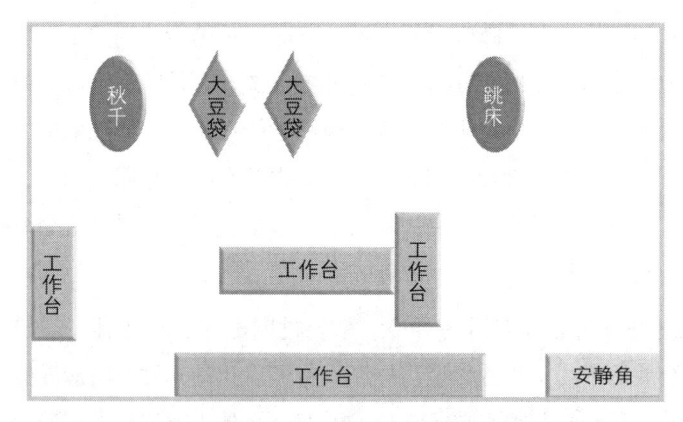

图12-2 教室内可以促进神经系统"安静"或"警醒"的设备

四 感觉统合失调的行为及感觉统合治疗的益处

当幼儿出现下列行为问题时，我们常会怀疑孩子可能有感觉统合失调的问题。

1. 注意力（过度专注或不容易专注）和警醒度（过度警醒或警醒度不足）的问题。
2. 触觉防御。
3. 紧张害怕的面部表情。
4. 动作控制或协调问题。
5. 自我刺激。
6. 自我伤害。
7. 重复性固定行为。
8. 易怒、焦躁。
9. 大发脾气，有攻击性，情绪常常忽然失控。

10. 人际关系差。

11. 学习障碍。

看了以上11个失调的症状之后，可能会发现每个人或多或少都有其中几个问题，但不能因为有其中一个便断定为感觉统合失调，而应以这11个作为参考来观察幼儿的行为表现，发现问题之后，再请专业的作业治疗师为幼儿做进一步的评估与分析。

感觉统合治疗将使个体得到下列益处。

1. 减少自我刺激或自我伤害的行为。

2. 注意力更集中，提升参与活动和学习的能力。

3. 增进从事功能性活动时独立自主的能力。

4. 促进学习新技巧及发挥潜能的自发性。

5. 增进社会人际技巧。

6. 降低焦虑、害怕。

7. 改善沟通能力。

8. 提升对抗不必要的干扰及分心的能力。

9. 提升环境改变或突发事件的调适能力。

10. 增加愉快的经验，更能体验生活中的乐趣。

11. 人际交往中有较多正向互动。

12. 更能适应社区生活，增加全家外出、户外教学时的参与度。

除了接受治疗的孩子可得到益处，照顾这些孩子的父母、老师、治疗师（service provider）又可得到什么益处呢？首先，可让他们看到一个更有希望的方法，是这些照顾者所得到的最大益处。在不断地尝试各种方法、运用各种策略矫治问题行为都不见成效时，家长、老师都会产生极大的无力及挫折感。感觉统合治疗能改善这种状况，对这些孩子有所帮助，相信必可减轻家长的痛苦和负担，让老师较顺利地进行训练和教育活动。其次，可更有效地运用社区资源，利用自然环境中的工具或设备来发展功能性技巧。没有严重自伤和攻击性行为的幼儿才能进入社区学习，通过实际经验学习如何到超市买东西、搭公交车、穿越马路等生活技能。此外，进行感觉统合治疗可减少使用精神药物或行为矫治方法的时间，较能真正看到孩子的长处和潜能，并且让照顾者能得到较多正向反馈，肯定自己的努力。

五 自伤及自我刺激行为与感觉统合活动的关系

作业治疗师从神经生理学的角度，分析自我伤害及自我刺激行为问题的根源，再针对个案对刺激类别的偏好与特质，提供感觉刺激活动，减少行为的发生。这种尊重大脑需求的治疗观点，相较于运用"口头告诫""威胁利诱""矫正""纠正"或"禁止"的传统手法，来得有效且效果持久。

我们可将自伤及自我刺激行为分为触觉，肌肉、关节觉（本体觉），前庭觉三类，分别列举如下。

（一）触觉

1. 持续地把手放到嘴巴内。
2. 喜欢把东西放到嘴巴里，例如玩具、衣服。
3. 玩口水，例如把口水吐出一点点，再涂抹在脸上或抹在地上。
4. 总是把手放在口袋里。
5. 喜欢坐在手或脚上，例如坐着时把手压在屁股下。
6. 喜欢用身体任何部位碰、摸东西，例如看到任何东西都要用手摸。
7. 手总是喜欢握着东西，例如积木、纽扣。
8. 搓揉手指，例如二指互搓。
9. 喜欢抠、捏、搓东西。
10. 喜欢打或拍东西。

11. 拉头发。

12. 咬手指、手腕、手臂（最常见）。

（二）肌肉、关节觉（本体觉）

1. 喜欢用力拍手、跺脚、跳。

2. 踮脚尖走路。

3. 把东西放到嘴巴里咬，再用力拉扯，例如橡皮筋、衣服。

4. 脚跟或手腕用力敲东西。

5. 喜欢攀爬，例如爬铁窗、爬树。

6. 用力推、靠着人或家具，例如牵手时喜欢拖、拉，喜欢扛重物。

7. 任何时间都喜欢磨牙。

8. 喜欢咬玩具或咬人。

9. 喜欢用身体任何部位磨蹭东西。

10. 撞头，例如用头撞桌子。

11. 打自己，例如打耳朵、打头、敲下巴、打脸颊。

12. 喜欢咬手指、手腕或手臂。

（三）前庭觉

1. 摇晃身体。

2. 摇头。

3. 原地转圈圈。

4. 喜欢把手指放在眼前不停地转或摇晃。

5. 不断地"踱方步"。

6. 走走跑跑。

7. 跑步时喜欢突然加速、突然停止。

六　多动及过度敏感幼儿在教室内的一般处置

请参见第 7 章"感觉防御及感觉迟钝的幼儿在教室的一般处置"。

七　使用感觉刺激后的注意事项

前庭刺激常有延迟性的影响，有时 2 天后才出现副作用，甚至也常发生 4 天后才出现反效果的情形。前庭刺激输入效果很强，必须特别注意"量"的给予及观察孩子的反应。若第一次做前庭刺激活动，最好连续 4 天做追踪性的记录。以下简述几种常见的不适反应。

1. 脸色改变，苍白或通红。
2. 流汗或出冷汗。
3. 恶心或呕吐。
4. 呼吸急促、减缓或变浅。
5. 变得昏睡或嗜睡。
6. 无方向感或意识混乱。
7. 注意力无法集中。
8. 持续性地傻笑。
9. 出现攻击性行为，例如生气、打人。
10. 过度兴奋、多动。
11. 持续性地出现逃避行为。
12. 肌肉张力不正常地增加或降低。
13. 癫痫。
14. 血压非预期性改变。
15. 睡眠模式非预期性改变。

16. 饮食习惯非预期性改变。

17. 大小便例行状态忽然改变。例如：幼儿比平日尿湿裤子的次数多很多，原来是玩滑板俯冲次数太多，前庭刺激过大，造成他连续尿湿裤子。

给予触觉输入时可能产生皮肤过敏的现象，这是由于刷子、布、乳液等接触性物品造成感染，因此建议最好每个人都有自己的器具；若必须共享时，则在使用后清洗干净，避免皮肤疾病或感染。我们必须在能控制刺激的"量"及"形式"的前提下提供适当的活动，若幼儿出现任何一种不适应性反应，则必须立刻停止活动，并与作业治疗师进一步讨论，重新思考对孩子更好、更有帮助的方法。

八　老师如何在一天的课程中安排幼儿的感觉需求

当幼儿有严重的感觉处理问题时，一整天都会需要提供对他们有帮助的感觉输入，来组织幼儿的大脑及稳定情绪，尤其在某些关键性时刻，如嘈杂、混乱的环境或突然改变的情境，更需要提供正确的感觉输入，以帮助他们脆弱的神经系统重新调整，他们才能参与接下来的活动，并表现出良好的互动行为。

以下提供几个方法供老师参考，可将结构性的感觉输入穿插于日常生活作息中。

1. 让幼儿的神经系统做好准备，以应付日常生活中突如其来的需求。从一个环境、情境或活动转换到下一个时，中间必须有所连接。例如：事先预告，让他的神经系统早些开始调整，做好准备。或给予他"安静的刺激"（calming input），这种刺激有阻止或缓和神经系统兴奋的功能，例如身体按摩或重复单一的动作、缓慢而有节奏的摇荡、深层压力触觉、缓慢但具节奏的屈曲或伸张。

2. 将安静的感觉刺激与生活自理或用餐活动连接在一起。

3. 每次在改变之前都能额外提供帮助他安静的刺激。

4. 将结构性环境或活动与晨间活动连接在一起,以减少注意力不集中的情况。

5. 提供充分的时间而不匆匆忙忙,生活作息按部就班。

6. 事先解释即将发生的事,让孩子有心理准备。

7. 一旦孩子开始接受训练或职业辅导,务必在作息中安排适当的休息并提供感觉输入,让他保持安静且可组织信息的状态,而不是等到情绪不稳或失控时才开始处理。

8. 清楚地从孩子的正向反应中,了解他是否从所提供的感觉刺激得到帮助。孩子的正向反应可能包括身体压力的放松、更能参与活动、表现出正向的情绪、主动与人接触、不退缩、不沉默、视线接触、没有自伤或自我刺激行为等。

九　影响学习的感觉和动作因素

影响学习及行为的感觉和动作因素包括如下七项。

听知觉

和听力不同,听知觉是指"理解听到的声音"。若孩子听知觉障碍,则可能有如下三个问题。

1. 听觉处理(auditory processing)的速度慢,老师讲到第三句时,他才听懂第一句。

2. 听错。

3. 次序排列错误。

身体意识

意指知道身体部位在哪里，明白其相对位置并知道如何运用。当我们做一个动作时，身体的肌肉和关节告诉大脑肌肉如何收缩、伸展或关节如何屈曲等，这些信息使得大脑在没有视觉反馈时，也能控制肢体在空间中轻松而正确地活动。

身体两侧协调

身体左右两侧有良好的协调且可跨越中线，是两个大脑半球充分合作并有效交换信息的指标。身体两侧协调不佳，将影响粗大动作与精细动作技巧的发展。

精细动作的控制

颈部、躯干及上肢的肌肉、关节有良好的稳定性，是良好精细动作能力的基础。

动作计划能力

指一连串动作的完成。有这方面障碍的孩子在面对新活动、学习新动作时，无法了解其过程与完成步骤，使得肢体无法有效率地完成活动、达成目的，大人会觉得孩子做什么事都显得混乱而没有效率。

眼球控制

包括眼球追视、环境搜寻（scanning）、视线固定于一定点、焦点快速转移和视动协调等能力。

动作、触觉及视觉空间的能力

认识这些影响学习的感觉和动作因素之后，老师较能通过日常生活来发现孩子的问题，确认其功能和能力。举两个例子说明。

1. 乌龟赛跑：将沙袋或重量背心等东西放在孩子背上当龟壳，由一定点爬至另一定点。通过这个活动，老师可观察到孩子在爬行时是否可保持身体姿势而不让龟壳掉下来，当龟壳倾斜时孩子自己会不会调整，是否可接受任何材质或某些特定感觉的东西当龟壳，由这个活动了解其身体意识及触觉的能力。

2. 手拿水瓢装水，由一定点走至另一定点。通过这个活动，老师可观察到孩子手握水瓢时是否倾斜而将水洒出，是否可控制速度及保持身体姿势而不让水洒出，由这个活动了解其身体意识及动作知觉能力。

由活动了解孩子的问题，再针对问题增加其基本能力来改善整体表现才是治本的方法。不断地重复练习无法完成的动作或活动，不但不能真正解决问题，反而增加老师的挫折感及破坏师生关系。因此老师发现问题之后，可和作业治疗师讨论，由作业治疗师协助老师设计活动。举例来说，老师发现孩子不会跳绳时，作业治疗师可将跳绳重新设计为以下数个活动。

（1）两个孩子距离 2 米面对面坐着，两人双手各握着绳子的两端用力拉直，绳子保持一定的张力，再依口令要求身体前后摇动，注意绝不可将绳子放松或掉到地上。

（2）将绳子拉直放在地上，由这头开始从绳子左侧跳到右侧，再由右侧跳至左侧，往前、后、左、右四个方向均可练习。

（3）两人相对将绳子拉直、离地（高度依能力而调整），第三个人双脚同时跳过绳子。

（4）两人相对且将绳子握在手里，手臂上下摆动，第三个人在绳子摆荡至最低点时跳过绳子。

我们可将以上四个活动当成跳绳的准备活动，完成这些准备活动之后才开始练习跳绳，而真正的跳绳练习又可设计为数个连续性活动，慢慢引导孩子掌握跳绳活动中许多基本的动作能力。

本章主要问题

1. 试说明警醒度和注意力、学习能力之间的关系。
2. 试说明对过度警醒或过度敏感的幼儿的处理方法。
3. 试说明促进神经系统"安静"和"警醒"的刺激类别及教室内的感觉统合设备。
4. 试说明感觉统合失调的行为及感觉统合治疗使个案得到的益处。
5. 试说明使用感觉刺激后的注意事项。
6. 试说明老师应如何将幼儿的感觉需求安排在一天的课程中。
7. 试说明影响学习的感觉和动作因素包括哪些。

CHAPTER 13
感觉统合融入幼教课程活动设计及个案成效

1. 认识如何分析幼儿知觉与动作行为
2. 认识促进情绪稳定的感觉统合在幼儿园内的融合课程
3. 认识促进注意力稳定的感觉统合在幼儿园内的融合课程
4. 认识幼儿在家或在校可进行的感觉统合活动
5. 认识如何设计适合感觉统合发展不良的学龄前幼儿的活动

0~6岁的学龄前阶段是个体把接收到的感觉（例如视觉、听觉、触觉、本体觉、前庭觉、味觉、嗅觉）信息消化、整理与组织之后，产生适当的认知（我喜欢的是红色、是莫扎特的作品、是天鹅绒般的触感）、与姿势控制和动作协调发展的关键时期。所谓"知觉、动作"是指根据"感觉"所获得的信息而作出的反应（如动作协调、语言或认知相关行为）（张春兴，2001）。有的心理学家把知觉解释为大脑对作用于感觉器官之信息综合而完整的反应。因此感觉和知觉可以说是密不可分的。

以下所叙述的个案主角均为2~6岁的幼儿，案例中描述的孩子在感觉发展、语言发展、认知发展、情绪发展及社会适应能力等层面与同伴有些不同，相关行为均可从幼儿的知觉和动作观察得知。身为老师与父母看到孩子出现状况均感到无比担忧：到底我们的孩子怎么了？很多家长察觉孩子有些"异样"，大概会有以下反应：震惊、不解，接下来是抱怨连天或捶胸顿足。那么我们应当怎么做才好？我们可就孩子的状况来分析，依据适龄且适合孩子的感觉刺激活动施以教学或游戏，可在家中、户外或学校，让孩子通过活动刺激各种感觉器官，以加强孩子的感觉统合和脑部功能，并且促进动作、语言、情绪及认知发展。

一 个案分析

> **案例一**
>
> 小婕是个 3 岁的小女孩,上课时经常以哭闹表达挫折,注意力非常不集中,只要外界稍有变动就分心。另外,小婕的手部力气和身体协调性也不够,身体动作有时无法与脑中所构想的动作一致。归纳下来,小婕主要的问题为触觉、前庭觉及本体觉的调节障碍。

行为分析及假设

1. 情绪调节不佳。
2. 易分心,自我调节能力不佳。
3. 本体觉、前庭觉处理不佳,肢体运用技巧不佳。

活动设计

活动进行约 1 个月。早晨上课前先做大肢体运动,例如跑步、跳高、上下楼梯、丢球……进行时间约 20 分钟。早餐后老师会帮小婕用触觉刷刷身体(约每隔 1 小时或 1.5 小时进行一次)。正式上课开始操作教具时,老师会配合教具及小婕的状况,设计感觉统合与教具结合的活动,例如以小牛耕田姿势完成拼图。由于小婕手部力气不足,维持小牛耕田姿势时,老师会先从难度较低的高度开始,初

图13-1 先让孩子以难度较低的高度及较短的时间维持小牛耕田姿势完成拼图,此后逐渐拉长时间及提高难度

期要求小婕维持的时间较短，之后逐渐拉长时间及活动高度（见图 13-1）。另外，针对小婕注意力差的问题，可配合跳格子或跳呼啦圈等培养注意力的活动，增加小婕对活动的控制能力。

成效检验

在做了很多触觉、前庭觉及本体觉的运动后，小婕的情绪变得越来越稳定，遇到挫折时已经可以和老师好好沟通，且较能控制自己的情绪及意志力。她可以专注做一件事情 30 分钟，尤其进行团体课程较不易分心，在操作教具时能较长时间坐在椅子上做自己该做的事。身体方面进展最多，小婕通过充足的运动，在肢体动作上更为协调，能顺利完成之前无法达成的游戏，例如接球、踢球等。现在小婕不只享受到活动的乐趣，也能独自完成活动，过程中所产生的成就感带给她心灵上的满足。短短 1 个月来，不只是老师，连父母也充分感受到小婕的身心渐趋稳定，注意力越来越好。

案例二

小英就读幼儿园小班，4 岁，是个可爱的小女生。小英主要的问题是容易生气，只要不如自己的意就会哭闹起来，喜欢坚持自己的想法，挫折容忍度低。身体动作方面，她走路容易跌跌撞撞，而且精细动作及握笔姿势尚需加强。

行为分析及假设

1. 容易生气，挫折忍受度低。
2. 前庭觉区别不佳，走路容易跌跌撞撞。
3. 本体觉与触觉区别不佳，精细动作及握笔姿势不成熟。

活动设计

活动进行约 1 个月。早晨一进入园所就做丢球、踢球或跳跃等运动，进行时间约 30 分钟。每隔 1 小时老师就会帮小英用触觉刷刷身体。老师在上课时会配合教具，设计大量本体觉及前庭觉活动，例如以小牛耕田姿势结合玩积木、青蛙跳结合数学工作，并设计需要大量出力的运动来训练耐力及毅力。老师发现小英十分喜爱小牛耕田的出力活动，同时针对她手部握笔力量及姿势，设计配合手指头

图13-2　以小牛耕田姿势玩蒙氏教具

出力的组合积木等教具操作，来练习手指力量及动作（见图 13-2）。通常课程结束后会再进行一段时间的运动，例如荡秋千、溜滑梯、投球等。

成效检验

经由大量的本体觉动作，小英的情绪起伏已较为缓和，能听进老师的话，承认自己的缺失并修正自己的行为；也会好好与老师沟通及讨论，较能控制自己的情绪及意志力。父母也说小英在家中遇到困难和挫折时，大多可以好好沟通且能配合父母。

案例三

5岁的小女孩珊珊，在就读幼儿园之前较少有系统性的学习，也缺乏和同龄小朋友互动的机会；由于接受的刺激少，因此学习速度比起一般同龄孩子较慢。学习时她常无法记住老师的指令，认知方面学习速度缓慢、不容易记住；玩耍时总会因兴奋过度无法控制自己，而做出危险的行为或破坏规定。

行为分析及假设

1. 前庭刺激不足，影响学习，反应慢。

2. 警醒度障碍，兴奋过度，行为失控。

活动设计

活动进行约 1 个月。除每隔 1.5 小时左右老师会帮珊珊用触觉刷刷身体外，还会配合大量的前庭觉及本体觉的活动，例如青蛙跳、兔子跳、小牛耕田等，加上一有空就让珊珊在教室跑步 10 圈以上，跑步中增加障碍物，提升平衡控制能力；休息时间玩丢球、踢球、溜滑梯等活动，并时常在运动中穿插认知游戏，例如数数的活动。

成效检验

接受大量前庭觉及本体觉的运动刺激后，珊珊较能控制自己的兴奋情绪，老师提醒她也不会生气，情绪持续稳定。在进行活动时老师要求珊珊反复练习，她都能开心且用心地去做。另外，老师发现她的短期记忆力增强了，渐渐能记住老师一连串的指令，认知能力持续进步中，原本一直记不住的数字及符号现在也都能记住了。

案例四

泽泽，4 岁，是个刚就读幼儿园的小男孩，平时自理能力较差、肌肉张力弱、动作慢、容易喊累，遇到事情总是动不动就哭闹且不易沟通，也不喜欢上学。

行为分析及假设

1. 肌肉张力低。

2. 情绪调节能力不佳。

3. 生活自理能力较差。

活动设计

活动进行约 1 个月。主要进行小牛耕田等出力活动，并且在教具中增加练习手指力量、虎口稳定的教具让泽泽练习（见图 13-3），同时也让泽泽反复练习与生活自理相关的活动，例如扣纽扣、叠衣服等。

图13-3　虎口稳定的教具：拇指、食指与中指同时出力互压，上方转盘便会旋转，增加练习的趣味性

成效检验

持续的运动让泽泽的耐力逐渐增加，不会马上就喊累。情绪持续稳定进步，他逐渐可以与人沟通而非以哭闹方式表达，渐渐地，上学对他而言已不是苦差事，回家还能开心分享学校的点点滴滴。他开始主动挑战较困难的工作，能集中注意力且反复练习。老师在观察中也发现，泽泽的生活自理能力进步大，不会老是要老师等大人帮忙了。

案例五

安安是四岁半的小男生，目前就读家附近的托儿所小班。安安很喜欢触碰他人，尤其是特定几个女生，但他碰触别人的方式让人很不高兴。例如：拉扯别人的头发；敲打他人后转头佯装不知道，一会儿又敲或用力地抱住别人的头；有时也会亲小朋友或以脸颊靠近他人脸颊；排队时会由队伍前方或后方以肩膀一个个整排撞过，或用拳头一个个地敲头……这类行为都必须老师出面制止后才会停止。他对老师会做出类似动作，例如跑过来亲一下又跑开，或在老师背后用力推一下并发出怪声。由此情形来看，这类行为应该在小小班便已出现，不少家长也反映过他们的孩子回家告状。老师曾建议父母带安安到医院检查，但父母工作繁忙总是抽不出时间。此

> 后，安安的情绪虽然渐渐改善，闹情绪的频率比小小班的时候少了许多，但情绪控制仍然不佳。
>
> 另外，安安咬指甲的情况严重，不论上课、升旗、运动或午睡时，都会咬指甲且不听制止。他对挫折的忍受度相当低，如果拼图太难、衣物过多放不进工作柜或未拿到想要的玩具，会哭闹、生气、拍桌子。每次教导他要说"请帮忙"，但他仍习惯以愤怒来处理事情。情绪反应过度后，老师剥夺其"权利"，例如不准他到户外玩、没收玩具时，他会大哭、打老师、骂人等，且未达目的或没有得到安慰会一直闹下去。他对不愿接受的指令不予理会，例如吃药、不要摸小朋友等，必须很严厉地要求他才会有所回应。

行为分析及假设

1. 触觉、本体觉刺激的大量寻求。
2. 情绪调节不佳。

由平日观察发现，安安比一般幼儿更喜欢触碰他人（不论是老师或同学），此行为让同伴不喜欢跟他一起玩，但处罚只会使安安更加闹腾，因此怀疑安安是否有触觉障碍必须改善。此外，由于安安情绪起伏大，受伤的心灵恢复很慢，弄得全班不得安宁，所以想安排本体觉的活动稳定他的情绪及安排触觉活动给予他多方面的触觉刺激。

活动设计

1. 每天升旗后，若天气晴朗则全班幼儿去游乐场攀爬绳玩一圈，此活动可以加强本体觉肌肉关节刺激，稳定幼儿情绪。

2. 户外活动解散前和集合时，要求全班小朋友先到户外跑一圈，或以兔子跳、青蛙跳等方式进入教室，此活动可加强肌肉关节刺激，稳定幼儿情绪。

3. 每周五的体育活动安排一些需出力的活动，如两队互掷炸弹、蜈蚣竞走、穿越障碍等，以及一些触觉活动如做三明治活动。三明治活动是用两个垫子或厚被子夹住幼儿，假装在做三明治，在孩子的肩、髋关节等处轻压，主要目的是加强肌肉关节刺激和触觉刺激。

4. 操作教具时加入各种触觉教具，例如蒙台梭利触觉板、ASCO 触觉板（asco tactile board，让幼儿闭眼手握器具，脚踩多种不同材质的踏垫，让幼儿辨认哪块的材质跟手中器具的材质相同）、触摸配对板等，这些触觉教具都是帮助幼儿增加触觉刺激的教学用具。

5. 户外活动时间开放沙池，建议安安在里面多待一段时间，因为沙的质地较为柔细，可让安安在沙地游戏中增进其触觉刺激，并通过游戏促进认知发展。

6. 午餐时间结束后，请安安当小老师，将椅子搬到桌上以利打扫，因为把椅子搬到桌上的动作必须出力及运用到关节、骨骼和肌肉，这个活动能加强肌肉关节刺激与本体觉刺激，而本体觉刺激能帮助安安稳定情绪。

7. 每天在安安进入睡袋准备午睡时，老师用力拥抱他或用手轻拍他的下背，通过拥抱和轻拍增加触觉刺激，而且给予他安全感。

8. 建议父母替安安洗澡时，用海绵或沐浴球等触觉用具为他按摩身体，增加触觉刺激。

9. 建议父母在安安睡前为他做全身按摩。

成效检验

1. 因为不愿让某个孩子在团体里成为特殊分子，而且运动对每个人都有好处，所以许多体能活动都是全班幼儿一起参与，但会借机让安安多做一两次，例如请安安当示范者做一次，之后再与他人一起做一次。

2. 在需要出力的体能活动中，安安的配合度很好。午餐后他会主动将椅子搬到桌上，当体能课小老师也相当有成就感。但他不喜欢夹三明治

蒙台梭利教具：触觉板

荷兰生物学家雨果·德·弗里斯（Hugo De Vries）在观察生物的过程中发现，蝴蝶会将卵产在枝丫上，当卵成熟，孵出的幼虫对光线感受性强，因此会自然朝向树皮的顶端蠕动身躯以吃掉树梢的嫩叶，而当幼虫长大为成虫后，对光线的敏感度便会消失（陈素珍，2009）。

蒙台梭利（Maria Montessori）在观察幼儿时发现人类也存在敏感期，且人类的敏感期多表现在0~6岁的幼儿期。幼儿的感觉器官如视觉、听觉、嗅觉、味觉及触觉等都很敏锐，因此提倡让幼儿接受感官教具，通过各种感官教具和个别化的教学，帮助孩子发挥潜能。

蒙台梭利的教育理念中，教师是引导者，尊重每位孩子的选择。触觉板为感官教具之一，有长方形或正方形的板子，具有粗糙面与平滑面，借以让幼儿触摸了解不同材质的触感，并产生触觉认知。孩子在操作时必须静下心来，依靠触觉去判断粗糙至平滑之间细微的差异，如图13-4下方右边的触觉板，摸起来都有粗糙的感觉，但是粗糙中又再细分出不同质感。倘若幼儿心情浮躁，则会影响其触觉的判断力，便无法完成这项工作。因此这项教具不仅能引导幼儿认识粗糙与平滑，也能训练幼儿的注意力。

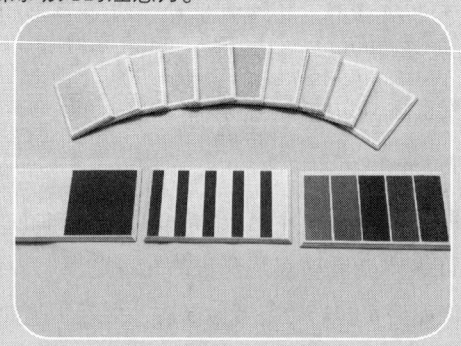

图13-4 蒙台梭利触觉板

的活动及午睡前老师抱他、压他，尤其是压他时，他会要求老师走开不要碰，这可能是老师使用的力量不对，让他感到不舒服，之后老师调整了抱压他的力度，安安便渐渐接受。

3. 安安在加强了本体觉及触压觉活动后，情绪稳定许多，咬指甲行为也减少了，和同学互动时也安定许多。

案例六

4岁的小男孩平平，听觉反应慢，老师说完指令请大家行动时，平平经常还站在原地一头雾水，不知道要做些什么。跟平平说话时，他最常见的反应就是："啊？"因为他听不懂对方想表达的意思。在团体游戏时他也无法获得乐趣，当大家兴高采烈发表意见时，他总是静静坐在一旁。另外，平平不喜欢人家碰到他，所以玩游戏时都与其他小朋友保持距离。

行为分析及假设

1. 听觉处理速度慢。
2. 触觉防御。

活动设计

为了促进平平的听觉，老师设计"炸弹来了"的游戏。这个游戏需要的道具是一个既轻巧又能滚动的长条形"炸弹"，可用纸卷捆成圆筒状，亦可用球或报纸卷，再以塑料袋包覆固定形状即可（见图13-5）。玩法如下。

1. 老师与幼儿面对面，中间间隔约五大步距离。
2. 请一位幼儿在两人中间，老师数到3，将"炸弹"向前滚。
3. 当"炸弹"接近幼儿时，孩子必须双脚跃起跳过"炸弹"。

图13-5 "炸弹来了"游戏

延伸活动

让2位幼儿手牵手跳过"炸弹"。

成效检验

1. 游戏过程中，平平与其他小朋友互动良好，由此可知平平非常喜欢这个游戏，也玩得很开心。
2. 一开始玩的时候，平平不知道要在什么时候跳起来，在玩到第4次的时候，就知道应该跳跃的时间点是什么时候了。
3. 与其他幼儿手牵手跳跃时，平平一开始是拒绝的。当其他孩子要牵他的手时，他会将别人的手甩开。经老师劝说几次后，他逐渐接受游戏规则，听懂并接受老师的指令。
4. 延伸活动：让平平学习如何与他人合作，控制自己的情绪，平平的表现也越来越棒了。

案例七

小宇是个安静的孩子，活动力弱、胆子小，上下楼梯一定要扶着扶手慢慢走。他不但害怕爬高，也不敢由高处往下跳，更遑论跨越水沟。有一次幼儿园举行校外教学活动，游览车才刚上高速公路，小宇就开始晕车，觉得恶心想要吐。平常在园里小宇也不喜欢玩秋千、跷跷板、木马等会摇晃的游戏器材。小宇个性很固执，常坚持以自己认为安全的方式来从事活动，或认为自己绝对不可能做到而表现出不合作的态度，因而影响其行为、学习成效、人际关系等各方面的表现。

行为分析及假设

根据小宇平日的表现，可以判断出小宇似乎有前庭功能失调的问题，可采取如下对策。

1. 使用稳定神经的重压觉和本体觉方案，每 2 小时一次。多鼓励小宇从事温和的前庭刺激活动，例如滚、爬或钻等；且必须特别给予他充足的保障和心理支持，例如先选择较不具威胁性的翻滚或平衡板活动，而非勉强他练习走平衡木。

2. 视小宇可接受前庭刺激的多寡，由少至多逐渐增加刺激量，切勿操之过急。

3. 设计适合小宇的活动，帮助他有机会体会地心引力的改变及身体的功能，学习认识自己身体的重心并且练习保持平衡。例如滚垫活动，这是通过对身体各部位的刺激来培养前庭感觉（如摇晃、旋转、垂直、加速），同时让小宇体验肌肉放松的感觉。

4. 给予小宇机会尝试错误，不要直接教他方法或策略，只需提醒其活动的目标。在活动中尽量鼓励他去"做"，并肯定他的参与和努力，做不成可以再练习一次，不会有任何压力。

5. 若达到活动目标就应给予肯定及适度赞美，让小宇在活动中有机会获得成就感；即使动作不灵活，只要认真努力，一样值得肯定。

活动设计

设计约 2 个月的活动与游戏，带入一些刺激前庭觉的活动，例如翻滚、滑板、转轮盘、空中弹跳等。活动进行下来，小宇比刚入园时进步许多。在老师及同学的鼓励下，小宇已经肯试着玩秋千、跷跷板或木马等游乐设施，虽然还不敢摇晃得太快或荡得太高，但与从前害怕、恐惧的情形相比较，已有显著改善；对于未曾玩过的游戏活动也不再表现出固执、不合作的态度，会试着尝试；不但在学习上有改变，在情绪控制及人际关系和行为等方面也都有所进步。活动设计参见表 13-1。

表13-1　　　　　　　　活动设计参考

活动一	
活动名称：	小妞妞穿大鞋
活动目的：	改善平衡及计划动作的能力
活动内容：	让孩子两脚各踩一个小纸箱行走，可设计曲折路径或在路径中设计障碍物
活动目标：	孩子可以很顺畅地踩着纸箱前进或绕行障碍物
注意事项：	两手是否有不自主的动作以帮助平衡
活动二	
活动名称：	烤香肠
活动目的：	提供触觉刺激、前庭刺激及动作计划能力
活动内容：	用毛毯、大毛巾或海绵将孩子全身包裹起来，头露在外面，让孩子朝指定方向滚动
活动目标：	孩子可顺利地滚向指定方向且不会弄散裹着的毛毯、大毛巾或海绵
注意事项：	在进行游戏时，需注意孩子对游戏是否有排斥现象，视孩子的适应能力进行指导和说明；留意孩子裹着的毛毯、大毛巾或海绵是否完好

成效检验

在活动中，我们发现小宇对于裹毛毯、大毛巾等触觉刺激反应良好。刚开始试图让小宇踩纸箱走路时，小宇容易走不稳、跌倒，但试了几次后，小宇越走越稳。接下来我们让小宇练习滚、钻爬、摇晃、旋转、跳跃等，发觉较温和的前庭刺激活动能帮助他渐渐接受前庭刺激，更多体验身体部位的改变和肢体动作的运用，并能认识自己的身体。我们先鼓励小宇做容易达成而且温和的活动，没有要求他做刺激性较强的平衡板活动，因为这容易使他有挫折感；而小宇在鼓励下，慢慢学习抗地心引力和体验身体位移，借此发展平衡感，也有了成就感。

案例八

巧巧4岁，非常可爱乖巧。由于是家中最小的孩子，大家都很疼爱她。过年时，妈妈帮巧巧买了件羽绒外套，巧巧说什么都不肯穿。妈妈以为是过敏，可是据保姆的说法，巧巧常常对衣服有排斥现象，为她穿衣服都要花很久时间，巧巧也常常会哭闹。另外，妈妈带巧巧剪头发时，巧巧会抗拒哭闹，即使妈妈要示范给她看，说妈妈也会一起剪、不要怕，也需要安抚很久才能完成剪发任务。巧巧对别人的轻触偶尔有过度反应，喜欢依赖保姆或妈妈，很怕生。

行为分析及假设

从巧巧对衣物或剪发的过度反应及产生害怕退却的现象，我们分析巧巧应有触觉防御的现象。可通过葳尔巴格按摩—关节挤压方案或适度的触觉活动，例如烤香肠、三明治、推墙、跳跳床、撑桌子等活动，加强巧巧对触觉刺激的调节及区辨能力。

活动设计见图13-6及表13-2。

286 解放聪明的"笨小孩":全新修订版

图13-6 地牛翻身

平躺在软垫下方,间隔适当距离,双手抓住垫子边缘

双脚出力将垫子抬高

将垫子翻过头顶且平稳放下

表13-2　　　　　　　　　　活动设计参考

活动名称：地牛翻身
活动目的：提供触觉刺激、本体觉刺激
活动内容：让一组 4~5 位幼儿平躺在软垫下方，且相隔适当间距；每人双手抓住身体上方的垫子边缘，利用双脚双手的力量，合力将垫子翻至头上方，并且平稳地放置
活动目标：孩子能协力出力，除了训练肌肉骨骼和关节等本体觉运动，也能培养团队合作的精神
注意事项：游戏过程由老师全程引导；孩子在参与活动时需要家长或老师协助；视孩子能运用力气的程度；游戏过程注意安全

延伸使用

各种触觉刺激活动（请参见第 3 章）。

成效检验

1. 巧巧在此游戏中可促进触觉刺激。因为垫子会碰触绝大部分的身体，刚开始巧巧会非常不习惯，后来妈妈听了治疗师的建议在家为巧巧按摩和刷身体，使得巧巧对触觉的敏感度渐渐调整，能够慢慢接受垫子、床单的轻碰，因此越来越喜欢这个活动。

2. 巧巧因为出力运动做得少，所以要跟同学做出力活动会有困难、产生挫折，一有挫折后就会说不想玩了。老师只好再加入其他同学或暂停游戏，有的孩子会感到很扫兴。这个游戏的难度也较高，因为需要多人通力完成，老师需要先进行其他活动来加强团队合作的概念，实施的时间与所花的心力会较多。

3. 此游戏能有效帮助巧巧适应团体生活，培养与同伴互动的技能。当巧巧建立自信后，回到家中爸妈也能运用此原则帮助巧巧融入哥哥姐姐的游戏。虽然刚开始需要爸妈在旁看着，但是巧巧进步很快，可以跟哥哥姐姐一起玩了。

二 幼儿在家或在校可进行的感觉统合活动

吹鱼

如图 13-7 所示，用力吹气可增进头脑清醒，训练呼吸系统及发音部位，减少流口水的情形。

长颈鹿送面包

教室的一头放置玩具或拼图等，另一头放置装玩具的托盘或拼图的板子，请幼儿一人拿一块巧拼垫，以高跪姿走路用巧拼垫运送玩具或拼图至另一头，拼图可以运送过去直接拼入正确位置；玩具或积木可以待运送好几趟后，再请小朋友将其拼凑起来（见图 13-8）。

在此游戏中，孩子需组织并计划有顺序性的动作，帮助自己顺利完成。当动作计划能力发展良好时，孩子对新活动会较勇于尝试，并且因为能顺利完成想做的事而容易获得成就感。

跳房子与蒙氏教具"纺锤棒箱"结合

如图 13-9 所示，从教室的一头出发，每跳过一次房子后将纺锤棒放入对应数字的盒子里，直到完成。此活动帮助孩子锻炼计划能力及认知分辨的能力。

用手指头出力的教具

如图 13-10 所示，利用手指头出力

图13-7 吹鱼

图13-8 长颈鹿送面包

图13-9 跳房子与蒙氏教具"纺锤棒箱"结合

1. 拿取与盒中数字相符数量的纺锤棒
2. 双脚踏在巧拼垫上 
3. 用橡皮圈将纺锤棒捆在一起 
4. 放入对应数字的盒子中

的教具练习手指头力量，也可增进手眼协调能力。

以小牛耕田姿势玩蒙氏教具

如图 13-11 所示，让孩子在玩教具的同时，身体或双脚撑在桌子或椅子上使肢体出力。通过出力运动，头脑需要更清醒专注于双手所要做的事，借此加强本体觉。

触觉刷刷身体

如图 13-12 所示，配合每小时进行一次触觉刷刷身体（幼儿可以自己刷或老师帮幼儿刷），刺激身体触觉，加强注意力集中，使情绪稳定而能更专注于学习。

翻鸡蛋

让幼儿双脚并拢，双手抱着双膝，老师帮忙让幼儿前后翻滚，起来后躺下再起来，如图 13-13 所示。此活动旨在帮助幼儿刺激前庭觉，保持身体平衡，提神醒脑，反应灵敏，耳聪目明。

图13-10　用手指头出力的教具

CHAPTER 13
感觉统合融入幼教课程活动设计及个案成效　291

图13-11　以小牛耕田姿势玩蒙氏教具

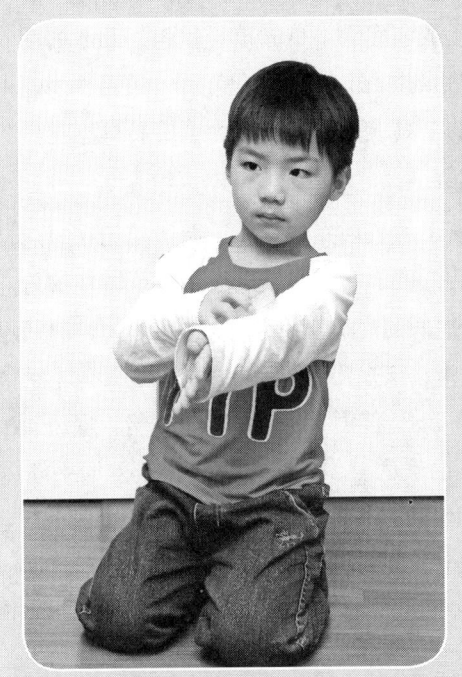

图13-12　用触觉刷刷身体

图13-13　翻鸡蛋

我们必须了解每个孩子都是独特的，虽然这些孩子可能在大人眼中是麻烦人物，但是当我们分析他们的行为举止后，才发现他们可能是在感觉统合方面有些不同，可能是区辨障碍或调节障碍，我们需要正视他们的需求且耐心地引导他们。

文中的安安和巧巧因为触觉刺激不良，跟同伴游戏时容易碰撞别人、容易对别人的触碰产生强烈反感，而且往往不晓得如何表达想法或情绪，因此他们的社交行为受限。针对他们的情形，我们要找出令其感到不适的主要原因，给予适合的触觉刺激活动，例如攀爬绳网、蛙跳、穿越障碍、操作触觉教具等，利用这些活动来刺激其肌肉关节及触压觉。建议爸妈在家就常常跟孩子有触觉上的互动，如洗澡时用小刷子擦澡、休闲时到公园玩耍，跟孩子一起从事体能游戏……这些均能为孩子多提供些触觉刺激的机会。

另外，我们常常想办法给予本体觉或前庭觉不良的孩子较强烈刺激的活动，鼓励他们做动作幅度较大且较具威胁的翻滚、平衡木等动作。若是循序渐进地实施活动，在户外就能找到合适的工具让孩子练习出力、旋转等感觉刺激，孩子会越来越感兴趣，从中找到成就感。

身为老师和家长的我们，常常对孩子的表现操之过急，期待他们在短期内有成效，殊不知若我们拔苗助长的话，孩子反而容易失去玩体能游戏的乐趣。实施任何活动前，需先分析及诊断他们的症状，缜密地构思课程，同时请教专业的作业治疗师帮助孩子改善其行为、认知和情绪等方面的问题。像本书中所写的案例，您可从孩子的生活习惯、动作能力、语言能力、情绪管理、社会适应等层面来分析孩子的状况及可能的问题点。若是您的孩子有这类困扰，请不要失去希望或只会自责，您可以和专业的作业治疗师一同帮助您的孩子。若是您跟着孩子一起做，相信也会增进亲子关系。用爱和耐心来陪伴孩子，他们一定能够成长和进步。

本章主要问题

1. 试说明促进情绪稳定的感觉统合在幼儿园内的整合课程。
2. 试说明促进注意力稳定的感觉统合在幼儿园内的整合课程。
3. 试说明触觉、本体觉、前庭觉发展不良的幼儿会出现什么症状。
4. 试设计适合触觉发展不良的学龄前幼儿的活动。
5. 试设计适合本体觉发展不良的学龄前幼儿的活动。
6. 试设计适合前庭觉发展不良的学龄前幼儿的活动。

CHAPTER 14
提升注意力及改善多动障碍的感觉统合策略

1. 认识孩童注意力的诊断
2. 认识注意力障碍的问题解析
3. 认识如何观察孩童的注意力及警醒度
4. 认识调整注意力的时间表和感觉计划表
5. 认识帮助孩童调整注意力及促进自我调节功能的策略
6. 认识自我调节功能对注意缺陷多动障碍的影响
7. 认识在家或在校促进注意力的策略
8. 认识在教室协助孩童专心的感觉统合策略

5岁的小明上课常常发呆,对于老师问的问题时常答不出来;进行团体讨论时经常无法进入状态,甚至待在一旁不认真参与讨论;上课容易分心,对于课堂活动的参与度也不高;老师要求小朋友收拾玩具,他也是慢条斯理地做,总要老师三催四请才勉强收拾完毕;常常忘记老师交代的事,例如忘记将亲师联络簿交给妈妈,或忘记将画画课或劳作课的文具归位;每次美劳课上,他也总是拖拖拉拉才完成作品。回家后,妈妈要他说说学校的学习活动,他总是回答"不知道"或"忘记了",在家吃饭、盥洗、穿脱衣裤或上床睡觉,都需要妈妈在旁边盯着或再三叮咛才能完成。

8岁的小强也有类似情形。小强上课的时候常常发呆,会自己乱画或玩铅笔,考试时常答错或漏掉一大题;做功课比别人多花3倍时间;老是忘了带联络簿、习作回家,早上忘了带已经写好的作业去学校,到了学校还会忘了把作业交给老师。他一学期遗失了7个水壶、6个便当袋、3把伞、2件外套。爸妈对小明丢三落四的行为感到很气恼。

6岁的毛毛在老师上课时会离开座位,有时甚至走到教室后方拿玩具或大声说起话来。在团体活动时他也容易兴奋过头、大叫或大笑。毛毛活动量大,喜欢冲来冲去,在需要安静时常说"好无聊";排队没耐心,想挤到前面推挤别人;和同学产生争执时容易发生肢体冲突或进行口头威胁。

小明、小强和毛毛都有感觉统合上注意力缺失症的问题。小明和小强容易不专心、无法专注、动作缓慢、忘东忘西……大人们不明白这些行为背后的神经生理原因,常常误以为他们生性懒惰或个性松散、习惯拖拖拉拉,因此容易在教养时失去耐心而大声斥责。其实小明和小强的问题虽然归属于注意力方面有"不足"的情形,但神经学上所谓"不足",是指神经功能的损伤或欠佳。换句话说,注意缺失者属于对感觉的警醒度低,而警醒度低会表现出想睡觉、懒洋洋、提不起劲或没兴趣的状态。

CHAPTER 14
提升注意力及改善多动障碍的感觉统合策略

毛毛则属于注意缺陷多动障碍者，顾名思义就是容易冲动、警醒度过高、容易兴奋过度、静不下来、尖叫、大声说话、活动量高，常常会寻求感觉刺激，喜欢冲动和活动量大的活动，因此毛毛总是特别容易与人发生肢体冲突。

适当的警醒度表现为注意力集中、专心学习和工作、与同伴相处和谐。其实多动的孩子适合动觉形态的学习❋，也就是通过动手操作来学习。教师可设计适合动觉学习形态幼儿的课程，例如在教室内安排适龄的操作教具，安排和这类幼儿一起玩游戏，同时需教导他们学习原则，如此可帮助他们找到合适的学习方式。

注意缺失者不论是不足或冲动，都很少会注意到全部的细节，容易分心，有人讲话、电话铃响等情况都可能干扰其学习。他们在人际关系上的负面影响则是社交智慧（social intelligence）的缺乏，因为他们常常无法理解同伴的言语和想法，以致无法做出合宜的回应。

著名神经生物学家萨麦特金（Alan J. Zametkin，1990）发现，注意缺陷多动障碍者脑前额叶的新陈代谢是缓慢的，脑中控制注意力、抑制冲动的区域对糖类的新陈代谢之速率比正常人要慢10%~12%，而服用利他能（Ritalin®）、Dexedrine®、Cylert®等药物则能够加速脑的新陈代谢，但是此类神经兴奋剂的副作用是容易没胃口、睡不好等不适现象。

以下就注意力缺失与多动冲动的症状加以介绍。

❋ 著名心理学家Howard Gardner 提出多元智慧理论（theory of multiple intelligences）包含七大类：语文（linguistic intelligence）、逻辑—数学（logical-mathematical intelligence）、空间（spatial intelligence）、音乐（musical intelligence）、肢体—动觉（bodily-kinesthetic intelligence）、人际（interpersonal intelligence）、内省（intrapersonal intelligence）。

一　注意缺陷多动障碍的诊断

根据《精神疾病诊断与统计手册》（第四版修订版）关于注意力缺失及多动症状诊断标准，符合下列（一）或（二）者，皆能确定患有注意缺陷多动障碍。

（一）注意力缺失（Inattention）

下列 9 项注意力缺失症状中，符合大于或等于 6 项，且症状持续至少 6 个月，影响到学习或工作，才称为注意力缺失；17 岁以上者，只要符合 5 项即可。

1. 无法注意到小细节或因粗心大意而在学习或工作中犯错。
2. 在工作或游戏活动中无法持续维持注意力。
3. 别人说话时似乎没在听。
4. 无法完成老师、家长或他人交办的事务，包括学校课业、家事零工、工作场所的职责（并非由于对抗行为或不了解指示）。
5. 缺乏组织能力。
6. 常逃避、不喜欢或拒绝参与需持续使用脑力的工作，例如学校工作或家庭作业等。
7. 容易遗失或忘了工作或游戏所需的东西，例如玩具、铅笔、书等。
8. 容易被外界刺激所吸引。
9. 容易忘记每日常规活动，需大人时常提醒。

（二）多动—易冲动（Hyperactivity-Impulsivity）

下列 9 项多动—易冲动症状中，符合大于或等于 6 项，且症状持续影响到学习或工作，才称为多动—易冲动；17 岁以上者，只要符合 5 项即可。

多动：

1. 在座位上无法安静坐着，身体动来动去。

2. 在课堂中或其他需乖乖坐好的场合，时常离席，坐不住。

3. 在教室或活动场合中不适当地跑、跳及爬高等（青少年或成人可仅限于主观感觉到不能安静）。

4. 无法安静地参与游戏及休闲活动。

5. 经常处于活跃状态，或常像"马达推动"般四处活动。

6. 经常说话过多。

易冲动：

7. 问题尚未问完，便抢先答题。

8. 不能轮流等待（在需轮流的地方，无法耐心等待）。

9. 常中断或干扰其他人。例如：贸然插嘴或打断别人的游戏。

除上述（一）（二）两大类症状，有几项表现亦可作为诊断依据。

1. 某些多动—易冲动或注意力不集中的症状，会在 12 岁前就出现。

2. 某些症状在两种情境以上明显呈现，例如在学校或家里。

3. 上述症状必须有明显证据造成社交、学习或就业的障碍。

4. 需排除有广泛性发展障碍、思觉失调症或其他精神异常及情绪障碍。
   例如：情绪异常、焦虑、分离情绪异常。

二 注意缺陷多动障碍的问题解析

ADHD 的发生率约占学龄儿童的 11%（Cornell et al., 2018），这些孩童是非常辛苦的一群孩子。他们的中枢神经障碍（前额叶及小脑的缺陷），使其自我控制能力不成熟，抑制分心、冲动、多动的能力不足，导致在学校、家中常常出状况，让老师与父母十分头痛，因为用一般的管教方法很难见效，造成老师与父母倍感挫折。这类孩童必须寻求专业的复健治疗才能改善状况。

美国研究 ADHD 的学者，麻州大学医学中心心理系主任及精神神经系教授，身兼临床科学研究和临床治疗专家的 Russell Barkley 博士，对 ADHD 的问题提出精辟的见解。他认为 ADHD 孩童行为抑制（behavioral inhibition）的能力有缺损，如果改善"抑制障碍"（inhibitory deficit）或让脑部的抑制功能进步，便能改善 ADHD 孩童的问题行为，使其注意力提升（Russell Barkley, 1997）。有非常多的作业治疗计划可以提升脑神经的抑制功能，例如警醒治疗法（Alert Program for Self-Regulation）即应用感觉统合治疗策略提升抑制功能、改善 ADHD 的治疗（Williams and Shellenberger, 1994）。本章稍后将依据孩童不同类别的注意力障碍分别讨论各类治疗方法。

ADHD 孩童中约有 25% 同时有焦虑症，除了注意力问题外，过度担忧、情绪不稳、思考欠弹性等症状，都是焦虑症常见的症状（Abikoff, 2002; Jensen et al., 2001; Reynolds et al., 2009）。Reynolds 教授的研究发现有的 ADHD 孩童同时有感觉过度反应（感觉防御）的情况，他们的焦虑度比没有感觉过度反应的 ADHD 孩童高很多。因此我们在面对 ADHD 孩童时，确实要全面评估是否有感觉防御，并将此一并列入治疗的目标。我们常见的 ADHD 孩童把指甲啃咬到秃秃的状况，甚至手指皮破血流的程度，以及睡不安稳，这些都可以在使用触觉和本体觉治疗方案之后，得到大幅改善。而"安定及舒缓的治疗方案"也是治疗焦虑症的一个不错的选项。可以看到很多孩子与大人使用 SSP 后，焦虑度大幅减缓，睡眠质量得以提升。

由作业治疗师和小儿科、生理学和心理学专家合作的一篇研究论文中指出，ADHD 孩童同时有触觉防御的比例相当高（高达约七成的比例），67 位 ADHD 孩童中有 46 位有触觉防御（Parush et al., 2007）。

因此，作业治疗师在评估 ADHD 孩童时，会注意感觉处理功能的评量，依据评估结果，使用适宜的感觉统合治疗方案来改善他们的状况。

三 如何观察孩童的注意力及警醒度

(一)警醒度与注意力的关系

理想的神经警醒度能使人觉察到刺激,从而能提高注意力,而注意力使大脑能够选择性地注意到最重要的刺激(Ornitz,1974)。也就是当神经细胞同步启动学习时,可达成理想的警醒度,使孩子能持续、专注地做一件事。

孩子玩一会儿就换一样玩具,或不断中断该做的事,东张西望,去看别人,或常说"好无聊"时,就是他们的大脑细胞无法有效地同步启动,因此活化神经警醒度是一个能提高注意力的方向。

我们可以观察孩子日常生活的行为和游戏中的表现,与同龄的孩子作比较,了解孩子维持注意力的能力。例如:3~4个孩子在一起玩,明显地看出小毛玩每个玩具的时间都很短暂(一直在变换手中玩具);小花就读中班时,老师发现她常常从座位上站起来跑到教室后方拿玩具。表14-1是系统性协助父母和老师观察与记录孩子注意力表现的评量表。

表14-1　　　　　　　　孩童注意力评量表

姓　　名：_____　　　　　　年　龄：_____岁_____月
出生日期：_____年_____月_____日　　性　别：_____
填写日期：_____年_____月_____日　　填写人：家长 / 老师

题号	行　为　项　目	总是	经常	偶尔	从不
1	在一个活动中被不相关的声音或视觉刺激干扰时容易分心				
2	坐在位子上常扭动身体,无法安静坐好				
3	活动量大,无法静静坐着完成一件事,会跑来跑去、离开座位				
4	上课随意走动、跑来跑去、爬上爬下				

续表

题号	行　为　项　目	总是	经常	偶尔	从不
5	常常讲话，且讲个不停（过度）				
6	干扰别人				
7	命令别人听从自己				
8	不能等待，不愿排队				
9	需立即满足要求				
10	反应太快（在需要等候、仔细工作时）				
11	冲动性：无法等老师说明完毕就急着玩新教材				
12	不经思考就立刻动手碰、拿物品				
13	无法转换活动或转换活动有困难，注意力仍停留在前项活动				
14	常立刻冲去做下个活动而不思考应做的顺序				
15	玩一个玩具的时间短暂，一直换玩具				
16	欲寻求新奇的刺激				
17	发呆出神：无法重新专注在工作上，做事常出现恍惚，反应较慢或听懂指令的时间较长				
18	东张西望				
19	上课玩自己的东西（如衣服、手指）				

续表

题号	行　为　项　目	总是	经常	偶尔	从不
20	抢玩具				
21	常中断或半途放弃活动，挫折忍受度低				
22	常表示想睡觉或感到无聊				
23	喜欢做较容易、可以掌握的活动				
24	日常例行的工作动作太慢				
25	容易忘东忘西，需一直叮咛				
26	不记得今天做过的事或玩过的地方				
27	老师要说很多次指令才会去执行				
28	无目的地游荡				
29	需大人陪伴才能专心工作				
30	在人多或拥挤的状况下（如超市、百货公司、餐厅等），易过度兴奋				

注：本表改编自Conners' Parent Rating Scales、Conners' Teacher Rating Scales。

资料来源：Conners, C. K.（1997）. *Conners' rating scales-revised. North Tonawanda*, NY: Multi-Health System, Inc.。

（二）警醒度的观察

根据幼童警醒度的情况区分为低警醒度、高警醒度及适当的警醒度。分述如下。

1. 低警醒度：想睡觉、懒洋洋的、提不起劲、没兴趣。

2. 高警醒度：精神亢奋、静不下来、尖叫、大声说话、活动量大、跑来跑去、非常紧张害怕。

3. 适当（恰到好处）的警醒度：注意力集中、专心学习或工作、和同伴相处和谐。

（三）促进神经系统安静或警醒的刺激类别

前庭刺激

1. 警醒：快、不平顺（快速荡高又忽然停止地荡秋千、忽快忽慢的游戏活动）、变换方向且加上视觉刺激的活动、头倒立、玩悬吊器材。

2. 安静：慢、规律、单一方向线性移动的刺激、脚着地荡秋千、玩固定在地面的游戏器材。

本体觉刺激（肌肉、关节的活动）

1. 警醒：快跑、用力踏步、忽停忽走。

2. 安静：关节挤压、慢慢拉扯关节、慢慢推拉重物。

触觉刺激

1. 警醒：轻碰、轻触、摸粗糙的物品、有棱有角的东西、冰冷的物体或器材。

2. 安静：重压活动、温暖的器材、摸起来光滑或圆的物品、形状简单或多钝角的东西。

视觉刺激

1. 警醒：鲜艳的颜色、瞬间出现的东西如闪电、箱中弹出的小丑、黑白对比、红色、黄色、突然或强烈的光线。

2. 安静：规律、不变的视觉刺激、蓝色、绿色、昏暗的灯光。

听觉刺激

1. 警醒：非预期的、混杂的声音。

2. 安静：可预期或熟悉的声音、简单的旋律。

嗅觉刺激

1. 警醒：薄荷、迷迭香等。

2. 安静：薰衣草、甜橙等。

促进神经"安静"的感觉刺激多为"抑制性"（inhibition），这是对 ADHD、冲动型的孩童很有利的游戏活动，可使孩童达到安定、稳定、有条理的状态；促进神经"警醒"的感觉刺激多为"促进性"（facilitation），这是对注意力缺失、不专心型孩童有利的游戏活动，帮助孩子从发呆、晃神、动作慢、反应慢、忘东忘西的状态中提升警醒度，使其维持专心，做事有效率。

孩童注意力问题引起许多家长和学者的注意。2008 年 2 月《美国大众健康期刊》（American Journal of Public Health）的研究报告指出，每周在学校上体育课 70~200 分钟的小学生，在数学与阅读能力上均可见显著的进步。一般人认为要让孩子安静下来、提升注意力，就是让他乖乖坐在书桌前写功课、画画或看书等，但是效果往往不尽如人意。越来越多的研究显示，适当与适量的运动可提升孩童的注意力与记忆力，这与一般人的看法往往不同。此观点认为运动反而大幅提升学习成效，因为运动会促使脑内分泌多巴胺、血清素、肾上腺素等化学物质，由于大脑血清素增加，使人更具弹性思考、不固执（Amen，1998）。这些化学物质皆有助于提神醒脑、提升注意力。注意力缺失及脑神经疾患的精神科医师瑞提（John Ratey）认为运动是一项可以影响脑神经传导化学物质的重要方法。运动后立即释放多巴胺和血清素，因此运动不只是为了身体健康，其实更为了训练大脑（brain trainer）（Putnam，2001），故而运动加强本体觉的成果是显而易见的。

另一位注意力缺失的神经学大师Amen（2008/2009）也非常赞同运动能使大脑中的血清素提高的观点，他强调运动因使前额叶皮质（主司判断和思考）和颞叶（主司记忆）产生新的脑细胞而有助健脑。Amen在2010年提出运动可改善ADHD的症状，若施以大量有氧运动甚至可以停药。奥运金牌泳将Michael Phelps即是一例。他原本因上课不专心而服用神经兴奋剂（利他能类的药物），后因游泳使注意力提升而主动要求停药。可见大量出力的有氧运动有助于保持专注、减少冲动行为。

如果大脑深部极度缺乏健康的血液供应，会造成血管壁变窄，长时间之后会影响思考速度、动作速度和动作协调（Amen，2008/2009）。运动不仅能立即增加血清素及肾上腺素，也能长期提升血清素及肾上腺素的含量（Ratey和Hagerman，2008/2009），由此可知运动对脑有长期持久的改善功效。运动能加快脑血流速度，提升脑供血量，有助于大脑得到充分的氧气、葡萄糖等各种营养素，同时能快速带走毒素。因此，不论在家或在校，老师和父母可以协助安排孩童进行适当运动，让孩子动得健康、学习无障碍。

著名的感觉统合作业治疗师Lucy Miller教授指出，注意力受感觉调节障碍影响，反应过度的感觉调节障碍孩童，常伴随不专心、多动和冲动抑制差的行为症状；反应不足的感觉调节障碍孩童，则经常出现缺乏注意力、懒洋洋的情况。感觉调节障碍孩童的父母也常提及孩子自我调节能力差的情形。那么，该如何区分ADHD孩童和感觉调节障碍孩童呢？

（四）ADHD和感觉调节障碍的症状分析及比较

诊断为ADHD和感觉调节障碍的孩童，常有许多行为症状看起来类似，表14-2列出了这些症状并进行了分析和比较。

表14-2　　ADHD和感觉调节障碍的症状分析及比较

诊断 症状	感觉过度反应	感觉反应不足	感觉刺激寻求	ADHD （注意力缺失）	ADHD （多动冲动）
1. 注意力差	√	√		√√	√
2. 冲动控制差	√		√		√√
3. 多动	√		√		√√
4. 对指令无反应		√		√√	√
5. 易分心	√			√	√√
6. 触觉防御	△				△
7. 东摸西摸		△	√	√	√√
8. 情绪不稳	焦虑、 退缩、 适应不良				失控、反抗、 愤怒、焦虑
9. 不爱动、活力不足		√		√	
10. 社会适应能力不足	√	△	√	√	√√

注：△（有时），√（经常），√√（总是）。

Lucy Miller 教授（2012）分析了 ADHD 与感觉调节障碍的行为与生理比较，显示出下列的不同点。

1. 生理反应不同。

在神经生理的反应上，感觉调节障碍孩童的皮肤电位反应，针对听觉、视觉、动觉刺激的反应和 ADHD 孩童是不同的。感觉调节障碍的孩童容易产生强烈的过度反应，而且此反应需花较长的时间才能恢复正常状况；而多动冲动者的实时反应虽很大，但很快就能降回正常的生理反应，这种状况在生理学中称为"习惯化"（habituation）反应。

2.情绪反应不同。

感觉调节障碍孩童在非预期的情况下的适应弹性比 ADHD 孩童差，他们倾向于焦虑退缩，适应不良，因此造成生活参与度降低。而 ADHD 孩童的情绪问题倾向于情绪失控、反抗、愤怒或焦虑。

3.注意力项目的不同。

ADHD 孩童比感觉调节障碍孩童有更多项目的注意力问题，在多动冲动行为项目上两者表现类似。但是，ADHD 孩童是因为缺乏自制力而有多动冲动行为，感觉调节障碍孩童则是在寻求感觉刺激，两个诊断背后的神经机制是不同的。

神经科学的文献指出，使用主动、积极的感觉活动，能促进自我调节功能，促进学习及大脑成熟；理想的警醒度可促进幼儿的注意力（Reeves, 2001）。

基于上述各个学者提出的论证，作业治疗师可使用积极、主动的感觉统合游戏及活动，提升大脑成熟度、促进注意力。常用的治疗感觉调节障碍策略和感觉套餐，在临床上有明显改善注意力的效果。而促进自我调节功能的治疗课程——警醒治疗方案（Alert Program for Self-Regulation），也是作业治疗临床上经常使用、借由调整警醒度至理想范围而促进注意力的手法和技巧。

还有一些具疗效的提升注意力的作业治疗方法，例如：使用咀嚼物来调节神经警醒度（Blanche and Schaaf, 2001），常用的食物如硬面包、红萝卜；也可用咀嚼条、咀嚼环（口腔动作的辅具）来增加咀嚼机会。研究指出，咀嚼及口腔动作的神经路径涉及迷走神经，因此可以影响副交感神经而达到安静、稳定和注意力集中的效果（Rogers, Kita, Butcher, and Novin, 1980; Scheerer, 1992）。

"触碰"是警醒度的调节方式（Cermak，2001）。幼儿喜欢抓捏挤压手中的玩具，这种手掌、手指和玩具间的重压触觉和本体觉可促进警醒度的调节和注意力进步（McClannahan，2010）。前庭刺激也可以促进头脑清醒和调节警醒度（Short，1985），适合注意力差，经常坐不住、离座走动、跑来跑去的幼儿。另外，使用大球当课堂的座椅，提供给ADHD孩童上课使用，研究结果显示孩童的注意力明显改善（Schilling，Washington，Billingsley，and Deitz，2003）。使用重量背心的本体觉活动亦能增进ADHD幼儿的注意力（Vandenberg，2001），研究中4位幼儿在穿上重量背心后明显增加18%~25%的专心度，而且幼儿会主动要求穿重量背心。

警醒治疗法

作业治疗引用警醒理论（Arousal Theory）来改善幼儿的警醒程度，以便幼儿利用感觉刺激活动提升警醒度，进入专注状态及维持注意力长度。作业治疗师玛丽·苏·威廉姆斯（Mary Sue Williams）及赛瑞·海伦博格（Sherry Shellenberger）研究自我调节功能治疗，并发展出警醒治疗法（Alert Program for Self-Regulation）来帮助幼儿提升注意力。

警醒治疗法是利用视觉、听觉、味觉、嗅觉、触觉、前庭觉、本体觉活动来协助幼儿进入理想的警醒度范围，进而提升注意力和学习效果。幼儿在经历警醒治疗法后，能区辨自己的警醒度是在低下状态（会将自己的状态比喻成乌龟、好慢……）或在高亢状态（会将自己的状态比喻成兔子、太快了……），由自我觉察、认知，到使用感觉策略调整自己，由太慢的乌龟（发呆、晃神、动作慢）变成比较棒的刚刚好（不太慢、不太快）的专心状态，或由太快的兔子变成刚刚好的状态。

（五）由下而上的注意力自我调节策略

注意缺陷大师 Russell Barkley 提出的注意缺陷多动障碍理论架构中，重视自我调节功能缺失。注意缺陷的自我调节功能缺失包含：警醒度、动机、情绪的自我调节缺失。

有注意力困难的儿童常伴随处理速度较慢及工作记忆较差。处理速度是指以合理的正确度完成任务（响应、反思、反应）的速度。

- 视觉处理：眼睛接收信息并将信息传递到大脑的速度。
- 听觉处理：耳朵接收信息后做出反应的速度。
- 动作速度：当任务包含动作成分时做出回应的速度。

所以，注意力的调整能力，须重视促进处理速度及工作记忆和警醒度的调节。

（六）促进警醒度和处理速度及工作记忆的感觉统合策略

1. 使用前庭觉的感觉信息输入，可达到对警醒度的调节，提升警觉、觉察力和反应处理速度以及工作记忆。
2. 使用准节拍的动作运动、节律性活动以及活化小脑的活动。
3. 使用呼吸训练、高强度间歇运动，都可提升警醒度、处理速度和工作记忆。

有注意缺陷的儿童常伴有情绪的自我调节问题。情绪自我调节是一个人了解和接纳自身情绪经验、管理情绪及在当下以适当的行为做出反应的能力。情绪自我调节不足被认为是 ADHD 的核心症状之一。ADHD 儿童面临的困难如下：

1. 在情绪上是冲动的。
2. 抑制自己的反应或响应某事有困难。
3. 调节和监控自己的愤怒程度，对原始情绪的表达存在困难。

4. 保持耐心困难。

5. 忍受挫折困难。

6. 保持弹性及良好的适应性困难。

7. 调节自己情绪"卡关"：一是将注意力从情绪事件上移开困难，二是将注意力转向另一件可使情绪变得更正向或可被接受的事困难。

8. 无法自我安抚或冷静。

9. 无法将自我对话作为自我指导的一种形式。

（七）促进情绪的自我调节功能策略

1. 透过本体觉的感觉信息输入，让自己安定。

在 Alert Program 警醒治疗法中，有明确的课程教导，由自我监控进步到主动自发地使用重量背心、重量腕带、重量踝带、重量被子，来达到冷静和调节的功效。这就是安定的力量。

2. 透过触压觉的感觉输入，可以减轻焦虑不安、沮丧，促进情绪的平稳。

认知脱离症候群是注意力不集中的一种亚型，原名是迟钝认知步调（sluggish cognitive tempo），于 2022 年由国际研究团队合力更名为认知脱离症候群（cognitive disengagement syndrome，CDS），它的症状包括：

1. 做白日梦，分心，沉浸在自己的白日梦中，恍神发呆，随着自己的思绪行走。

2. 思绪不清，忘记要说的话，讲不出想说的话，容易迷糊，思考速度慢。

3. 不想动，动作慢吞吞的，疲累得不想动，懒洋洋的，想睡的样子。

4. 难以开始一件事，难以持续一件事。

5. 它的共病症包括社交退缩、抑郁症、焦虑症。

6. 睡眠状况：常有晚睡、睡眠不足等现象。

7. 影响到日常生活的层面，包括学习、家庭作业、睡眠、早晨的例行工作。

认知脱离症候群会造成人们生活功能上的缺失和社会心理上的负面影响。研究结果显示，年龄越长，负面影响越多，在临床上甚至显示出抑郁症的症状。作业治疗师应该注意到这一类注意力不足的儿童，认识到早发现早介入的重要性以及预防恶化和正确治疗是必要的。

认知脱离症候群的治疗策略包括：

1. 从基本的生活方面着手，每天做运动，选择方便可行的一个方式开始，不要受限于自己的反应慢。每天做适量的运动，可提升精力及反应速度，放下比赛的心态，单纯享受运动的乐趣，养成运动的好习惯，就会使脑、身体活化，改善状态。
2. 注意睡眠质量。良好的睡眠健康治疗介入可以有效地改善认知脱离症候群。
3. 遵守每日例行活动的时间限制，以建立时间知觉。
4. 练习适当地分配每日活动的时间。用合理的时间条理清晰地分割工作。分门别类的活页夹和步骤有助于提升工作效能。
5. 使用促进感觉注册的活动，也是改善认知脱离症注意力不足的策略。一是使用高强度前庭的旋转、摇摆、快速晃动、不规则的活动，以提高警醒度，改善发呆、恍神、动作慢等症状。二是将各种感觉刺激的警醒活动当作辅助，可继续维持警醒度及注意力，例如坐在气垫、球椅上，或站着工作、听音乐。工作分段中间做一些前庭觉、本体觉的活动，例如拉伸动作、转腰、转头动作，都会改善拖延脑雾、停滞的状态。

四 调整注意力的时间表和感觉计划表

一天当中各个时段的注意力不同，有时候高，有时候刚好，有时候低。表 14-3 帮助家长或老师能针对不同注意力状况给予合适的感觉套餐。

表14-3　　　　　　　　　孩童注意力（警醒度）观察

小朋友：	记录者：			关系：		日期： 年 月 日		
生活起居	低			刚好		高		
	0	1	2	3		4	5	6
起床／盥洗								
早餐								
上课（1）								
点心时间								
上课（2）								
午餐时间								
午睡								
起床								
上课（3）								
点心时间								
放学时间								
晚餐前								
晚餐								
看电视								
玩玩具								
睡觉前								

依据表 14-3 的评量，下列活动是提升孩童注意力的活动，若有执行，可在表 14-4 内做记录。

1. 早上起床后的第一招：提神醒脑、促进反应速度加快的前庭觉活动。

　　（1）旋转头、身体的游戏。　　（2）前弯／后仰摇动头的体操。

　　（3）侧滚翻。　　　　　　　　（4）前滚翻。

　　（5）跳跳类活动。　　　　　　（6）快速跑的游戏，如鬼抓人。

　　（7）折返跑。　　　　　　　　（8）快速的秋千游戏。

　　（9）平衡板游戏。

2. 早餐可吃的感觉套餐——提神醒脑、促进注意力及上课安静。

　　（1）吃脆脆的食物。　　　　　（2）吃用力吸的食物。

　　（3）吃用力咀嚼的食物。　　　（4）吃酸酸的食物。

3. 课间可做的感觉套餐——促进下一堂课可以安定、坐好、专心。

　　（1）原地跳高。　　　　　　　（2）跑步。

　　（3）秋千。　　　　　　　　　（4）滑梯。

　　（5）骑车。　　　　　　　　　（6）木马。

　　（7）跷跷板。　　　　　　　　（8）爬架。

　　（9）爬网。

4. 午睡前帮助入睡的感觉统合活动，促进安定、安静地午睡。

　　（1）按摩。　　　　　　　　　（2）重重的被子。

　　（3）卷热狗。

5. 午睡醒来可以做的感觉统合活动（类似早上起床后的第一招）。

6. 放学后晚餐前可做的感觉统合游戏，如球类、公园游具、骑车、跑跳。

7. 提升学习及写功课效率的感觉统合活动。专心学习治疗方案（focus to learn）包含下列活动，需由作业治疗师教导。

（1）跨中线动作和交叉动作。　（2）抛球换侧接球。

（3）绕 8 字走。　　　　　　　（4）躺姿起身抛接球。

（5）转圈抛接球。　　　　　　（6）趴姿抛接球。

表14-4　　　　　　　　　　促进注意力的感觉计划表

姓名：_____　　　　年龄：_____

日期：_____ 年 _____ 月 _____ 日

本表格为一周的计划表，请按照一周时间表写上日期，当日有进行的活动在表格内打√。

活 动 项 目	/	/	/	/	/	/	/	备注
旋转头、身体								
前弯/后仰摇动头								
侧滚翻								
前滚翻								
跳跳类活动								
快速跑								
折返跑								
快速的秋千游戏								
平衡板游戏								
吃脆脆的食物								
吃用力吸的食物								
吃用力咀嚼的食物								
吃酸酸的食物								
原地跳高								
跑步								
秋千								
滑梯								
骑车								

续表

活 动 项 目	✓	✓	✓	✓	✓	✓	备注
木马							
跷跷板							
爬架							
爬网							
按摩							
重重的被子							
卷热狗							
跨中线动作和交叉动作							
抛球换侧接球							
绕8字走							
躺姿起身抛接球							
转圈抛接球							
趴姿抛接球							

五 如何帮助婴幼儿调整注意力及促进自我控制功能

婴幼儿是如何自我调节（self-regulation）的呢？婴幼儿会利用吸吮手指、拳头或摸被子来调整自己的注意力。身为家长和老师的我们，应该提供适合婴幼儿发展的环境，以增进他们自我调节的功能。例如：提供孩子能够活动（如跳、跑、溜、荡、滚、翻）的环境；让婴幼儿可以摸、抱、挤、压。做这些活动可以刺激他们触觉、前庭觉和本体觉的反应。

由于婴幼儿最常用口腔和双手来探索环境，我们可让他们的嘴巴有多用力的机会，让他们用手捏、搓和利用多用力的玩具或活动，我们也可以多和孩子一起玩。借此进一步发展其他感觉系统，例如：在教室和家里可放置刺激视觉的图画，促进视觉的发展；也可在环境中播放美妙的音乐或发出声音，以刺激婴幼儿听觉的发展。另外，有的孩子听觉学习较视觉学习为优，但是多数的学校教育强调视觉的学习，因此抹杀其他多元智慧发展的可能性及学习力，故此我们应当了解孩子的学习形态，并提供合适的课程活动。

在促进婴幼儿的注意力后，该如何促进婴幼儿本身的自我控制能力？我们可借由情感和情绪来影响他们，例如在生活中多做触摸、多提供体能活动或游戏，以稳定其神经发展、认知发展及情绪发展。我们在教学上要注意引导婴幼儿的学习动机，引导他们自动地投入活动、参与课程。我们也要适时给予孩子适当的期望和督促，以帮助其成长。最终希望婴幼儿自动调整警醒度（包括醒来和入睡都能保持良好警醒度），进而能自动调整活动量，随时能够从亢奋的情绪中平复下来或安静下来及调整自身的注意力。

六 自我控制功能对ADHD的影响

ADHD孩童的脑神经功能缺损，导致行为抑制能力不足，也就是"心有余，力不足"。这些孩子在认知上知道老师、父母及社会的期望和行为规范，但就是做不到。在正常儿童发展中，自我控制的能力促使我们有内在驱力达成目标，不需要外在的管束或奖励（Barkley，1997）。研究注意力的著名学者 Russell Barkley 在其《ADHD与自我控制的本质》（*ADHD and the Nature of Self-Control*）一书中提出：儿童发展中从外在控制（父母指令或奖励/处罚）进步到儿童自我控制能力的成长，是注意力调节的一大相关因素。自我控制是自我调节发展中的一项（Barkley，1997），不仅帮助个体调节动机，也调节警醒度——让幼儿朝工作目标持续学习，并符合社会观点（social perspective taking），也就是爸妈和老师在当下情境希望幼儿控制情绪、表现乖，让幼儿客观地明白以更能控制情绪。据研究指出，ADHD孩童的中枢神经和自律神经的电位活动低落，他们多为反应不足的警醒系统（Under-Reactive Arousal

System），这也是为什么他们需要服用中枢神经兴奋剂来改善行为问题。

　　分心和多动的行为是触觉防御的儿童时常伴随的状况（Ayres，1965/1969），因此 ADHD 和感觉防御有类似的症状，有共病的比例。在探讨这两者的病源或神经生物学的相关性时，著名的跨领域作业治疗和心理学教授 Schneider 从她从事多年的动物研究中发现纹状体的 D2R 多巴胺受体异常，可能是这两者的共通问题，前额叶纹状体路径影响自我控制调节能力（Casey，2001；Schneider et al.，2007）。而 ADHD 儿童东张西望、做不相干的事、手不停地摸动的行为之根源正在基底核和前额叶（Castellanos et al.，1994）。

　　Schneider 教授近年来以正子摄影专注研究纹状体路径对前额叶调节的功效，包括注意力的转移、自我控制能力和执行功能。其中多巴胺是一个关键性的调节信使（调节前额—纹状体功能），这是调节注意力和执行功能的重点（Schneider et al.，2007）。纽约大学 Castellanos（1994）教授专门研究 ADHD 孩童的脑神经结构，他对 ADHD 孩童的脑部异常之处也有上述同样的发现。

七　在家或在校促进注意力的策略

　　帮助幼儿认识自己的注意力及警醒度。太小的孩子由父母和老师判定之后，就要选择帮助幼儿促进注意力的方案，例如施予以下活动让幼儿实际体验。

　　1. 用摇摇或转转的方法让孩子专心。

　　2. 用出力的活动让孩子专心。

　　3. 用咬咬、吸吸、吹吹的活动让孩子专心。

　　4. 用摸摸乐让孩子专心及安静。

　　5. 用听一听让孩子专心及安静。

　　6. 用眼睛看让孩子专心及安静。

　　7. 活用现成家具，例如趴在有轮子的计算机椅上当滑板车溜来溜去。

八　在教室可用的感觉统合策略

1. 老师的手放在幼儿肩上，施一点力下压肩膀，或一手放在幼儿头顶，一手拍压头顶。
2. 老师拍揉幼儿背部。
3. 用"起立—坐下—起立—坐下"模式进行 8~10 次。
4. 超人游戏：撑椅子；右手和左手拔河；右手掌用力推左手掌；大力士推墙壁；原地跳高。
5. 幼儿自己用脚钩住椅脚出力。
6. 手指抓捏挤压软球或弹性泡棉条（包装苹果、梨等水果的白色保丽龙网）。
7. 安排动态课程（例如唱游、体育）和静态课程交替。
8. 定时喝水，使用有吸管的水壶。
9. 练习深呼吸，延长吐气的时间。

本章主要问题

1. 试说明注意力缺失的症状。
2. 试说明多动及冲动的症状。
3. 试说明如何观察孩童的注意力及警醒程度。
4. 试举例说明促进神经系统安静或警醒的感觉刺激类别。
5. 试说明运动对促进孩童注意力及改善多动、冲动症状的效用。
6. 试说明如何帮助婴幼儿调整注意力及促进自我控制功能。
7. 试说明在家和在校可促进婴幼儿注意力发展的感觉统合策略及活动。

参考文献

[1] 吴端文、陈韵如（2009）．手能生巧：让孩子快快乐乐写字（二版）．台北市：瑞政实业股份有限公司。

[2] 吴静怡（2007）．传达爱的抚触艺术：婴儿按摩．台大医网（39），14-16。

[3] 林曼蕙口述，杨珮玲、吴静美整理（1999）．豆豆健身房．台北市：联合文学出版社。

[4] 洪兰（2009）．大脑的主张．台北市：天下杂志。

[5] 洪兰（2009，4月14日）．运动好处多，体育课应增加．国语日报，家庭版第12页。

[6] 高丽芷（2006）．感觉统合（上下篇）：发现大脑．台北市：信谊基金出版社。

[7] 张春兴（2001）．现代心理学．台北市：东华书局出版社。

[8] 张春兴（1996）．教育心理学．台北市：东华书局出版社。

[9] 曹纯琼等（2006）．早期疗育．台北市：华腾文化股份有限公司。

[10] 许天威、何华国（1992）．智能不足者之教育与复健．高雄市：复文图书出版社。

[11] 许芳菊（2008）．亲子天下10月号：对症下药治分心．取自http://www.parenting.com.tw/article/article.action?id=5020587。

[12] 陈素珍（2009）．蒙台梭利教学．台北市：华都文化事业有限公司。

[13] 黄湘武、黄宝钿（1991）．我国学生科学概念与推理能力发展之相关研究：认知冲突对生面镜成像及相关光学概念的影响．专题研究计划成果报告。

[14] Ackerman，D.（1993）．感官之旅（庄安祺译）．台北市：台湾时报出版公司（原著出版于1991年）。

[15] Amen，D. G.（2009）．从0岁到99岁脑的奇迹（黄薇菁译）．台北市：天下文化出版公司（原著出版于2008年）。

[16] Armstrong, T.（1998）.因才施教：开启多元智慧，破除学习困难的迷思（丁凡译）.台北市：远流出版公司（原著出版于1990年）.

[17] Barkley, R.（2002）.过动儿父母完全指导手册（何善欣译）.台北市：远流出版公司（原著出版于1995年）.

[18] Capehart, J.（2012）.用心教导：儿童主日学教师完全手册（谭亚菁译）.台北市：橄榄出版社（原著出版于2005年）.

[19] Carter, R.（2002）.大脑的秘密档案（洪兰译）.台北市：远流出版公司（原著出版于2000年）.

[20] Dennison, P. E., Dennison, G. E., & Dennison, G. E.（2003）.大脑体操：完全大脑开发手册（李开敏译）.台北市：张老师文化出版社（原著出版于1992年）.

[21] Eliot, L.（2002）.小脑袋里的秘密：探索0~5岁大脑发展的黄金期（薛绚译）.台北市：新手父母出版社（原著出版于2000年）.

[22] Greenspan, S. I., Wider, S., & Simons, R.（2005）.特殊儿教养宝典（刘琼瑛译）.台北市：久周文化出版社（原著出版于1998年）.

[23] Hall, K.（2010）.星星小王子（侯书宇、侯书宁译）.台北市：智园出版社（原著出版于2000年）.

[24] Hodgdon, L. A.（2006）.促进沟通的视觉策略：学校与家庭实务辅导指南（陈质采、李碧姿译）.台北市：心理出版社（原著出版于1999年）.

[25] Holland, O.（2010）.家里就是一所学校：自力教养自闭儿实用指南（何佳芬译）.台北市：智园出版社（原著出版于2005年）.

[26] Kranowitz, C. S.（2011）.不怕孩子少根筋：轻松克服感觉统合障碍（严慧珍译）.台北市：智园出版社（原著出版于2006年）.

[27] Kranowitz, C. S.（2005）.玩出优秀，玩出健康：115个加强感觉统合的简单游戏（许静婕译）.台北市：时报文化出版社（原著出版于2003年）.

[28] Levu, J.（2005）.婴儿运动（二版，宋翠英译）.台北市：信谊基金出版社（原著出版于1972年）.

[29] Ratey, J. J., & Hagerman, E.（2009）.运动改造大脑（谢维玲译）.台北市：野人文化

出版社（原著出版于2008年）。

[30] Ratey, J. J., & Johnson, C.（1999）. 人人有怪癖：摆脱阴影征候群的困扰与挣扎, 以医药治疗轻微的潜在心理失常（吴寿龄、林睦鸟、林春枝译）. 台北市：远流出版公司（原著出版于1998年）。

[31] Ratey, J. J., & Johnson, C.（2012）. 人人有怪癖：告别阴影征候群的烦恼（二版, 吴寿龄、林睦鸟、林春枝译）. 台北市：远流出版公司（原著出版于1998年）。

[32] Rizzlatt, G., Fogassi, L., & Gallese, V.（2006）. 感同身受：镜像神经元（科学人杂志）. 取自http://sa.ylib.com/MagCont.aspx?Unit=featurearticles&id=938。

[33] Sacks, O.（2008）. 错把太太当帽子的人（孙秀惠译）. 台北市：天下文化出版公司（原著出版于1998年）。

[34] Thorbrietz, P.（2008）. 注意力：帮助孩子更轻松地学习（杨文丽、叶静月译）. 台北市：天下杂志（原著出版于2007年）。

[35] Abikoff, H. B.（2002）. Observed classroom behavior of children with ADHD: Relationship to gender and comobility. *Journal of Abnormal Psychology*, 30（4）, 1-20.

[36] Adams, B., & Moghaddam, B.（2000）. *Tactile stimulation activates dopamine release in the lateral septum*. Brain Research, 858, 177-180.

[37] Amen, D.（2010）. *Change your brain, change your body*. New York: Harmony Books.

[38] Amen, D.（2008）. *Magnificient mind at any age*. New York: Harmony Books.

[39] Amen, D.（2005）. *Making a good brain great*. New York: Harmony Books.

[40] Amen, D.（1999）. *Change your brain, change your life*. New York: Three Rivers Press.

[41] Amen, D.（1998）. *Change your brine, change your life*. New York: Time Books.

[42] American Psychiatric Association（2013）. *Diagnostic and statistical manual of mental disorders*（5th ed.）（DSM-5®）. Washington, DC: American Psychiatric Association.

[43] Anderson, J.（1986）. Sensory intervention with the preterm infant in the neonatal intensive care unit. *American Journal of Occupational Therapy*, 40, 19-26.

[44] Anderson-Ewald, J.（1993）. *Case report: OT in the classroom. Sensory Integration Quarterly*, Fall.

[45] Arbib, M. A. (2007). Autism-More than the mirror system. *Clinical Neuropsychiatry*, 4 (5-6), 208-222.

[46] Ayres, A. J. (2005). *Sensory integration and the child: Understanding hidden sensory challenges*. Los Angeles: Western Psychological Services.

[47] Ayres, A. J. (1989). *Sensory integration and praxis tests*. Los Angeles: Western Psychological Services.

[48] Ayres, A. J. (1972). *Sensory integration and learning disorders*. Los Angeles: Western Psychological Services.

[49] Ayres, A. J. (1969). Deficits in sensory integration in educationally handicapped children. *Journal of Learning Disabilities*, 2, 13-18.

[50] Ayres, A. J. (1965). Patterns of perceptual-motor dysfunction in children: A factor analytic study. *Perceptual and Motor Skills*, 20, 335-368.

[51] Barkley, R. A. (1998). *Attention-deficit hyperactivity disorder: A handbook for diagnosis and treatment* (2nd ed.). New York: Guilford Press.

[52] Barkley, R. A. (1997). Behavioral inhibition, sustained attention, and executive function: Constructing a unifying theory of ADHD. *Psychological Bulletin*, 121 (1), 65-94.

[53] Barkley, R. A. (1997). *ADHD and the nature of self-control*. New York: Guilford.

[54] Baron-Cohen, S., Scott, F. J., Allison, C., Williams, J., Bolton, P., Matthews, F. E., & Brayne, C. (2009). Prevalence of autism-spectrum conditions: UK school-based population study. *The British Journal of Psychiatry*, 194, 500-509. doi: 10.1192/bjp.bp.108.059345.

[55] Blanche, E., & Schaaf, R. (2001). Proprioception: A cornerstone of sensory integration intervention. In S. S. Roley, E. I. Blanche, & R. C. Schaaf (Eds.), *Understanding the nature of sensory integration with diverse populations* (p. 115). Therapy Skill Builders.

[56] Blumberg, S. J., Bramlett M. D., Kogan, M. D., Schieve, L.A., Jones, J. R., & Lu, M. C. (2013). Changes in prevalence of parent-reported autism spectrum disorder in school-aged U.S. children: 2007 to 2011-2012 National Health Statistics Reports Number 65 March 20, 2013. U.S. Department of Health and Human Services Centers for Disease Control and Prevention National Center for Health Statistics.

[57] Blythe, S. G. (2004). *The well balance child: Movement and early learning*. Hawthorn House

Stroud, Gloucestershire, UK.

[58] Brodal, P. (1998). *The central nervous system: structure and function* (2nd ed.). New York: Oxford University Press.

[59] Bundy, A. C., Lane, S. J., & Murray, E. A. (2002). *Sensory integration: Theory and practice* (2nd ed.). Philadelphia: F. A. Davis.

[60] Cabib, S., Giardino, L., Calzà, L., Zanni, M., Mele, A., & Puglisi-Allegr, S. (1998). Stress promotes major changes in dopamine receptor densities within the mesoaccumbens and nigrostriatal systems. *Neuroscience*, 84(1), 193-200.

[61] Casey, B. J. (2001). Disruption of inhibitory control in developmental disorders: A mechanistic model of implicated frontostriatal circuitry. In J. L. McClelland, & R. S. Siegler (Eds.), Mechanisms of cognitive development: Behavioral and neural perspectives (pp. 327-349). Mahwah, NJ: Erlbaum.

[62] Castellanos, F. X. (2003). *Anatomy of ADHD. Paper presented at University of Columbia*, NY.

[63] Castellanos, F. X., Giedd, J. N., Eckburg, P., Marsh, W. L., Vaituzis, A. C., Kaysen, D., et al. (1994). Quantitative morphology of the caudate nucleus in attention deficit hyperactivity disorder. *American Journal of Psychiatry*, 151(12), 1791-1796.

[64] Cermak, S. (2001). The effects of deprivation on processing, play and praxis. In S. S. Roley, E. I. Blanche, & R. C. Schaaf (Eds.), *Understanding the nature of sensory integration with diverse populations* (p. 393). Therapy Skill Builders.

[65] Chugani, D. C., Muzik, O., Behen, M., Rothermel, R., Janisse, J. J., Lee, J., & Chugani, H. T. (1999). Developmental changes in brain serotonin synthesis capacity in autistic and non-autistic children. *Annals of Neurology*, 45(3), 287-295.

[66] Cornella, H. R., Linb, T. T., & Andersonc, J. A. (2018). A systematic review of play-based interventions for students with ADHD: Implications for school-based occupational therapists. Journal of Occupational Therapy, Schools, & Early Intervention. Retrieved from https://doi.org/10.1080/19411243.2018.1432446.

[67] Conners, C. K. (1997). *Conners' rating scales-revised. North Tonawanda*, NY: Multi-Health Systems, Inc.

[68] DeGangi, G. (2000). *Pediatric disorders of regulation in affect and behavior: A therapist's guide to assessment and treatment.* San Diego: Academic Press.

[69] DeGangi, G. A., Dipietro, J., Greenspan, S. I., & Porges, S. W. (1991). Psychophysiological characteristics of the regulatory disordered infant. *Infant Behavior and Development*, 14, 37-50.

[70] Dennison, P. (2010). *Brain gym, in brain gym certificate seminar*. BC: Vancouver.

[71] Dennison, P. (2006). *Brain gym and me. Ventura*, CA: Edu-Kinesthetics.

[72] Dennison, P., & Dennison, G. (1989). *Brain gym. Ventara* CA: Edu-Kinesthetics.

[73] Dunn, W., & Fisher, A. G. (1983). Sensory registration in autism and tactile defensiveness. *Sensory Integration Special Interest Section Newsletter*, 6(2), 3-4.

[74] Edlelson, S. M., Edelson, M. G., Kerr, D. C. R., & Grandin, T. (1999). Behavioral and physiological effects of deep pressure on children with autism: A pilot study evaluating the efficacy of Grandin's Hug machine. *American Journal of Occupational Therapy*, 53, 145-152.

[75] Escalona, A., Field, T., Singer-Strunck, R., Cullen, C., & Hartshorn, K. (2001). Brief report: Improvements in the behavior of children with autism following massage therapy. *Journal of Autism and Developmental Disorders*, 31(5), 513-516.

[76] Farber, S. D. (1982). *Neurorehabilitation: A multisensory approach*. Philadelphia: Saunders.

[77] Fertel-Daly, D., Bedell, G., & Hinojosa, J. (2001). Effects of a weighted vest on attention to task and self-stimulatory behaviors in preschoolers with pervasive developmental disorders. *American Journal of Occupational Therapy*, 55, 629-640.

[78] Field, T. (1996). Massage therapy reduces anxiety and enhances EEG pattern of alertness and math computation. *International Journal of Neuroscience*, 86, 197-205.

[79] Field, T., Schanberg, S. M., Scafidi, F., Bauer, C. F., Vega-Laher, N., Garcia, R., Nystrom, J., & Kuhn, C. M. (1986). Tactile-kinesthetic stimulation effects on preterm infants. *Pediatrics*, 77(5), 654-658.

[80] Field, T. M. (1998). Touch therapies. In R. Hoffman, M. Sherrick, & J. Warm (Eds.), *Viewing psychology as a whole* (pp. 603-626). Washington, DC: American Psychological Association.

[81] Field, T. M. (1998). Massage therapy effects. *American Psychologist*, 53(12), 1270-1281.

[82] Field, T. M. (1990). Newborn behavior, vagal tone and catecholamine activities in cocaine exposed infants. Symposium Presented at the Interaction National Society of Infant Studies, Montreal, Canada.

[83] Field, T., Lasko, D., Mundy, P., Henteleff, T., Kabat, S., Talpins, S., & Dowling, M. (1997). Brief report: Autistic children's attentiveness and responsivity improve after touch therapy. *Journal of Autism and Developmental Disorders*, 27 (3), 333-338.

[84] Field, T., Morrow, C., Valdeon, C., Larson, S., Kuhn, C., & Schanberg, S. (1992). Massage therapy reduces anxiety in child and adolescent psychiatric patients. *Journal of American Academy of Child and Adolescent Psychiatry*, 31, 135-139.

[85] Field, T., Quintin., O., & Hernandez-Reif, M. (1998). Adolescents with attention deficit hyperactivity disorder benefit from massage therapy. *Adolescence*, 33, 103-108.

[86] Fisher, A. G., Murray, E. A., & Bundy, A. C. (2002). *Sensory integration theory and practice*. Philadelphia: F. A. Davis.

[87] Goddard, S. (2005). *Reflexes, learning and behavior: A window into the child's mind: A non-invasive approach to solving learning & behavior problems*. Oregon: Fern Ridge Press Eugene.

[88] Goddard, S. (2005). *The well balanced child, movement and early learning*. UK: Hawthorn Press, Stroud, Gloucestershire.

[89] Gold, S. J. (2005). *If kids just came with instruction sheets: Creating a world without child abuse fern ridge press eugene*. OR: Fern Ridge Press.

[90] Greenspan, S. I., & Wieder, S. (1997). Developmental patterns and outcomes in infants and children with disorders in relating and communicating: A chart review of 200 cases of children with autistic spectrum diagnosis. *Journal of Developmental and Learning Disorders*, 1, 87-142.

[91] Harlow, H. F. (1959). The development of learning in the rhesus monkey. *American Scientist*, 47 (4), 239-69.

[92] Hallowell, E., & Ratey, J. (1994). *Driven to distraction*. New York: Touchstone.

[93] Hanft, B. E., Miller, L. J., & Lane, S. J. (2000). Towards a consensus in terminology in sensory integration theory and practice: Part3: Sensory integration patterns of function and dysfunction: observable behaviors: Dysfunction in sensory integration. *Sensory Integration Special Interest Section Quarterly*, 23, 1-4.

[94] Hannaford, C. (1995). *Smart moves: Why learning is not all in your head*. Arlington, VA: Great Ocean.

[95] Hanschu, B. (2000). *Advanced topics: Case reviews & creating sensory diets from the*

perspective of the ready approach workshop in ann arbor. Michigan by Developmental Concepts.

[96] Hanschu, B. (2000). *Evaluation and treatment of the ready approach*. Lecture Outline and Supplementary materials.

[97] Hanschu, B. (1995). *Sensory strategies for the treatment of autism and ADHD. An Interactive workshop*. Presented at San Bernadino. CA.

[98] Harlow, H. F., & Suomi, S. J. (1970). The nature of love- Simplified. *American Psychologist*, 25, 162-168.

[99] Heller, S. (1997). *Vital touch: How intimate contact with baby leads to happier, healthier development*. New York: Owl Books.

[100] Jacobs, B. (1991). Serotonin and behavior: Emphasis on motor control. *Journal of Clinical Psychiatry*, 52, 12.

[101] Jensen, P. S., Hinshaw, S. P., Kraemer, H. C., Lenora, N., Newcorn, J. H., Abikoff, H. B., et al. (2001). ADHD comorbidity findings from the MTA study: Comparing comorbid subgroups. *Journal of the American Academy of Child and Adolescent Psychiatry*, 40 (2), 147-158.

[102] Kandel, E., Schwartz, J., & Jessel, T. (1991). *Principles of neural science* (3rd ed.). New York: Elsevier Science.

[103] Keltner, N. (2000). Neuroreceptor function and psychopharmacologic response. *Issues in Mental Health Nursing*, 21 (1), 31-50.

[104] Kim, Y. S., Leventhal, B. L., Koh, Y. J., Fombonne, E., Laska, E., Lim, E. C., ... Grinker, R. R. (2011). Prevalence of autism spectrum disorders in a total population sample. *Am Journal Psychiatry*, 168, 904-912.

[105] Kimball, J. G. (1999). Sensory integration frame of reference. In P. Kramer, & J. Hinojosa (Eds.), *Frames of reference for pediatric occupational therapy* (2nd ed.). Baltimore: Lippincott, Williams & Wilkins.

[106] King, L. J., & Schrager, O. L. (1999). A sensory and cognitive approach to the assessment and remediation of developmental learning and behavioral disorders. Paper presented at symposium, Atlanta, Georgia.

[107] Koomar, J., Kranowitz, C., Szkut, S., Balzer-Martin, L., Haber, E., & Sava,

D. (2001, 2004). *Answers to questions teachers ask about sensory integration*. Las Vegas: Sensory Resources.

[108] Koomar, J., Szklut, S., Cermak, S., et al. (1998). *Making sense of SI*. Las Vegas: Sensory Resources.

[109] Koomer, J. A., & Bundy, A. C. (1991). Tactile processing and sensory defensiveness. In A. J. Fisher, E. A. Murray, & A. C. Bundy (Eds.), *Sensory integration and practice* (pp. 251-314). Philadelphia: FA Davis.

[110] Kramer, P., & Hinojosa, J. (2010). *Frames of reference for pediatric occupational therapy* (3rd ed.). Philadelphia: Wolter Kluwer.

[111] Kranowitz, C. (2005). *The out-of-Sync child: Recognizing and coping with sensory integration dysfunction*. New York: Penguin.

[112] Kranowitz, C. (1998). *The out - of - Sync child*. New York: Perigee.

[113] Lane, S. J., & Schaaf, R. C. (2010). Examining the neuroscience evidence for sensory-driven neuroplasticity: Implications for sensory-based occupational therapy for children and adolescents. *The American Journal of Occupational Therapy*, 64 (3), 375-390.

[114] Marr, D., & Nackley, V. L. (2005). Sensory stories: A new tool to improve participation for children with over-responsive sensory modulation. In S. I. Focus, D. Marr, & V. Nackley (Eds.), *Sensory stories. Framingham*, MA: Therapro.

[115] Mass, J. B., Wherry, M. L., Axelrod, D. J., Hogan, B. R., & Bloomin, J. (1998). *Power sleep: The revolutionary program that prepares your mind for peak performance*. New York: Villard.

[116] Mate, G. (1999). *Scattered: How attention deficit disorder originates & what you can do about it*. New York: Dutton.

[117] May-Benson, T. A., & Koomar, J. A. (2010). Systematic review of the research evidence examining the effectiveness of interventions using a sensory integrative approach for children. *Am J Occup Ther*, 64 (3), 403-14.

[118] McClannahan, C. (2010). *Squitt: Squeezing innovative therapeutic toys. Stillwater*, M.N.: Pileated Press.

[119] Miller, H., & Heaphy, T. (1998). *Occupational therapy: Making a difference in school*

system practice. Rockville, MD: American Occupational Therapy Association.

[120] Miller, L. J. (2006). *Sensational kids: Hope and help for children with sensory processing disorder.* New York: Putnam.

[121] Miller, L. J. (2004). *Neuroplasticity and OT evidence from two pilot outcome studies.* Paper presented at 〔R2K〕at CA: Long Beach.

[122] Miller, L. J. (2002). *Children with sensory integration dysfunction: Intervention at home and school.* Workshop in Houston, TX by Therapeutic Service Systems.

[123] Miller, L. J. (2001). *Biological and psychological factors in children with sensory modulation dysfunction.* Paper presented at 〔R2K〕at CA: San Pedro.

[124] Miller, L. J., Reisman, J., McIntosh, D., & Simon, J. (2001). An ecological model of sensory modulation. In S. S. Roley, E. I. Blanche, & R. C. Schaaf (Eds.), *Understanding the nature of sensory integration with diverse populations.* Therapy Skill Builders.

[125] Moore, J. C. (1985). *Arousal and attention: Neurological and clinical considerations.* MN: Professional Development Programs.

[126] Murray-Slutsky, C., & Paris, B. (2000). *Exploring the spectrum of autism and pervasive developmental disorders: Intervention strategies. San Antonio.* TX: Therapy Skill Builders.

[127] Myles, B. S., Simpson, R. L., Carlson, J., Laurant, M., Gentry, A. M., Cook, K. T., et al. (2004). Examining the effects of the use of weighted vests for addressing behaviors of children with autism spectrum disorders. *Journal of the International Association of Special Education*, 5, 47-62.

[128] Nackley, V. (2001). Sensory diet applications and environmental modifications: A winning combination. *Sensory Integration Special Interest Section Quarterly*, 24 (1), 1-4.

[129] Norden, M. (1995). *Beyond prozac.* New York: Harper Collins.

[130] Oetter, P., Richter, E. W., & Frick, S. M. (1993). *M.O.R.E. integrating the mouth with sensory and postural function.* Hugo, MN: PDP Press.

[131] Ornitz, E. M. (1989). Autism of the interface between sensory and information processing. In G. Dawson (Ed.), *Autism: Nature, diagnosis, and treatment* (pp. 174-199). New York: Guiford.

[132] Ornitz, E. M. (1974). The modulation of sensory input and motor output in autistic children.

Journal of Autism and Childhood Schizophrenia, 4, 197-215.

[133] Ornitz, E. M., Lane, S. J., Sugiyama, T., & de Traversay, J. (1993). Startle modulation studies in autism. *Journal of Autism and Developmental Disorders*, 23, 619-637.

[134] Ortiz, J. (1997). *Tao of music: Sound psychology.* York Beach, ME: Weiser.

[135] Ottenbachor, K., & Short, M. (1985). *Vestibulas processing dysfunction in children.* Binghamton, NY: The Haworth Press.

[136] Parham, L. D., Cohn, E. S., Spitzer, S., & Koomar, J. A. (2007). Fidelity in sensory integration intervention research. *The American Journal of Occupational Therapy*, 61 (2), 216-227.

[137] Parham, L. D., & Mailloux, Z. (2001). Sensory integration. In J. Case-Smith (Ed.), *Occupational therapy for children* (4th ed., pp. 329-381). St. Louis: Mosby.

[138] Parush, S., Sohmer, H., Steinberg, A., & Kaitz, M. (2007). Somatosensory function in boys with ADHD and tactile defensiveness. *Physiology & Behavior*, 90 (4), 553-558.

[139] Pert, C., & Chopra, D. (1997). *Molecules of emotion: Why you feel the way you feel.* New York: Scribner.

[140] Porges, S. W. (1991). Vagal tone: An autonomic mediator of affects. In J. A. Garber, & K. A. (Eds.), *The development of affect regulation and dysregulation* (pp. 111-128). New York Cambridge University Press.

[141] Prizant, B. M., Wetherby, A. M., Rubin, E., Laurent, A. C., & Rydell, P. T. (2003). *The SCRETS model, a comprehensive educational approach for children with autism spectrum disorders.* Baltimore, Maryland: Paul Brooks.

[142] Putnam, S. C. (2001). *Nature's ritalin for the marathon mind: Nurturing your ADHD child with exercise.* Hinesburg: Upper Access Book.

[143] Quirk, N., & Dimattis, M. (1990). *The relationship of learning problems and classroom performance to sensory intergration.* MA: Therapro Birmingham.

[144] Ramachandran, V. S., & Oberman, L. M. (2006). Broken mirrors: A theory of autism. *Scientific American*, November, 63-69.

[145] Ratey, J., & Johnson, C. (1997). *Syndromes.* New York: Pantheon.

[146] Reeves, G. D. (2001). From neuron to behavior: Regulation, arousal and attention as

important substrates for the process of sensory integration. In S. S. Roley, E. I. Blanche, & R. C. Schaaf (Eds.), *Understanding the nature of sensory integration with diverse populations*. Therapy Skill Builders.

[147] Reisman, J., & Scoott, N. (1991). *Learning about learning disabilities*. Tucson, AZ: Mineesota Occupational Therapy Association / Therapy Skill Builders.

[148] Reynolds, S., & Lane, S. J. (2009). Sensory overresponsivity and anxiety in children with ADHD. *American Journal of Occupational Therapy*, 63(4), 433-330.

[149] Richardson, A., & Puri, B. (2002). A randomized double-blind, placebo-controlled study of the effects of supplementation with highly unsaturated fatty acids on ADHD-related symptoms in children with specific learning difficulties. *Prog Neuropsychopharmacol Biol Psychiatry*, 26(2), 233-239.

[150] Richter, E. W., & Oetter, P. (1990). Environmental matrices for sensory integrative treatment. In S. C. Merrill (Ed.), *Environment: Implications for occupational therapy practice- A sensory integrative perspective*. Rockville, MD: American Occupational Therapy Association.

[151] Roges, R. C., Kita, H., Butcher, L. L., & Novin, D. (1980). Afferent projections to the dorsal motor nucleus of the vagus. *Brain Research Bulletin*, 5(4), 365-373.

[152] Rogers, S. J., Bennetto, L., MoEvoy, R., & Pennington, B. F. (1996). Imitation and pantomime in high functioning adolescents with autism spectrum disorders. *Child Development*, 67, 2060-2073.

[153] Rogers, S. J., & Dawson, G. (2010). *Early start Denver model for young children with autism*. New York, NY: Guilford.

[154] Rogers, S. J., & Ozonoff, S. (2005). Annotation: What do we know about sensory dysfunction in autism? A critical review of the empirical evidence. *Journal of Child Psychology and Psychiatry*, 46(12), 1255-1268.

[155] Roley, S., Mailloux, Z., Parharm, L. D., Schaaf, R. C., Lane, C. J., & Cermak, S. (2015). Sensory integration and praxis patterns in children with autism. *American Journal of Occupational Therapy*, 69(1), 6901220010. doi: 10.5014/ajot.2015.012476.

[156] Roley, S. S., & Koomar, J. (2005). Vestibular processing deficits in children and adolescents. *OT Practice*, 10(17), CE1-8.

[157] Roley, S. S., Schaaf, R. C., & Blanche, E. I. (2001). *Understanding he nature of sensory integration with diverse population*. Therapy Skill Builder.

[158] Sacks, O. (1995). *Anthropologist on mars*. New York: Knopf.

[159] Sacks, O. (1987). *Man who mistook his wif for a hat*. New York: Perennial Livrary.

[160] Sapolsky, R. M. (1997). The importance of a well-groomed child. *Science*, 277, 1620-1621.

[161] Scafidi, F. A., Field, T., & Schanberg., S. M. (1993). Factors that predict when preterm infants benefit most from massage therapy. *Developmental and Behavioral Pediatrics*, 14 (3), 176-180.

[162] Scafidi, F. A., Field, T., Schanberg, S., Bauer, C., Tucci, K., Roberts, J., Morrow, C., & Kuhn, C. (1990). Massage stimulates growth in preterm infants: A replication. *Infant Behavior and Development*, 13, 167-188.

[163] Schaaf, R. (2001). *Parasympathetic functioning in children with sensory modulation dysfunction*. CA: San Pedro.

[164] Schaaf, R. C., Benerides, T. W., Leiby, B. E., & Sendecki, J. A. (2015). Autonomic dysregulation during sensory stimulation in children with autism spectrum disorder. *Journal of Autism and Developmental Disorders*, 45, 461-472.

[165] Schaaf, R. C., Benevides, T., Kelly, D., & Mailloux, Z. (2012). Occupational therapy and sensory integration for children with autism: A feasibility, safety, acceptability and fidelity study. *Autism: The International Journal of Research and Practice*. doi: 10.1177/1362361311435157.

[166] Schanberg, S., Kuhn, C, Field, T., & Bartolome, J. (1990). Maternal deprivation and growth suppression. In N. Gunzenhauser (Ed.), *Aduances in touch: New implications in human development* (pp. 3-10). Skill, NJ: Johnson & Johnson Consumer Products.

[167] Scheerer, C. R. (1992). Perspectives on an oral motor activity: The use of rubber tubing as a "Chewy". *American Journal of of Occupational Therapy*, 46, 344-352.

[168] Schilling, D. L., Washington, K., Billingsley, F. F., & Deitz, J. (2003). Classroom seating for children with attention deficit hyperactivity disorder: Therapy balls versus chairs. *The American Journal of Occupational Therapy*, 57 (5), 534-540.

[169] Schneider, M. (2001). *Psychobiology and sensory integration symposium presented at R2K*. CA: San Pedro.

[170] Schneider, M. L., Moore, C. F., Gajewski, L. L., Laughlin, N. K., Larson, J. A., Gay,

C. L., ... DeJesus, O. T. (2007). Sensory processing disorders in a nonhuman primate model: Evidence for occupational therapy practice. *American Journal of Occupational Therapy*, 61 (2), 247-253.

[171] Short, M. (1985). Vestibular stimulation as early experience: Historical perspectives and research implications. In K. J. Ottenbacher, & M. A. Short (Eds.), *Vestibular processing dysfunction in children* (pp. 135-152). New York: The Haworth Press.

[172] Silver, L. (1993). *Dr. Larry Silver's advice to parents on attention-deficit hyperactivity disorder*. Washington, DC: American Psychiatric Press.

[173] Smith, I. M., & Bryson, S. E. (1994). Imitation and action in autism: A critical review. *Psychological Bulletin*, 116 (2), 259-273.

[174] Stackhouse, T., & Wilbarger, J. L. (1998). *Treating sensory modulation disorders: A clinical reasoning tool*. Paper presented at the American Occupational Therapy Association 1998 Annual Conference and Exposition, Baltimore, MD.

[175] Stancliff, B. (1998). Understanding the "Whoops" children. OT can help parents and teachers deal with ADHD. *Practice*, 3 (11), 18-25.

[176] Stroller, C. C., Greuel, J. H., Cimini, L. S., Fowlei, M. S., & Koomer, J. A. (2012). Effects of sensory enhanced yoga on symptoms of combat stress in deployed millitary personnal. *Americal Journal of Occupational Therapy*, 66 (1), 59-68.

[177] Szkult, S. (2004). *Intermediates sensory integration: Enhancing outcomes*. 2 days workshop at Pomona, California.

[178] Vandenberg, N. L. (2001). The use of a weighted vest to increase on-task behavior in children with attention difficulties. *The American Journal of Occupational Therapy*, 55, 621-628.

[179] van Praag, H., Kempermann, G., & Gage, F. H. (1999). Running increase cell proliferation and neurogenesis in the adult mouse dentate gyrus. *Nature Neuroscience*, 2, 266-270.

[180] Weissbluth, M. (2003). *Healthy sleep habits, happy child*. New York: Ballantine Books.

[181] Wilbarger, P., & Wilbarger, J. (1996). *Sensory defensiveness: and related social/emotional and neurological problems*. Workshop in San Francisco, CA: Professional Development Programs.

[182] Wilbarger, P., & Wilbarger, J. (1991). *Sensory defensiveness in children aged 2-12: An

intervention guide for parents and caregivers. Denver, Co.: Avanti Education Programs.

[183] Williams, M. S., & Shellenberger, S. (2001). *Take five, staying alert at home and at school.* Alberquerque, NH: Therapy Works.

[184] Williams, M. S., & Shellenberger, S. (1994). *"How dose your engine run?" A leader's guide to the alert program for self-regulation.* Albuquerque, NM: Therapy Works.

[185] Willianmson, G., & Anzalone, M. E. (2001). *Sensory integration and self-regulation in infants and toddlers: Helping very young children interact with their environment.* Washington, DC: Zero to Three.

[186] Zametkin, A. J., Nordahl, T. E., Gross, M., King, A. C., Semple, W. E., Rumsey, J., Hamburger, S., & Cohen, R. M. (1990). Cerebral glucose metabolism in adults with hyperactivity of childhood onset. *New England Journal of medicine*, 323, 1361-1366.

[187] Zentall, S. S., & Zentall, T. R. (1983). Optimal stimulation: A model of disordered activity and performance in normal and deviant children. *Psychological Bulletin*, 94 (3), 446-471.

[188] Zhou, L., & Goff, G. A. (2000). Effects of increased response effort on self-injury and object manipulation as competing responses. *Journal of Applied Behavior Analysis*, 33 (1), 29-40.

[189] Zuckerman, M. (2004). *Sensation seeking and self regulation paper presented at pediatric therapy network* [R2K]. CA: Long Beach.

[190] Zuckerman, M. (1979). *Sensation seeking: Beyond the optimal level of arousal.* Hillsdale, NJ: Lawrence Earlbaum Associates.